長畑秀和［著］

朝倉書店

謝辞

フリーソフトウェア R を開発された方，また，フリーの組版システム TeX の開発者とその環境を維持・管理・向上されている方々に敬意を表します．

免責

本書で記載されているソフトの実行手順，結果に関して万一障害などが発生しても，弊社および著者は一切の責任を負いません．

本書で使用しているフリーソフト R の日本語化版は，主に Windows 版の R-3.0.2 を用いての実行結果を用いて解説を行っております．その後の内容につきましては予告なく変更されている場合がありますのでご注意ください．なお，2017 年 11 月には，R-3.4.3 版となっています．Microsoft Windows, Microsoft Excel は，米国 Microsoft 社の登録商標です．

は　し　が　き

データサイエンスとは，データの設計，収集，解析の流れを通して研究する学問分野です．そこで多くの解析手法が考えられています．データサイエンスは科学の筋道を与えるものであり，その誕生には，コンピュータが高度に発達した背景があり，多変量解析法の手法を含んでいます．この本では，以下のようなデータサイエンスで重要な手法に関して解説しています．

① **多次元尺度解析法**　サンプル間の類似性あるいは非類似性に基づいて背後にある構造をわかりやすいかたちで表現する手法．

② **数量化 IV 類**　個体間の類似度または非類似度に基づいてサンプルを位置づける方法で，多次元尺度法の特殊な場合とみなせる．

③ **対応分析**　数量化 III 類と同じであり，変数の集まりを構成して，それら 2 つの変数の集まりの関係を分析するために使う手法．

④ **数量化 III 類**　2 つの変数群がいずれも質的データのとき，相関が高くなるようにサンプルと変数に数値を与える方法．

⑤ **樹木モデル（ツリーモデル）**　データマイニングでよく利用されている手法．非線形回帰分析の一種で，目的変数，説明変数とも量的変数，質的変数のいずれであってもよい．樹形図（デンドログラム）を作成して結果を表示するという特徴をもつ．目的変数が量的変数のとき回帰木，質的変数のとき決定木ということもある．

⑥ **ニューラルネットワーク**　脳の神経細胞を模倣してデータのモデル化をはかり，予測などに適用をする手法．

⑦ **アソシエーション分析**　バスケット単位での選択した項目にどのような傾向があるか，ある項目を選択した場合に他の項目を一緒に選択する傾向があるかを調べる手法．バスケット分析ともいわれる．

⑧ **潜在構造分析**　いくつかのクラスがある潜在的な因子によって分類されるとき，その要因を解析するために用いる手法．

⑨ **生存時間分析**　イベント（event）が起きるまでの時間とイベントとの間の関係を分析する手法．

⑩ **時系列分析**　時間に依存して変化するデータについて，変動するその要因を探りその傾向などの特性を調べる手法．

⑪ **ノンパラメトリック法**　分布を仮定せず，おもに順位などのデータを用いて検定・推定などを行う手法．

また，より基礎的な手法については，既刊『R で学ぶ多変量解析』で解説しています．あわせてご覧ください．そして，コンピュータ上でフリーソフトである R（および R コマンダー）を利用して実際に計算し，解析手法を会得するための実習書でもあります．データを解析するには具体例について計算し，実行してみることが必要です．複雑な計算を伴うので，コンピュータ利用が不可欠となります．

本書の構成を以下に簡単に述べておきます．第 1 章で，多次元尺度法について解説をしています．次に，第 2 章では質的変数間の関連をみる意味で，対応分析法について書いています．第 3 章では非線形回帰分析について，述べています．第 4 章では樹木モデル，第 5 章ではニューラルネットワーク，第 6 章ではアソシエーション分析，第 7 章では生存時間分析，第 8 章では潜在構造分析について書いています．第 9 章では時系列分析，第 10 章ではノンパラメトリック法について書いています．このような内容について，例題に関して R を使って逐次処理手順を図で示しながら実行するかたちで記述しています．

以上ではRコマンダーのメニューにある場合には，逐次メニューから選択して解析する手順を説明しています．対応したメニューがない場合はコマンド入力による実行方法についてのみ説明をしています．その場合は，コマンドを逐次入力して実行してみてください．

なお，Rのバージョンにより，日本語をフォルダ名に用いると不都合が生じたり，層別をするとうまく動かないこともありますので，注意してください．なお，本書での実行結果はR-3.0.2を用いて実行した結果を載せています．思わぬ間違いがあるかもしれません．また解釈も不十分な箇所もあると思いますが，ご意見をお寄せください．より改善していきたいと思っております．

R（Rコマンダー）のインストール方法については，参考文献の [A38] または [A39] を参照してください．また，本文で利用されているデータは，朝倉書店のホームページ（http://www.asakura.co.jp/）からダウンロードできるようにしています．

本書の出版にあたって朝倉書店・編集部には細部にわたって校正いただき，大変お世話になりました．心より感謝いたします．

なお，表紙のデザインのアイデアおよびイラストは大森綾子さんによるものです．最後に，日頃，いろいろと励ましてくれた家族に一言お礼をいいたいと思います．

2018 年 2 月

長畑 秀和

目　　次

1. 多次元尺度法 ……………………………………………………… 1
　1.1　多次元尺度法とは ……………………………………………… 1
　　1.1.1　距離と類似度 ……………………………………………… 1
　　1.1.2　計 量 MDS …………………………………………………… 1
　　1.1.3　非計量 MDS …………………………………………………… 6
　1.2　数量化 IV 類 …………………………………………………… 10
　　1.2.1　1 次元での数量化 …………………………………………… 10
　　1.2.2　2 次元での数量化 …………………………………………… 12

2. 対 応 分 析 ………………………………………………………… 18
　2.1　対応分析とは …………………………………………………… 18
　　2.1.1　クロス集計表についての解析 ……………………………… 18
　　2.1.2　単純対応分析 ………………………………………………… 19
　　2.1.3　多重対応分析 ………………………………………………… 23
　2.2　数量化 III 類 …………………………………………………… 26

3. 非線形回帰分析 …………………………………………………… 35
　3.1　非線形回帰モデルとは ………………………………………… 35
　　3.1.1　多項式モデル ………………………………………………… 36
　　3.1.2　ロジスティックモデル ……………………………………… 38
　　3.1.3　一般化線形モデル …………………………………………… 41
　3.2　多項ロジットモデル …………………………………………… 50

4. 樹木モデル ………………………………………………………… 54
　4.1　決定木（分類木）と回帰木とは ……………………………… 54
　4.2　回 帰 木 ………………………………………………………… 55
　4.3　決 定 木 ………………………………………………………… 60

5. ニューラルネットワーク ………………………………………… 67
　5.1　ニューラルネットワークとは ………………………………… 67
　5.2　ニューラルネットワークの実行例 …………………………… 69

6. アソシエーション分析 …………………………………………… 73
　6.1　アソシエーション分析とは …………………………………… 73
　6.2　アソシエーションルールと評価指標 ………………………… 74
　　6.2.1　支持度・確信度・リフト値 ………………………………… 74
　　6.2.2　ルールのクラスタ分析 ……………………………………… 79

7. 生存時間分析 87

7.1 生存時間分析とは 87

7.2 解析の方法 87

    7.2.1 データの打ち切り 88

    7.2.2 主要な故障（寿命）分布の種類 89

7.3 統計量の分布 90

    7.3.1 順序統計量の分布 90

7.4 寿命分布に基づく推定と検定 91

    7.4.1 代表的な寿命分布とその推定 91

    7.4.2 パラメトリックモデル 95

    7.4.3 ノンパラメトリックモデル 104

    7.4.4 セミパラメトリックモデル 111

8. 潜在構造分析法 115

8.1 潜在構造分析とは 115

8.2 潜在クラス分析 115

    8.2.1 行 列 解 法 117

    8.2.2 最 尤 法 120

    8.2.3 EM アルゴリズムによる方法 124

    8.2.4 （一般化）最小 2 乗法 125

8.3 項目応答理論（IRT） 126

    8.3.1 プロビット（probit）型 126

    8.3.2 ロジスティック（logistic）型 127

    8.3.3 具体的な推定 127

9. 時系列分析 133

9.1 時系列分析とは 133

    9.1.1 傾 向 変 動 133

    9.1.2 季 節 変 動 133

    9.1.3 循 環 変 動 133

    9.1.4 不規則変動 134

9.2 変動の解析 134

    9.2.1 傾向変動 T_t の推定 134

    9.2.2 季節変動 S_t の推定 143

    9.2.3 連環比指数法 143

    9.2.4 循環変動 C_t の検出 145

    9.2.5 不規則変動 I_t の検討 147

9.3 確率過程との関連 152

9.4 代表的な時系列モデル 152

9.5 時系列分析における補足 158

10. ノンパラメトリック法 164

10.1 ノンパラメトリック法とは 164

    10.1.1 母集団が 1 つ（1 標本）の場合 164

    10.1.2 母集団が 2 つ（2 標本）の場合 165

| | 目　　次 | v |

10.1.3　母集団が $k(\geqq 3)$ 個（多標本）の場合 ・・・・・・・・・・・・・・・・・・・・・ 166

10.2　1 標本の場合 ・・ 166

10.2.1　対象とする分布が仮定された分布と同じかの検定 ・・・・・・・・・・・・・・・・・ 167

10.2.2　位置と尺度をもつ場合に関する検定 ・・・・・・・・・・・・・・・・・・・・・・・・・・・・ 172

10.2.3　ランダム（無作為）性の検定 ・・・・・・・・・・・・・・・・・・・・・・・・・・・・・・・ 177

10.2.4　独立性の検定 ・・ 181

10.3　2 標本の場合 ・・ 188

10.3.1　独立な 2 標本のデータの場合 ・・・・・・・・・・・・・・・・・・・・・・・・・・・・・・・・・・ 188

10.3.2　対応のあるデータの場合 ・・・・・・・・・・・・・・・・・・・・・・・・・・・・・・・・・・・・・ 204

10.4　多標本の場合 ・・ 209

10.4.1　対応のないデータの場合の検定（独立な k 標本の場合）・・・・・・・・・・・・ 210

10.4.2　対応のあるデータの場合の検定 ・・・・・・・・・・・・・・・・・・・・・・・・・・・・・・・ 215

10.5　母数の推定 ・・ 221

10.5.1　1 標本における位置母数の推定 ・・・・・・・・・・・・・・・・・・・・・・・・・・・・・・・・ 222

10.5.2　2 標本における位置母数の差の推定 ・・・・・・・・・・・・・・・・・・・・・・・・・・・ 224

10.6　補　　　足 ・・ 226

10.6.1　順位に関係した分布 ・・・ 226

10.6.2　そ　の　他 ・・ 228

A.　数　値　表・・・ 229

参 考 文 献 ・・ 231

索　　　引 ・・ 235

凡例（記号など）

以下に，本書で使用される文字，記号などについてまとめる.

① $\sum$（サメイション）記号は普通，添え字とともに用いて，その添え字のある番地のものについて，$\sum$ 記号の下で指定された番地から $\sum$ 記号の上で指定された番地まで足し合わせることを意味する.

[例]　　$\bullet \displaystyle\sum_{i=1}^{n} x_i = x_1 + x_2 + \cdots + x_n = x.$

② 順列と組合せ

異なる n 個のものから r 個をとって，1 列に並べる並べ方は

$$n(n-1)(n-2) \cdots (n-r+2)(n-r+1)$$

通りあり，これを ${}_n\mathrm{P}_r$ と表す. これは階乗を使って，${}_n\mathrm{P}_r = \dfrac{n!}{(n-r)!}$ とも表せる. なお，$n! = n(n-1) \cdots 2 \cdot 1$ であり，$0! = 1$ である (cf. Permutation). 異なる n 個のものから r 個とる組合せの数は（とったものの順番は区別しない），順列の数をとってきた r 個の中での順列の数で割った

$$\frac{{}_n\mathrm{P}_r}{r!} = \frac{n!}{(n-r)!r!}$$

通りである. これを，${}_n\mathrm{C}_r$ または $\dbinom{n}{r}$ と表す (cf. Combination).

[例]　　$\bullet {}_5\mathrm{P}_3 = 5 \times 4 \times 3 = 60,$　　　$\bullet {}_5\mathrm{C}_3 = \dfrac{5 \times 4 \times 3}{3 \times 2 \times 1} = 10$

③ ギリシャ文字

表　ギリシャ文字の一覧表

大文字	小文字	読　み	大文字	小文字	読　み
A	α	アルファ	N	ν	ニュー
B	β	ベータ	Ξ	ξ	クサイ（グザイ）
Γ	γ	ガンマ	O	o	オミクロン
Δ	δ	デルタ	Π	π	パイ
E	ε	イプシロン	P	ρ	ロー
Z	ζ	ゼータ（ツェータ）	Σ	σ	シグマ
H	η	イータ	T	τ	タウ
Θ	θ, ϑ	テータ（シータ）	Υ	υ	ユ（ウ）プシロン
I	ι	イオタ	Φ	ϕ, φ	ファイ
K	κ	カッパ	X	χ	カイ
Λ	λ	ラムダ	Ψ	ψ	サイ（プサイ）
M	μ	ミュー	Ω	ω	オメガ

なお，通常 μ を平均，σ^2 を分散を表すために用いることが多い.

$\bullet$ $\hat{}$（ハット）記号は $\hat{\mu}$ のように用いて，μ の推定量を表す.

データ $X_1, \cdots, X_n$ に対して，

$\bullet \bar{x}$（エックスバー）$= \dfrac{\sum X_i}{n}$：データの平均,

$\bullet S$（エス）$= \sum(X_i - \bar{X})^2 = \sum X_i^2 - \dfrac{(\sum X_i)^2}{n}$：（偏差）平方和, $\bullet V$（ブイ）$= \dfrac{S}{n-1}$：分散

④ 基本的な分布

$N(\mu, \sigma^2)$：平均 μ，分散 σ^2 の正規分布，$B(n,p)$：母不良率 p の二項分布，$P_o(\lambda)$：母欠点数 λ のポアソン分布，χ_n^2：自由度 n の χ^2 分布，t_n：自由度 n の t 分布，$F_{m,n}$：自由度 (m,n) の F 分布

また，標準正規分布に関して，分布関数を $\Phi(x) = \displaystyle\int_{-\infty}^{x} \frac{1}{\sqrt{2\pi}} e^{-x^2/2} dx$ と表す.

1

多 次 元 尺 度 法

1.1 多次元尺度法とは

多次元尺度法（multi-dimensional scaling：MDS）は，個体間の親近性のデータを用いて，2次元あるいは3次元空間に，類似したものは近く，そうでないものは遠くに配置する方法をいう．主座標分析とも呼ばれる．

1.1.1 距離と類似度

サンプル間の距離として，ユークリッド距離などがあり，これは大きいほど離れることになる．また類似度としては，ピアソンの相関係数などがあり，これは大きいほど近いことになる．

ここで，サンプル（個体）i $(\boldsymbol{x}_i = (x_{i1}, \cdots, x_{ip})^{\mathrm{T}})$ とサンプル（個体）j $(\boldsymbol{x}_j = (x_{j1}, \cdots, x_{jp})^{\mathrm{T}})$ の距離を d_{ij} で表すと

$$(1.1) \qquad d_{ij}^2 = \|\boldsymbol{x}_i - \boldsymbol{x}_j\|^2 = (\boldsymbol{x}_i - \boldsymbol{x}_j)^{\mathrm{T}}(\boldsymbol{x}_i - \boldsymbol{x}_j)$$

$$= \boldsymbol{x}_i^{\mathrm{T}}\boldsymbol{x}_i - \boldsymbol{x}_i^{\mathrm{T}}\boldsymbol{x}_j - \boldsymbol{x}_j^{\mathrm{T}}\boldsymbol{x}_i + \boldsymbol{x}_j^{\mathrm{T}}\boldsymbol{x}_j = \|\boldsymbol{x}_i\|^2 + \|\boldsymbol{x}_j\|^2 - 2\boldsymbol{x}_i^{\mathrm{T}}\boldsymbol{x}_j$$

$$(1.2) \qquad B = (\boldsymbol{x}_i^{\mathrm{T}}\boldsymbol{x}_j)_{n \times n} = \begin{pmatrix} \boldsymbol{x}_1^{\mathrm{T}} \\ \vdots \\ \boldsymbol{x}_n^{\mathrm{T}} \end{pmatrix} (\boldsymbol{x}_1 \cdots \boldsymbol{x}_n) = XX^{\mathrm{T}}$$

この行列 $B = XX^T$ の固有値，固有ベクトルを λ, $\boldsymbol{u}$ とすると，

$$(1.3) \qquad XX^{\mathrm{T}}\boldsymbol{u} = \lambda\boldsymbol{u}$$

が成立する．

MDS は計量 MDS と非計量 MDS に大別される．計量 MDS は距離データに基づいて低次元に個々のサンプルを配置する方法であり，非計量 MDS は必ずしも距離データとはいえない類似度（相関係数など）に基づいて距離を推定し，サンプルを低次元に配置する方法である．なお，距離 d は次の3つの公理を満足する．

(1) $d_{ij} \geqq 0$ かつ $d_{ij} = 0 \Leftrightarrow i = j$ （最小性）

(2) $d_{ij} = d_{ji}$ （対称性）

(3) $d_{ij} + d_{jk} \geqq d_{ik}$ （三角不等式）

以下では，計量 MDS と非計量 MDS に分けて，取り扱おう．

1.1.2 計 量 MDS

パッケージ MASS に cmdscale（classical multidimensional scaling）関数があり，距離のデータ d から k 次元での座標を求める関数である．それは，`cmdscale(`d`,k=2,...)` のように書く．実際には，式 (1.2) の行列 B の固有値，固有ベクトルから座標を求めることに対応する．式 (1.1) から B の (i,j) 成分 b_{ij} は距離のデータ d_{ij} を用いて以下の式 (1.4) のように求められる．

$$(1.4) \qquad b_{ij} = \frac{1}{2}\left(\sum_{i=1}^{n}\frac{d_{ij}^2}{n} + \sum_{j=1}^{n}\frac{d_{ij}^2}{n} - \sum_{i=1}^{n}\sum_{j=1}^{n}\frac{d_{ij}^2}{n^2} - d_{ij}^2\right)$$

2 　　　　　　　　　　　　　　1. 多次元尺度法

流れとして，次のように考える．

サンプル間の距離 (d_{ij}) を与える $\Longrightarrow$ 対応したもとのデータの座標 (b_{ij}) 計算 $\Longrightarrow$ B の固有値と固有ベクトル $(\lambda, \boldsymbol{u})$ の計算 $\Longrightarrow$ 各サンプルの座標を計算し，配置する

具体的なデータについて配置を考察してみよう．

例題 1.1

表 1.1 に与えられる東京にある山手線の駅間の直線距離のデータから，それらの駅の配置を考察せよ．

表 1.1　データ表

駅 駅（個体）	東京駅	上野駅	池袋駅	新宿駅	渋谷駅	品川駅
東京駅	0	3.56	7.31	6.12	6.39	6.37
上野駅	3.56	0	6.23	7.34	9.05	9.91
池袋駅	7.31	6.23	0	4.36	7.9	11.43
新宿駅	6.12	7.34	4.36	0	3.61	7.75
渋谷駅	6.39	9.05	7.9	3.61	0	4.7
品川駅	6.37	9.91	11.43	7.75	4.7	0

[予備解析]

データの読み込み

【データ】▶【データのインポート】▶【テキストファイルまたはクリップボード，URL から...】を選択し，ダイアログボックスで，フィールドの区切り記号としてカンマにチェックをいれて，OK をクリックする．フォルダからファイルを指定後，開く（O）をクリックする．そして データセットを表示 をクリックすると，図 1.1 のようにデータが表示される．

```
>rei11 <- read.table("rei11.csv", header=TRUE, sep=",", na.strings="NA",
dec=".", strip.white=TRUE)
>showData(rei11, placement='-20+200', font=getRcmdr('logFont'), maxwidth=80,
  maxheight=30) #図 1.1
```

[配置の検討 1]

手順 1　式 (1.4) より，行列 B を計算し，その固有値・固有ベクトルを求める．

```
>rei11m<-rei11[,-1]
>gyo<-numeric(6) #6 個の数値型配列変数 gyo を用意する
>for (i in 1:6){
+  gyo[i]=0
+  for (j in 1:6) {
+    gyo[i]=gyo[i]+rei11m[i,j]^2/6
+  }
+ }
>retu<-numeric(6) #6 個の数値型配列変数 retu を用意する
>for (j in 1:6){
+  retu[j]=0
+  for (i in 1:6) {
+    retu[j]=retu[j]+rei11m[i,j]^2/6
+  }
+ }
```

```
>T<-0    #T を 0 とする
> for (i in 1:6){
+  for (j in 1:6) {
+    T=T+rei11m[i,j]^2/36
+  }
+ }
>B<-matrix(0,6,6) #B を成分がいずれも 0 の 6 行 6 列の行列として初期化する
> for (i in 1:6){
+  for (j in 1:6) {
+  if (i==j) B[i,j]=0 else B[i,j]=(retu[j]+gyo[i]-T-rei11m[i,j]^2)/2 #式 (1.4)
+  }
+}
> B
           [,1]        [,2]        [,3]        [,4]        [,5]        [,6]
[1,]   0.000000  11.616425  -7.194758  -9.277183  -7.896658   3.173917
[2,]  11.616425   0.000000   8.491808  -9.112817 -20.056892 -17.266717
[3,]  -7.194758   8.491808   0.000000   9.890250  -8.740575 -31.915050
[4,]  -9.277183  -9.112817   9.890250   0.000000   5.875100  -6.697125
[5,]  -7.896658 -20.056892  -8.740575   5.875100   0.000000  15.358500
[6,]   3.173917 -17.266717 -31.915050  -6.697125  15.358500   0.000000
> eigen(B)
$values    #固有値
[1]  52.141436  28.001777  -9.511038 -15.770278 -21.484487 -33.377410

$vectors #固有ベクトル
             [,1]        [,2]        [,3]        [,4]        [,5]        [,6]
[1,] -0.05506854 -0.5395266  0.71489422 -0.35943342 -0.25594558  0.01020945
[2,] -0.45137735 -0.3738815 -0.01919096  0.02684532  0.78625437 -0.19283725
[3,] -0.50556217  0.3675993 -0.03103078 -0.36926777 -0.25958412 -0.63605984
[4,] -0.03362928  0.5448669  0.69573589  0.40122665  0.23762128 -0.02222687
[5,]  0.43623905  0.3020180  0.05389988 -0.72173201  0.43623676  0.06614996
[6,]  0.58838542 -0.2142419  0.02532642  0.22770232  0.04632078 -0.74381960

>w1=eigen(B)$vectors[,1]    #第 1 固有ベクトル
>w2=eigen(B)$vectors[,2]    #第 2 固有ベクトル
>lam1=eigen(B)$values[1]    #第 1 固有値
>lam2=eigen(B)$values[2]    #第 2 固有値
> X=cbind(w1,w2)               #列ベクトル w1 と w2 の結合
> X
              w1          w2
[1,] -0.05506854 -0.5395266
[2,] -0.45137735 -0.3738815
[3,] -0.50556217  0.3675993
[4,] -0.03362928  0.5448669
[5,]  0.43623905  0.3020180
[6,]  0.58838542 -0.2142419

> D=matrix(c(sqrt(lam1),0,0,sqrt(lam2)),2)
> D
         [,1]      [,2]
[1,] 7.220903 0.000000
[2,] 0.000000 5.291671
```

手順 2 配置のための座標 Y を求める．

```
> Y=X%*%D  #座標の計算
> Y
            [,1]       [,2]
[1,] -0.3976446 -2.854997
[2,] -3.2593519 -1.978458
[3,] -3.6506152  1.945214
[4,] -0.2428338  2.883256
[5,]  3.1500397  1.598180
[6,]  4.2486739 -1.133698
> rownames(Y)=c("東京駅","上野駅","池袋駅","新宿駅","渋谷駅","品川駅")
```

手順 3 グラフに表示する．

```
> plot(Y,type="n")
> text(Y,rownames(Y))   #図1.2
```

図 1.2 から，実際の山手線における駅の位置と同様の配置になっていることがわかる（上が西，右が南）．
[配置の検討 2]
なお，以下のように cmdscale を用いれば，上記の操作を簡単に行える．

```
>rei11m<-rei11[,-1]   #rei11 から 1 列目を削除
>rei11m.cmd<-cmdscale(rei11m,eig=T)   #cmdscale 関数の適用
>plot(rei11m.cmd$points)   #図1.2 と同様なグラフ
>text(rei11m.cmd$points+0.2,c("東京駅","上野駅","池袋駅","新宿駅","渋谷駅","品川駅"))   #図1.2 と同様なグラフ
```

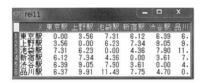

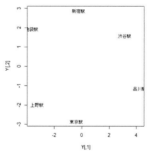

図 1.1　データ表示　　　　　　　　　図 1.2　2 次元配置図

演習 1.1 日本における表 1.2 の 5 つの城の直線距離から，配置を検討せよ． ◁

次に，各サンプルの評価データが与えられるような場合にはまず距離関数を利用して距離を求め，例題 1.1 のように cmdscale 関数を利用して配置を考察する．

表 1.2　データ表

城（個体） \ 評価項目	弘前城	名古屋城	大阪城	白鷺城	熊本城
弘前城	0				
名古屋城	678.561	0			
大阪城	788.376	136.941	0		
白鷺城	817.281	204.974	78.562	0	
熊本城	1227.166	629.981	492.898	432.574	0

例題 1.2

表 1.3 に与えられるホテルの評価データ（5 段階での平均点）から，cmdscale を用いてホテルの No.1 から No.8 の配置を考察せよ．

表 1.3 データ表

ホテル（個体） \ 評価項目	接客	食事	部屋	バス	施設
No.1	4.41	4.16	4.51	4.22	4.40
No.2	4.38	4.14	4.32	3.83	4.26
No.3	3.93	3.89	3.87	3.63	3.78
No.4	3.93	3.67	4.32	3.59	4.29
No.5	3.43	3.59	3.60	3.00	3.46
No.6	3.62	3.52	4.13	3.62	4.09
No.7	3.60	4.50	3.40	3.00	3.40
No.8	4.10	3.70	4.32	3.88	4.30

[予備解析]

データの読み込み

【データ】▶【データのインポート】▶【テキストファイルまたはクリップボード，URL から...】を選択し，ダイアログボックスで，フィールドの区切り記号としてカンマにチェックをいれて，OK をクリックする．フォルダからファイルを指定後，開く（O）をクリックする．そして データセットを表示 をクリックすると，図 1.3 のようにデータが表示される．

```
> rei12 <- read.table("rei12.csv", header=TRUE,
sep=",", na.strings="NA", dec=".", strip.white=TRUE)
> showData(rei12, placement='-20+200', font=getRcmdr('logFont'), maxwidth=80,
+    maxheight=30)
```

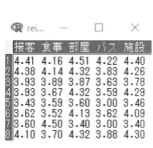

図 1.3 データ表示

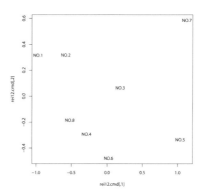

図 1.4 2 次元配置図

[配置の検討]

手順 1　距離を求める．

```
> rei12.dist<-dist(rei12)    #dist 関数により個体間の距離を求める
> rei12.dist
          1         2         3         4         5         6         7
2 0.4572745
3 1.2022479 0.8590111
```

```
4 0.9568699 0.6941902 0.7159609
5 2.1178763 1.7470833 0.9550916 1.3460312
6 1.2783583 1.0349396 0.6299206 0.4422669 1.0503333
7 2.1194811 1.7357707 1.1149888 1.6686522 0.9489995 1.5343402
8 0.6851277 0.5254522 0.7748548 0.3376389 1.5682474 0.6407808 1.8223062
```

手順 2 尺度（スケール）を求め，サンプルを配置する．

```
> rei12.cmd<-cmdscale(rei12.dist)   #cmdscale 関数により距離から配置のデータを求める
> plot(rei12.cmd,type="n")
> rownames(rei12.cmd)<-c("No.1","No.2","No.3","No.4","No.5","No.6","No.7","No.8")
> text(rei12.cmd,rownames(rei12.cmd))   #図 1.4   ラベルを打点する
```

No.1 と No.2 のグループ，No.8 と No.4 および No.6 のグループ，単独で No.3，単独で No.5 とホテルが分類されそうである．

なお，サンプル間の距離が与えられている場合に，それをもとに 2 次元または 3 次元の座標に配置する場合には，dist 関数を利用する必要はない．

演習 1.2 レストランに関して，料理・味，サービス，雰囲気，CP（コストパフォーマンス）の 4 項目について，5 段階での評価がアンケート調査によって表 1.4 のようなデータ（平均値）が得られた．No.1～6 のレストランについて配置を検討せよ． ◁

表 1.4 データ表

商品（個体）＼評価項目	料理・味	サービス	雰囲気	CP
No.1	4.13	3.69	3.64	3.45
No.2	4.21	4.03	4.61	3.92
No.3	4.73	4.14	3.99	4.47
No.4	4.48	3.17	4.65	3.50
No.5	4.26	3.56	3.97	3.24
No.6	3.70	3.62	3.59	3.14

演習 1.3 パッケージ datasets に付随したデータ iris について関数 dist を用いてユークリッド距離を求め，cmdscale により配置を考察せよ． ◁

1.1.3 非 計 量 MDS

距離の性質を満たさない類似度などをもとにデータの配置を行う場合を，非計量 MDS という．

クラスカル（Kuruskal）により提案された次のストレス

$$(1.5) \qquad S_{stress} = \sqrt{\frac{\sum_{i\neq j}(\delta_{ij} - d_{ij})^2}{\sum_{i\neq j} d_{ij}^2}}$$

を与えられた d_{ij} に対し，δ_{ij} ついて最小化し，そのときの座標を用いてデータを配置する方法がある．

パッケージ MASS には非計量の関数である isoMDS 関数が実装されていて，isoMOD(d,k=2,eig=FALSE) のように書く．そして，このストレス値による評価の目安が表 1.5 である．

表 1.5 ストレス値と評価

ストレス値	評価
0.2	悪い（poor）
0.1	まずまず（fair）
0.05	よい（good）
0.025	すばらしい（excellent）
0.00	完璧（perfect）

例題 1.3

表 1.6 に与えられるあるクラス 11 人の 5 教科の成績から相関係数（類似度データとして扱う）を計算し，isoMOD 関数を用いて 11 人と 5 教科の配置を考察せよ．

表 1.6 5 教科の成績

学生＼科目	国語	英語	数学	社会	理科
No.1	82	95	45	83	50
No.2	65	74	76	65	75
No.3	74	65	82	71	80
No.4	85	88	90	78	92
No.5	93	90	46	59	48
No.6	45	68	88	54	57
No.7	66	72	70	68	62
No.8	75	71	82	85	88
No.9	81	68	60	81	58
No.10	55	59	87	56	89
No.11	57	74	75	62	80

[予備解析]

手順 1　データの読み込み

【データ】▶【データのインポート】▶【テキストファイルまたはクリップボード，URL から...】を選択し，ダイアログボックスで，フィールドの区切り記号としてカンマにチェックをいれて，OK をクリックする．フォルダからファイルを指定後，開く (O) をクリックする．そして データセットを表示 をクリックすると，図 1.5 のようにデータが表示される．

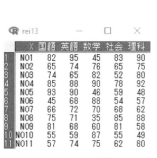

図 1.5　データ表示

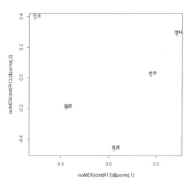

図 1.6　2 次元配置図 1

```
> library(MASS)   #ライブラリ MASS の利用
> rei13 <- read.table("rei13.csv",
+     header=TRUE, sep=",", na.strings="NA", dec=".", strip.white=TRUE)
```

[配置の検討]

手順 1　類似度の計算

```
> r13<-cor(rei13[,c("英語","国語","社会","数学","理科")], use="complete")   #相関係数
> r13
            英語        国語        社会        数学        理科
英語   1.0000000   0.6631447   0.32309883  -0.6093386  -0.40015291
```

```
国語   0.6631447   1.0000000   0.60263598  -0.5898983  -0.21452337
社会   0.3230988   0.6026360   1.00000000  -0.2195859   0.09135775
数学  -0.6093386  -0.5898983  -0.21958588   1.0000000   0.79177670
理科  -0.4001529  -0.2145234   0.09135775   0.7917767   1.00000000
> R13<-abs(r13)    #類似度
```

手順 2　変数の配置

```
> isoMDS(dist(R13))    #isoMDS 関数の利用
initial  value 1.406466
final  value 0.000000
converged
$points
             [,1]         [,2]
英語  0.05686478  -0.47356625
国語 -0.44155555  -0.20284578
社会 -0.76461364   0.38549490
数学  0.44116982   0.01210502
理科  0.70813460   0.27881211
<verb/>
$stress
[1] 2.598951e-14
<verb/>
> plot(isoMDS(dist(R13))$points)    #図 1.6
initial  value 1.406466
final  value 0.000000
converged
> text(isoMDS(dist(R13))$points+0.02,colnames(R13))    #図 1.6
initial  value 1.406466
final  value 0.000000
converged
```

　数学と理科，英語と国語が近くに配置された.

サンプルの配置　距離を求めて配置の座標を求める場合

手順 1　距離を求める.

```
> rei13.dist<-dist(rei13[,-1])    #1 列を除く
> rei13.dist
            1          2          3          4          5          6          7
2  51.380930
3  58.111961 16.093477
4  62.225397 35.355339 30.116441
5  26.962938 52.009614 58.736701 65.582010
6  69.548544 32.015621 41.279535 61.684682 68.249542
7  42.178193 14.798649 24.289916 44.911023 43.657760 31.654384
8  58.668561 26.720778 17.233688 22.759613 65.245690 53.544374 34.510868
9  31.984371 33.060551 33.555923 49.809638 37.523326 53.009433 22.934690
10 77.711003 26.888659 26.981475 47.360321 76.000000 34.785054 38.105118
11 57.506521  9.949874 22.360680 40.062451 58.532043 30.692019 21.679483
            8          9         10
2
3
```

```
 4
 5
 6
 7
 8
 9  38.013156
10  37.563280 55.425626
11  31.224990 41.012193 22.135944
```

手順2 尺度（スケール）を求め，サンプルを配置する．

計量 MDS の cmdscale 関数を利用しての配置（図 1.7）と非計量 MDS の isoMDS 関数を利用しての配置（図 1.8）を以下にみよう．ほぼ同様だが，間隔にやや違いがみられる．

```
> rei13.cmd<-cmdscale(rei13.dist)    #cmdscale 関数の利用
> plot(rei13.cmd)    #,type="n") とすると○は表示されない
> text(rei13.cmd,rownames(rei13))    #図 1.7
> plot(isoMDS(rei13.dist)$points)    #isoMDS 関数の利用
initial  value 6.154422
iter   5 value 3.504632
iter  10 value 3.077312
iter  15 value 3.037185
iter  15 value 3.036134
iter  15 value 3.035874
final  value 3.035874
converged
> text(isoMDS(rei13.dist)$points+1.5,rownames(rei13))    #図 1.8
initial  value 6.154422
iter   5 value 3.504632
iter  10 value 3.077312
iter  15 value 3.037185
iter  15 value 3.036134
iter  15 value 3.035874
final  value 3.035874
converged
```

No.11，2，7 の人が近く，No.5，1 が離れて配置されている様子がわかる．

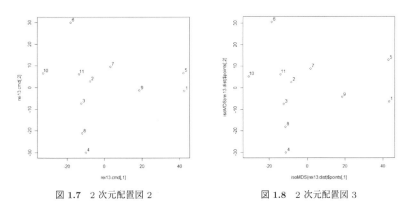

図 1.7 2 次元配置図 2　　　　図 1.8 2 次元配置図 3

演習 1.4 液晶テレビに関して，デザイン，操作性，画質，音質，機能性の 5 項目について，5 段階での評価がアンケート調査によって表 1.7 のようなデータ（平均値）が得られた．相関係数を求め，それを類似度として，サンプルの配置を検討せよ．　　　　　　　　　　　　　　　　　　　　　　　　　　　　　　◁

表 1.7 データ表

商品（個体）＼評価項目	デザイン	操作性	画質	音質	機能性
No.1	4.13	3.69	3.64	3.45	3.84
No.2	4.21	4.03	4.61	3.92	4.45
No.3	4.73	4.14	3.99	4.47	4.37
No.4	4.48	3.17	4.65	3.50	4.02
No.5	4.26	3.56	3.97	3.24	4.20
No.6	3.70	3.62	3.59	3.14	3.45
No.7	4.95	3.76	4.59	4.55	4.26

1.2 数量化 IV 類

数量化 IV 類は個体（サンプル）間の類似度をもとに個体の集まりの大まかな分類をするものである．多次元尺度の特別な場合である．

その類似度データとしては次のような種類がある．① 一致度数：隣の席に座りたい，サンプル（個体）同士の好意の度合い一致度を表す量のような場合，② クロス集計（分割表）：ラーメン，うどん，そばで好きなものにチェックをしたときの集計表，英語と数学でそれぞれランク付けされクロス集計されたデータのような場合，③ 距離（ユークリッド，マハラノビスなど）：小さい程類似度が大きいとするデータのような場合，④ 相関係数：変量間の相関が高いとき 1 に近くなるような場合，などがある．

以下では①の場合を例として考えてみよう．

一致度数で得られる場合．例えばある地区のスーパー 4 店について近所に住んでいる主婦によく買い物に行くところにチェックしてもらって，表 1.8 のデータを得た．ここではよく買い物に行くという物差しでチェックを行ったが，好きであるものとか持っているなど，他にもいろいろな嗜好，対応を考えることができる．

表 1.8 データ表

スーパー（個体）＼人（カテゴリー）	1	$\cdots$	j	$\cdots$	p	計
スーパー A	レ	$\cdots$	レ	$\cdots$		$d_1.$
スーパー B		$\cdots$	レ	$\cdots$	レ	$d_2.$
スーパー C		$\cdots$		$\cdots$		$d_3.$
スーパー D	レ	$\cdots$		$\cdots$	レ	$d_4.$
計	$d_{.1}$	$\cdots$	$d_{.j}$	$\cdots$	$d_{.p}$	$d_{..} = d$

親近性（一致度数）を個体 i と i' について異なる反応の個数（レ印の不一致の個数）を数え，マイナス符号をつけて，次の表 1.9 のようなデータを得た．

次に一般に変量，アイテム（項目）i と j の親近性（度）e_{ij} $(i = 1, \cdots, n; j = 1, \cdots, n)$ に基づいて対象（個体，人）に数量を与え，変量，アイテム（項目）間の関連性や分類を行うものである．スーパー間の類似性（距離），観光地間の類似性，食品間の類似性，科目間の類似性，インスタントラーメンの類似性，動物と動物の類似性などが考えられる．その類似性をはかる物差しは人の好み，反応時間，生物上の分類などさまざまあるだろう．

一般に，個体と個体の類似性データは表 1.10 のように与えられる．

1.2.1 1 次元での数量化

個体 i と j が似ているほど $e_{ij} \geqq 0$ は大きく，x_i と x_j に近い値を与えるようにしたい（普通，$e_{ii} = 0$

1.2 数量化 IV 類

表 1.9 データ表

項目＼項目	スーパー A	スーパー B	スーパー C	スーパー D	計
スーパー A	e_{11}	e_{12}	e_{13}	e_{14}	$e_{1\cdot}$
スーパー B	e_{21}	e_{22}	e_{23}	e_{24}	$e_{2\cdot}$
スーパー C	e_{31}	e_{32}	e_{33}	e_{34}	$e_{3\cdot}$
スーパー D	e_{41}	e_{42}	e_{43}	e_{44}	$e_{4\cdot}$
計	$e_{\cdot 1}$	$e_{\cdot 2}$	$e_{\cdot 3}$	$e_{\cdot 4}$	$e_{\cdot\cdot} = N$

表 1.10 データ表

個体（スコア）＼個体（スコア）	$1(x_1)$	$\cdots$	$j(x_j)$	$\cdots$	$n(x_n)$	計
$1(x_1)$	e_{11}	$\cdots$	e_{1j}	$\cdots$	e_{1n}	$e_{1\cdot}$
$\vdots$	$\vdots$	$\vdots$	$\vdots$	$\vdots$	$\vdots$	$\vdots$
$i(x_i)$	e_{i1}	$\cdots$	e_{ij}	$\cdots$	e_{in}	$e_{i\cdot}$
$\vdots$	$\vdots$	$\vdots$	$\vdots$	$\vdots$	$\vdots$	$\vdots$
$n(x_n)$	e_{n1}	$\cdots$	e_{nj}	$\cdots$	e_{nn}	$e_{n\cdot}$
計	$e_{\cdot 1}$	$\cdots$	$e_{\cdot j}$	$\cdots$	$e_{\cdot n}$	$e_{\cdot\cdot} = N$

である）．そこで

数量化 IV 類の基準

(1.6)
$$-\sum_{i=1}^{n}\sum_{j=1}^{n} e_{ij}(x_i - x_j)^2 \nearrow （最大化）$$

を最大化するように x_i を定める．しかし，x_i をスカラー倍すると式 (1.6) はいくらでも大きくなるため，スコア x_i の分散が一定という制約条件

(1.7)
$$v(x) = \frac{1}{n}\sum_{i=1}^{n}(x_i - \overline{x})^2 = 1$$

のもとで，式 (1.6) を最大化する．さらに，スコアの中心は原点にしてもかまわないので，平均を 0 とする．そこで

(1.8)
$$\overline{x} = 0$$

より

(1.9)
$$v(x) = \frac{1}{n}\sum_{i=1}^{n}x_i^2 = 1$$

という制約条件のもとで，式 (1.6) を最大化する．したがって，ラグランジュの未定乗数法により

(1.10)
$$Q = -\sum_{i=1}^{n}\sum_{j=1}^{n} e_{ij}(x_i - x_j)^2 - \lambda\left(\sum_{i=1}^{n}x_i^2 - n\right)$$

とおき，x_k で偏微分して 0 とおいた方程式を解く．

式 (1.10) で x_k を含む項は

$$-\sum_{\substack{j=1 \\ j\neq k}}^{p} e_{kj}(x_k - x_j)^2 - \sum_{\substack{i=1 \\ i\neq k}}^{n} e_{ik}(x_i - x_k)^2 - \lambda x_k^2$$

だから

$$\frac{\partial Q}{\partial x_k} = -2\sum_{\substack{i=1 \\ i\neq k}}^{n} e_{kj}(x_k - x_j) + 2\sum_{\substack{i=1 \\ i\neq k}}^{n} e_{ik}(x_i - x_k) - 2\lambda x_k = 0 \text{ より}$$

$$\sum_{\substack{i=1 \\ i\neq k}}^{n} \{-e_{ki}(x_k - x_i) + e_{ik}(x_i - x_k)\} = \lambda x_k \iff \sum_{\substack{i=1 \\ i\neq k}}^{n}(e_{ki} + e_{ik})(x_i - x_k) = \lambda x_k$$

ここで $a_{ki} = e_{ki} + e_{ik}$ とおくと

$$\Longleftrightarrow \sum_{\substack{i=1 \\ i \neq k}}^{n} a_{ki} x_i + \left(-\sum_{\substack{i=1 \\ i \neq k}}^{n} a_{ki}\right) x_k = \lambda x_k \quad (k = 1, \cdots, n)$$

さらにこれをすべての $k(1, \cdots, n)$ について書き並べると

$$(1.11) \quad \begin{cases} \left(-\sum_{\substack{i=1 \\ i \neq 1}}^{n} a_{1i}\right) x_1 + a_{12} x_2 + \cdots + a_{1n} x_n = \lambda x_1 \\ a_{21} x_1 + \left(-\sum_{\substack{i=1 \\ i \neq 2}}^{n} a_{2i}\right) x_2 + \cdots + a_{2n} x_n = \lambda x_2 \\ \cdots \\ a_{k1} x_1 + \cdots + \left(-\sum_{\substack{i=1 \\ i \neq k}}^{n} a_{ki}\right) x_k + \cdots + a_{kn} x_n = \lambda x_k \\ \cdots \\ a_{n1} x_1 + a_{n2} x_2 + \cdots + \left(-\sum_{\substack{i=1 \\ i \neq n}}^{n} a_{ni}\right) x_n = \lambda x_n \end{cases}$$

となる. そこで

$$h_{ij} = \begin{cases} a_{ij}(= e_{ij} + e_{ji}) \quad (i \neq j) \\ -\sum_{\substack{j=1 \\ j \neq i}}^{n} a_{ij}(= h_{ii}) : \text{対角成分はそれ以外の行(列)の和} \end{cases}$$

とおき $H = (h_{ij})_{n \times n}$ とすればベクトル・行列表現で上の式は

$$(1.12) \quad H\boldsymbol{x} = \lambda\boldsymbol{x}$$

とかける.

また,式 (1.6) は

$$(1.13) \quad \sum_{i=1}^{n} \sum_{j=1}^{n} e_{ij}(x_i - x_j)^2 = \sum_{i=1}^{n} \sum_{j=1}^{n} (e_{ij} + e_{ji}) x_i x_j - \sum_{i=1}^{n} x_i^2 \sum_{j=1}^{n} (e_{ij} + e_{ji})$$

$$= \sum_{i=1}^{n} \sum_{j=1}^{n} h_{ij} x_i x_j$$

$$(1.14) \quad \boldsymbol{x}^{\mathrm{T}} H \boldsymbol{x} = \lambda \boldsymbol{x}^{\mathrm{T}} \boldsymbol{x} = n\lambda \quad \text{(ベクトル・行列表現)}$$

となり,H の最大固有値に対応した固有ベクトルが求めるスコアとなる.

また,式 (1.10) は

$$(1.15) \quad Q = -\sum_{i=1}^{n} \sum_{j \neq i}^{n} e_{ij} x_i^2 - \sum_{i=1}^{n} \sum_{j \neq i}^{n} e_{ij} x_j^2 + 2 \sum_{i=1}^{n} \sum_{j \neq i}^{n} e_{ij} x_i x_j - \lambda\left(\sum_{i=1}^{n} x_i^2 - n\right)$$

と変形されベクトル・行列表現だと

$$(1.16) \quad Q = -\boldsymbol{x}^{\mathrm{T}} E_1 \boldsymbol{x} - \boldsymbol{x}^{\mathrm{T}} E_2 \boldsymbol{x} + \boldsymbol{x}^{\mathrm{T}} E \boldsymbol{x} + \boldsymbol{x}^{\mathrm{T}} E^{\mathrm{T}} \boldsymbol{x} - \lambda(\boldsymbol{x}^{\mathrm{T}} \boldsymbol{x} - n)$$

$$= -\boldsymbol{x}^{\mathrm{T}}\left(E_1 + E_2 - E - E^{\mathrm{T}}\right) \boldsymbol{x} - \lambda(\boldsymbol{x}^{\mathrm{T}} \boldsymbol{x} - n)$$

となる. したがって

$$(1.17) \quad \frac{\partial Q}{\partial \boldsymbol{x}} = 2\left(E_1 + E_2 - E - E^{\mathrm{T}}\right) \boldsymbol{x} - 2\lambda\boldsymbol{x} = \boldsymbol{0}$$

が成立する. これが自明でない解 $\boldsymbol{x}$ をもつ固有値問題となる(なお制約として,$\boldsymbol{x}^{\mathrm{T}} \boldsymbol{x} = n$ がある).

1.2.2 2次元での数量化

1 次元の場合と同様に,類似度 e_{ij} に対し各個体(サンプル)の座標 (x_i, y_i) を以下の式を最大化するように定める.

$$(1.18) \qquad Q = -\sum_{i \neq j} e_{ij}\left\{(x_i - x_j)^2 + (y_i - y_j)^2\right\} \nearrow (\text{最大化})$$

制約条件として

$$(1.19) \qquad \overline{x} = 0 = \overline{y}, \quad \frac{1}{n}\sum_{i=1}^{n} x_i^2 = 1, \quad \frac{1}{n}\sum_{i=1}^{n} y_i^2 = 1$$

とする．そこでラグランジュの未定乗数法より

$$(1.20) \quad Q = -\sum_{i=1}^{n}\sum_{j=1}^{n} e_{ij}\left\{(x_i - x_j)^2 + (y_i - y_j)^2\right\} - \lambda\left(\sum_{i=1}^{n} x_i^2 - n\right) - \mu\left(\sum_{i=1}^{n} y_i^2 - n\right)$$

とおき，x_i, y_i, λ, μ で偏微分し 0 とおいた方程式は以下の式 (1.21) のようになる．ただし，$\boldsymbol{x} = (x_1, \cdots, x_n)^{\mathrm{T}}, \boldsymbol{y} = (y_1, \cdots, y_n)^{\mathrm{T}}$ とする．

$$(1.21) \qquad H\boldsymbol{x} = \lambda\boldsymbol{x}, \quad H\boldsymbol{y} = \mu\boldsymbol{y}$$

そこで，$-1 \times$ 式 (1.18) は

$$(1.22) \qquad \boldsymbol{x}^{\mathrm{T}} H \boldsymbol{x} + \boldsymbol{y}^{\mathrm{T}} H \boldsymbol{y} = \lambda\sum_{i=1}^{n} x_i^2 + \mu\sum_{i=1}^{n} y_i^2$$

と表せるので，H の固有値で最大の固有値 λ_1 とそれに対応する固有ベクトルを $\boldsymbol{x}$ とし，2 番目に大きい固有値 λ_2 とそれに対応する固有ベクトル $\boldsymbol{y}$ を求めて，座標 (x_i, y_i) を定めればよい．

— 例題 1.4 —

6 人の主婦によく行くスーパーを回答してもらい一覧表にした．表 1.11 に与えられるスーパーに関するアンケート調査について，数量化 IV 類を用いて解析せよ．

表 1.11　よく行くスーパー

スーパー＼人	1	2	3	4	5	6	7	8	9	10	計
A	レ	レ						レ	レ	レ	5
B		レ	レ	レ	レ	レ		レ	レ	レ	8
C		レ									1
D	レ										1
E	レ										1
F							レ	レ			2
計	3	3	1	1	1	1	1	3	2	2	18

表 1.12　よく行くスーパーの類似性の表

スーパー＼スーパー	A	B	C	D	E	F
A	0	−5	−4	−4	−4	−5
B	−5	0	−7	−9	−9	−7
C	−4	−7	0	−2	−2	−3
D	−4	−9	−2	0	0	−3
E	−4	−9	−2	0	0	−3
F	−5	−7	−3	−3	−3	0

表 1.13　H 行列の表

スーパー＼スーパー	A	B	C	D	E	F
A	44	−10	−8	−8	−8	−10
B	−10	74	−14	−18	−18	−14
C	−8	−14	36	−4	−4	−6
D	−8	−18	−4	36	0	−6
E	−8	−18	−4	0	36	−6
F	−10	−14	−6	−6	−6	42

解

手順 1　類似性（一致度）の表 1.12 を作成する．レ印の不一致の個数を数えて符号を反対にする．

手順 2　H（エイッチ）行列を求める．

手順 1 の表の非対角の要素を 2 倍し，対角成分は非対角要素の行ごとの和の符号を逆にすることで以下の表 1.13 を得る．

手順 3　固有値，固有ベクトルを求める．

手順 2 で求めた H 行列の固有値，固有ベクトルを計算する．

最大の固有値は $\lambda_1 = 90.16$ で対応する固有ベクトルは，制約条件 $\boldsymbol{x}^{\mathrm{T}}\boldsymbol{x} = n = 6$ を考慮して，
$\boldsymbol{x} = \sqrt{6} \times (-0.038, 0.897, -0.169, -0.262, -0.262, -0.167)^{\mathrm{T}}$ である．また 2 番目の固有値は $\lambda_2 = 53.356$ で，対応する固有ベクトルは，制約条件 $\boldsymbol{y}^{\mathrm{T}}\boldsymbol{y} = n = 6$ を考慮して，$\boldsymbol{y} = \sqrt{6} \times (0.863, -0.120, -0.099, -0.090, -0.090, -0.465)^{\mathrm{T}}$ である．

手順 4 対象物をプロットする．

手順 3 で求めた最大固有値の固有ベクトルから 1 軸にプロットしていき，分類が十分にできるまで次に大きい固有値に対応する固有ベクトルを 2 軸と順にプロットする．実際 2 次元でプロットしたのが図 1.9 である（固有ベクトルを $\sqrt{6}$ で割った値で表示している）．この図 1.9 からスーパー A と B が他のスーパーと単独にあり，特に 1 軸では B が離れ，また 2 軸では A が離れ，それぞれどのような特性か検討するとよいと思われる．　□

[予備解析]

手順 1 データの読み込み

【データ】▶【データのインポート】▶【テキストファイルまたはクリップボード，URL から…】を選択し，ダイアログボックスで，フィールドの区切り記号としてカンマにチェックをいれて，OK をクリックする．そしてフォルダからファイル（rei14.csv）を指定後，開く (O) をクリックする．さらに データセットを表示 をクリックすると，図 1.10 のようにデータが表示される．

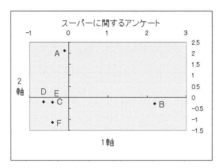

図 1.9　対象物のプロット

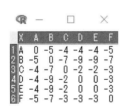

図 1.10　データの表示

図 1.11　データの要約の指定

```
> rei14 <- read.table("rei14.csv",
header=TRUE, sep=",",na.strings="NA", dec=".", strip.white=TRUE)
> showData(rei14, placement='-20+200', font=getRcmdr('logFont'),
 maxwidth=80, maxheight=30)
```

手順 2 基本統計量の計算

【統計量】▶【要約】▶【アクティブデータセット】を選択すると，出力結果が表示される．これから，画質と操作性はいずれも数値変数で，変数ごとの最小値，最大値，平均値などの概要が掴める．

```
> summary(rei14)   #データの要約
  X            A                 B                  C
```

1.2 数量化 IV 類

```
A:1   Min.   :-5.000    Min.   :-9.000    Min.   :-7.00
B:1   1st Qu.:-4.750    1st Qu.:-8.500    1st Qu.:-3.75
C:1   Median :-4.000    Median :-7.000    Median :-2.50
D:1   Mean   :-3.667    Mean   :-6.167    Mean   :-3.00
E:1   3rd Qu.:-4.000    3rd Qu.:-5.500    3rd Qu.:-2.00
F:1   Max.   : 0.000    Max.   : 0.000    Max.   : 0.00
         D                E                F
Min.   :-9.00      Min.   :-9.00      Min.   :-7.0
1st Qu.:-3.75      1st Qu.:-3.75      1st Qu.:-4.5
Median :-2.50      Median :-2.50      Median :-3.0
Mean   :-3.00      Mean   :-3.00      Mean   :-3.5
3rd Qu.:-0.50      3rd Qu.:-0.50      3rd Qu.:-3.0
Max.   : 0.00      Max.   : 0.00      Max.   : 0.0
```

[解析]

手順1 スコアの導出

```
> rei14m<-rei14[,-1]    #1 列の削除
> rei14m
   A  B  C  D  E  F
1  0 -5 -4 -4 -4 -5
 ～
6 -5 -7 -3 -3 -3  0
> as.matrix(rei14m)
      A  B  C  D  E  F
[1,]  0 -5 -4 -4 -4 -5
 ～
[6,] -5 -7 -3 -3 -3  0
> H<-rei14m+t(rei14m)    #もとの行列と転置行列の和
> diag(H)<-0
> H
    A   B   C   D   E   F
1   0 -10  -8  -8  -8 -10
2 -10   0 -14 -18 -18 -14
3  -8 -14   0  -4  -4  -6
4  -8 -18  -4   0   0  -6
5  -8 -18  -4   0   0  -6
6 -10 -14  -6  -6  -6   0
> diag(H)<--apply(H,1,sum)
> H
    A   B   C   D   E   F
1  44 -10  -8  -8  -8 -10
2 -10  74 -14 -18 -18 -14
3  -8 -14  36  -4  -4  -6
4  -8 -18  -4  36   0  -6
5  -8 -18  -4   0  36  -6
6 -10 -14  -6  -6  -6  42
> eigen(H)
$values
[1]  9.016160e+01  5.335600e+01  4.751650e+01  4.096590e+01  3.600000e+01
 -9.575674e-16
$vectors
```

```
             [,1]        [,2]       [,3]       [,4]        [,5]       [,6]
[1,]  0.03829619  0.86253701  0.2954320  0.02483119  2.114926e-17  0.4082483
  ~
[6,]  0.16663712 -0.46454132  0.7638362  0.07950487  1.662931e-16  0.4082483
> EH<-eigen(H)
> EH$vectors
             [,1]        [,2]       [,3]       [,4]        [,5]       [,6]
[1,]  0.03829619  0.86253701  0.2954320  0.02483119  2.114926e-17  0.4082483
  ~
[6,]  0.16663712 -0.46454132  0.7638362  0.07950487  1.662931e-16  0.4082483
> EV<-sqrt(nrow(H))*EH$vectors
> EV
             [,1]        [,2]       [,3]       [,4]        [,5]     [,6]
[1,]  0.09380612  2.1127756  0.7236576  0.06082375  5.180489e-17   1
  ~
[6,]  0.40817592 -1.1378892  1.8710089  0.19474637  4.073331e-16   1
```

手順 2 プロット

```
> par(mfrow=c(1,1))   #グラフ画面を 1 行 1 列に戻す
> plot(EV[,1],EV[,2],xlim=c(-3,3),ylim=c(-3,3))   #図 1.12
> text(EV[,1],EV[,2])
> abline(v=0,h=0)   #座標軸を描く
```

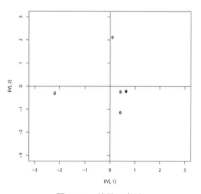

図 1.12 結果の表示

このように図 1.9 と左右反転しているが同様な配置が得られる．

演習 1.5 以下の対戦表から類似性の表を作成し，各チームを数量化 IV 類により分類せよ． ◁

表 1.14 1998 年度セリーグ対戦表

チーム＼チーム	横浜	中日	巨人	ヤクルト	広島	阪神
横浜	×	14-13(1)	15-12	16-11	15-12	19-8
中日		×	15-12	16-11	14-13	17-10
巨人			×	16-11	16-11	17-10
ヤクルト				×	16-11	17-10
広島					×	13-14
阪神	sym.					×

1.2 数量化 IV 類

表 1.15 1998 年度パリーグ対戦表

チーム \ チーム	西武	日本ハム	オリックス	ダイエー	近鉄	ロッテ
西武	×	14-12(1)	12-14(1)	16-10(1)	15-12	13-13(1)
日本ハム		×	14-11(2)	12-15	14-13	15-12
オリックス			×	15-12	14-13	12-15
ダイエー				×	14-13	16-11
近鉄					×	15-10(2)
ロッテ	sym.					×

演習 1.6 以下のような項目についてアンケート調査によるデータをとり，数量化 IV 類により解析せよ．

(1) 番組の視聴に関するアンケートによる番組について分類せよ．

(2) 行きたい旅行先のアンケート調査からの類似性データから分類せよ．

(3) 一緒に座りたい人のアンケート調査から数量化 IV 類により席順を決めよ． ◁

2

対 応 分 析

2.1 対応分析とは

フランスの研究者ベンゼクリ（J.P.Benzécri）により，1962年頃に提唱された方法で，コレスポンデンス分析とも呼ばれている．共に質的なデータである2変量間の関連について視覚的，数量的に評価し，カテゴリー間の反応パターンからその対応をみる方法であり，2元データ表の項目間の関連性（対応）を測り，数量として表すのが困難な質的情報に数値を付与することによって項目間の関係を明らかにしようとする手法である．類似の方法としては，1952年から1954年頃に林知己夫によって提案された数量化III類，1980年代に西里静彦によって提案された双対尺度法（dual scaling）などがある．それぞれの方法が提案された背景は異なるが，基本的な考え方は同じである．データ形式によっては，それぞれの手法の解析結果を変換によって一致させることも可能である．数量化III類および対応分析の基本的考え方は，分割表において行の項目と列の項目の相関が最大になるように，行と列の双方を並べ替えることである．問題解決のもとになる考え方は，主成分分析，因子分析とほぼ同じである．

2.1.1 クロス集計表についての解析

ここではクロス集計表としてデータが得られる場合を扱う．そこでデータ行列として，行に1つの変数，列にもう1つの変数を割り当てたときの表 2.1 を与える．

表 2.1 データ集計

カテゴリー変数1 ＼ カテゴリー変数2	1	2	$\cdots$	j	$\cdots$	q	計
1	d_{11}	d_{12}	$\cdots$	d_{1j}	$\cdots$	d_{1p}	$d_{1.}$
$\vdots$	$\vdots$	$\vdots$	$\ddots$	$\vdots$		$\vdots$	$\vdots$
i	d_{i1}	d_{i2}	$\cdots$	d_{ij}	$\cdots$	d_{iq}	$d_{i.}$
$\vdots$	$\vdots$	$\vdots$		$\vdots$	$\ddots$	$\vdots$	$\vdots$
p	d_{p1}	d_{p2}	$\cdots$	d_{pj}	$\cdots$	d_{pq}	$d_{p.}$
計	$d_{.1}$	$d_{.2}$	$\cdots$	$d_{.j}$	$\cdots$	$d_{.q}$	$n = d_{..}$

行に変数として，例えば世代を割り当て，列に他の変数である項目，例えば好みの料理を割り当てた場合を考える．このとき，世代と料理との対応関係をみることを考える．そして，行の変数のカテゴリーに数量 $\boldsymbol{x} = (x_1, \cdots, x_p)$，列の変数のカテゴリーに数量 $\boldsymbol{y} = (y_1, \cdots, y_q)$ を割り当てる（これを数量化という）．このとき，行と列の変数の相関係数

$$(2.1) \qquad r = \frac{\sum\limits_{i=1}^{p} \sum\limits_{j=1}^{q} d_{ij}(x_i - \overline{x})(y_j - \overline{y})}{\sqrt{\sum\limits_{i=1}^{p} d_{i.}(x_i - \overline{x})^2 \sum\limits_{j=1}^{q} d_{.j}(y_j - \overline{y})^2}}$$

が最大になるように $\boldsymbol{x}$ と $\boldsymbol{y}$ を求める．ここで中心位置をいずれも原点，つまり $\overline{x} = 0 = \overline{y}$ としても問題ない．またスケールについても $\sum_{i=1}^{p} d_{i.}x_i^2 = 1 = \sum_{j=1}^{q} d_{.j}y_j^2$ の制約条件のもとで数量化しよう．

そこで，$r = \sum d_{ij} x_i y_j = \boldsymbol{x}^{\mathrm{T}} D \boldsymbol{y}$ $(D = (d_{ij})_{p \times q})$ を最大化する．

D の 1 以外の正の固有値を大きい順に $\lambda_1 \geqq \cdots \geqq \lambda_r$ とすれば，

$$\chi^2 = \sum_{i=1}^{p} \sum_{j=1}^{q} \frac{\left(d_{ij} - \dfrac{d_{i.} d_{.j}}{n}\right)^2}{\dfrac{d_{i.} d_{.j}}{n}} = n(\lambda_1 + \cdots + \lambda_r) \tag{2.2}$$

かつ

$$r \leqq \sqrt{\lambda_1} \tag{2.3}$$

が成立する．なお，χ^2 は，行の変数と列の変数の独立性をはかる統計量である．

2 元分割表のデータを対象とする対応分析を**単純対応分析**（simple correspondence analysis），多項目の反応パターン表のデータを対象とした対応分析を**多重対応分析**（multiple correspondence analysis）と呼ぶが，通常前者を略して対応分析，後者を多重対応分析と呼ぶ．R には，いくつかのパッケージに対応分析に関連する関数が含まれているが，ここではパッケージ MASS の中の関数 **corresp**, **mca** について実行してみよう．

2.1.2 単純対応分析

パッケージ MASS の中の対応分析の関数 **corresp** の書式は，corresp(x,nf,…) である．引数 x はデータマトリックスあるいはデータフレームである．nf は，求める軸の数（主成分，因子とも呼ぶ）を指定する引数である．デフォルトは 1 になっているので nf を省略した場合は，1 軸の結果のみが返される．関数 corresp を用いるためにはパッケージ MASS を読み込む（library(MASS)）手続きが必要である．

データを用いて関数 corresp の使用方法を説明することにする．ここでは軸数の引数 nf を 4 にしている．関数 corresp では，累積寄与率を返さないので累積寄与率を計算するためには，nf=min（行数，列数）にしたほうがよい．もしデータ行列のランクが min（行数，列数）より小さいときには，nf を下げればよい．返される結果は，正準相関（canonical correlation），行の得点（row scores），列の得点（column scores）の順になっている．返される正準相関は大きい順に並べられ，その 2 乗が固有値に等しい．対応分析では，計算された軸の行・列に対応する値をそれぞれ行の得点，列の得点と呼ぶ．対応分析でも主成分分析や因子分析と同じく各軸の寄与率や累積寄与率について考察を行うが，関数 corresp() は寄与率を返さないので，正準相関を用いて算出する必要がある．なお，正準相関は$cor に記録されている．

例題 2.1

表 2.2 の世代別の好みの料理に関するクロス集計データに関して，世代と料理の種類の対応関係を考察せよ（対応分析を行え）．

表 2.2 料理の好みの表

料理の種類 世代	和食	洋食	中華
20 代	0	2	0
30 代	0	1	2
40 代	1	1	1
50 代	2	0	0

図 2.1 データの表示

[予備解析]

手順 1 データの読み込み

20　　　　　　　　　　　　　　　　　2. 対 応 分 析

【データ】▶【データのインポート】▶【テキストファイルまたはクリップボード，URL から…】を
選択し，ダイアログボックスで，フィールドの区切り記号としてカンマにチェックをいれて，OK を
クリックする．そしてフォルダからファイル（rei21.csv）を指定後，開く (O) をクリックする．さら
に データセットを表示 をクリックすると，図 2.1 のようにデータが表示される．

```
> rei21 <- read.table("rei21.csv", header=TRUE,
sep=",", na.strings="NA", dec=".", strip.white=TRUE)
> names(rei21)  #変数名を表示する
[1] "世代" "和食" "洋食" "中華"
```

手順 2　割合の計算

```
> rei21m<-rei21[,-1]   #1 列削除
#  rei21$世代 <- NULL  #変数世代の削除
> rei21m
   和食 洋食 中華
1    0    2    0
2    0    1    2
3    1    1    1
4    2    0    0
> gyowa<-apply(rei21m,2,sum) #行ごとの和を求め gyowa に代入
> gyowa
和食 洋食 中華
   3    4    3
> rei21m[1,]/gyowa
   和食 洋食 中華
1    0  0.5    0
> rei21m[2,]/gyowa
   和食 洋食     中華
2     0 0.25 0.6666667
> rei21m[3,]/gyowa
       和食 洋食     中華
3 0.3333333 0.25 0.3333333
> rei21m[4,]/gyowa
       和食 洋食 中華
4 0.6666667    0    0
> retuwa<-apply(rei21m,1,sum) #列ごとの和を求め retuwa に代入
> retuwa
[1] 2 3 3 2
> rei21m[,1]/retuwa
[1] 0.0000000 0.0000000 0.3333333 1.0000000
> rei21m[,2]/retuwa
[1] 1.0000000 0.3333333 0.3333333 0.0000000
> rei21m[,3]/retuwa
[1] 0.0000000 0.6666667 0.3333333 0.0000000
```

手順 3　グラフ化

mosaicplot 関数を利用する．

```
> mosaicplot(rei21m,main="世代と好みの料理")   #図 2.2
```

世代による和食，洋食，中華の好みに違いがみられる．

2.1 対応分析とは

[対応分析]

手順1 corresp 関数の適用

```
> library(MASS)   #MASS の利用
> rei21m.co<-corresp(rei21m,nf=2)
> rei21m.co
First canonical correlation(s): 0.8271982 0.5619102  #相関係数
 Row scores:       #行スコア
            [,1]        [,2]
[1,] -0.87498520   1.7582786
[2,] -0.74210893  -1.1005358
[3,]  0.09722058  -0.1953643
[4,]  1.84231773   0.1855715
 Column scores:    #列スコア
            [,1]        [,2]
和食   1.5239620   0.1042745
洋食  -0.7237862   0.9879947
中華  -0.5589137  -1.4216008
> rei21m.eig<-rei21m.co$cor^2
> round(rei21m.eig,3)
[1] 0.684 0.316
> 寄与率<-round(100*rei21m.eig,3)/sum(rei21m.eig)
> 寄与率
[1] 68.426 31.574
```

第2固有値までの累積寄与率はほぼ100%で，非常に高い．このような場合は第1,2固有値に対応する得点のみを分析すればよいだろう．

手順2 グラフでの表示

```
> biplot(rei21m.co,main="世代と料理の対応")   #図2.3 バイプロットでの打点
```

10代の人が洋食，20代の人が中華，40代の人が和食と近い配置になっている．

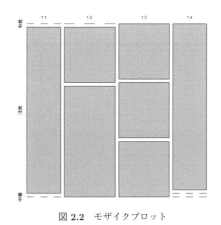

図 2.2 モザイクプロット

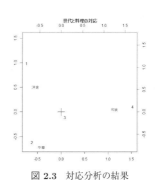

図 2.3 対応分析の結果

例題 2.2

血液型と通学方法に関するアンケートデータをクロス集計に変換後，対応分析の関数 corresp を適用せよ．

```
> anketo <- read.table("anketo.csv",
+   header=TRUE, sep=",", na.strings="NA", dec=".", strip.white=TRUE)
```

図 2.4 データの表示

図 2.5 データのクロス集計の指定

【統計量】▶【分割表】▶【2元表】を選択し，図 2.5 のように行の変数に血液型，列の変数に通学方法を選択し，OK を左クリックする．フォルダからファイルを指定後，開く(O) を左クリックする．データセットを表示 をクリックする．

```
> .Table <- xtabs(~血液型+通学方法, data=anketo)   #分割表を作成する
> library(MASS)
> anketo.co1<-corresp( .Table,nf=2)
> anketo.co1
First canonical correlation(s): 0.8331097 0.5525076
 血液型 scores:
         [,1]       [,2]
A   0.6108295 -0.2853465
AB -0.3956608 -3.0237316
B   1.5737206  0.7326520
O  -1.0390196  0.5399627

 通学方法 scores:
            [,1]       [,2]
バイク -1.2471583  0.9772945
バス   -0.3296288 -1.6706348
自転車 -0.2569831  0.2304187
車     -1.2471583  0.9772945
電車   -1.2471583  0.9772945
徒歩    1.3110819  0.4047958
> anketo.eig<-anketo.co1$cor^2
> round(anketo.eig,3)
[1] 0.694 0.305
> 寄与率<-round(100*anketo.eig,3)/sum(anketo.eig)
> 寄与率
[1] 69.45309 30.54627
> biplot(anketo.co1,main="血液型と通勤方法の対応") #バイプロット表示　図 2.7
```

関数 corresp で計算された行の得点は$rscore，列の得点は$cscore にマトリックス形式で記録されている．電車は O 型，徒歩は B 型，バスは AB 型，自転車は A 型の近くに配置された．偶然このような配置になったが，通勤方法と対応が本当にあるかは，定かではない．

演習 2.1 表 2.3 はイギリスに住んでいる人々の目の色（blue, light, medium, dark）と髪の色（fair, red,

図 2.6 行と列の変数の指定

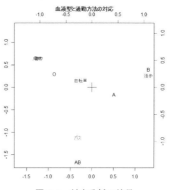
図 2.7 対応分析の結果

medium, dark, black) に関して 5387 人を対象として行った調査結果である．4 行 5 列の 2 元分割表で行が目の色，列が髪の色になっている．対応分析により，髪の色と目の色の対応関係を考察せよ．

表 2.3 髪と目の色に関する集計表

目の色＼髪の色	fair	red	medium	dark	black
blue	326	38	241	110	3
light	688	116	584	188	4
medium	343	84	909	412	26
dark	98	48	403	681	85

演習 2.2 表 2.4 は 11 人の学生に好みの飲み物を選んでもらったデータである．なお，1 が選択した項目を表す．対応分析を行え．◁

表 2.4 飲み物の好み調査

人＼項目	コーヒー x_1	紅茶 x_2	お茶 x_3	ジュース x_4
A	1	0	0	0
B	0	1	0	0
C	0	0	1	0
D	0	0	1	0
E	1	0	0	0
F	0	0	1	0
G	0	0	0	1
H	0	1	0	0
I	0	0	0	1
J	1	0	0	0
K	0	1	0	0

演習 2.3 被験者 10 人に対し，「朝ごはんにおもにパン，ご飯，シリアルのいずれを食べていますか．」のアンケートを行い，対応分析せよ．◁

2.1.3 多重対応分析

個体の回答（反応）が 1 つとは限らない場合には多重対応分析となる．corresp 関数のほか，パッケージ MASS には，多重対応分析の関数として **mca()** があり，その書式は mca(x,nf,abbrev=F) である．関数 mca を用いる場合を説明する．3 つの項目 A（A1：男性，A2：女性），B（B1：和食，B2：中華，B3：洋食），C（C1：20 代，C2：30 代，C3：40 代，C4：50 代）について 10 人のアンケート回答の結果を考えよう．項目 A には 2 つの選択肢（A1，A2），項目 B には 3 つの選択肢（B1，B2，B3），項目 C には 3 つの選択肢（C1，C2，C3）があるとする．例えば，10 人について A1～A3 のように回答の番号を文字列で記入し，回答番号を数字に置き換えて記入してもよい．項目を選択している場合は「1」，

選択していない場合は「0」で記入することも可能である.

例題 2.3

丼類のアンケート調査で, 8人に次のような質問を行い回答してもらった.「次の丼物類, カツ丼, 親子丼, 牛丼, 天丼, 中華丼, カレーで比較的よく食べるものを答えてください」. その結果図 2.8 のデータが得られた. 対応分析によりスコア(評点)を個体(人)および項目(丼)について与え, 分類を行え.

[予備解析]

手順 1　データの読み込み

【データ】▶【データのインポート】▶【テキストファイルまたはクリップボード, URL から...】を選択し, ダイアログボックスで, フィールドの区切り記号としてカンマにチェックをいれて, OK を左クリックする. そしてフォルダからファイル (rei23.csv) を指定後, 開く(O) を左クリックする. さらに データセットを表示 をクリックすると, データが表示される (図 2.8).

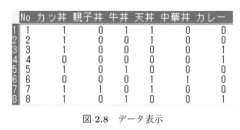

図 2.8　データ表示

```
> library(MASS)
> rei23 <- read.table("rei23.csv", header=TRUE,
sep=",", na.strings="NA", dec=".", strip.white=TRUE)
```

[対応分析]

手順 1　corresp 関数の適用

```
> rei23$No <- NULL    #変数 No の削除
> rei23.co<-corresp(rei23,nf=2)
> rei23.co
First canonical correlation(s): 0.8317985 0.6863893

 Row scores:
            [,1]        [,2]
 [1,]  -0.1096794  -0.6017266
 [2,]  -0.4470100  -0.4721025
 [3,]   1.0080294   0.7010859
 [4,]   1.7369477   2.1323293
 [5,]   0.4220465  -0.7955661
 [6,]  -2.1149652   1.7465370
 [7,]  -0.5750505  -1.0760851
 [8,]   0.8603469   0.1803990

 Column scores:
            [,1]        [,2]
カツ丼    0.2321642  -0.5011722
親子丼   -0.6913338  -1.5677476
牛丼      0.4699511  -0.5909638
天丼     -0.9758087  -0.1469200
中華丼   -2.5426412   2.5445285
カレー    1.4447905   1.4636079
```

手順2 グラフへの打点

```
> biplot(rei23.co)    #図2.9
```

図 2.9 のようにカツ丼・牛丼・天丼・親子丼が近くに配置され，また，No.1, 2, 5, 7 の人も近くである．中華丼と No.6 の人は離れ，カレーと No.4 の人も離れて配置されている．

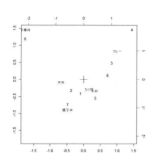 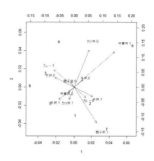

図 2.9　バイプロット（corresp 関数の利用）　　図 2.10　バイプロット（mca 関数の利用）

（参考） mca 関数の利用

【データ】▶【データアクティブデータセット内の変数の管理】▶【数値変数を因子に変換...】を選択し，逐次，変数を指定して数値でにチェックを入れて OK をクリックし，変数に上書きをする．

```
> library(MASS)
> rei23$カツ丼 <- as.factor(rei23$カツ丼)    #数値変数の因子への変換
> rei23$カレー <- as.factor(rei23$カレー)
> rei23$牛丼 <- as.factor(rei23$牛丼)
> rei23$親子丼 <- as.factor(rei23$親子丼)
> rei23$中華丼 <- as.factor(rei23$中華丼)
> rei23$天丼 <- as.factor(rei23$天丼)
> rei23m<-rei23[,-1]
> rei23m.mc<-mca(rei23m)    #mca 関数の適用
> rei23m.mc
Call:
mca(df = rei23m)
Multiple correspondence analysis of 8 cases of 6 factors
Correlations 0.615 0.554  cumulative % explained 12.30 23.37
> biplot(rei23m.mc$rs,rei23m.mc$cs)    #図2.10
```

結果の図 2.10 では矢印があるが，矢印を出力しないためには，var.axes=F を記述する．

演習 2.4 性格と好きな球団に関して質問項目を考えてアンケート調査を行い，反応パターンで集計したデータからパターンとカテゴリーを数量化することで分類せよ．　◁

演習 2.5 「質問 1. 以下のいずれを買い物でよく利用しますか．（スーパー，コンビニ，薬屋，デパート，ネット販売）質問 2. 1 回に使用する金額．質問 3. 1 週間に何回利用しますか．」の質問に対するアンケート調査を行い，対応分析せよ．　◁

演習 2.6 定食のアンケート調査で，「比較的よく食べるものを答えてください」という質問を行い回答してもらった．その結果，表 2.5 のデータが得られた．対応分析によりスコア（評点）を個体（人）および項目（定食）について与え，分類せよ．　◁

2. 対 応 分 析

表 2.5 定食の好みアンケート表

個体（人）＼項目	焼き魚	刺 身	ハンバーグ	豚カツ	生姜焼き	コロッケ
1	レ		レ	レ		
2	レ			レ		
3	レ					レ
4						レ
5	レ		レ			
6				レ	レ	
7	レ	レ		レ		
8	レ		レ			レ

2.2 数量化 III 類

　6 人の学生に次のようなアンケートを行った．「あなたが麺類でよく食べるのは次の，ラーメン，やきそば，うどんのうちどれですか．該当するものにチェックしてください」．その結果，表 2.6 のようなデータが得られた．この表で人の順序と麺類の順序の並びの相関が高くなるよう人の並べ替えを行うと表 2.7 のようになる．

表 2.6 麺類アンケート表

個体＼項目	ラーメン	やきそば	うどん
1	レ	レ	
2		レ	レ
3		レ	
4	レ	レ	
5	レ		レ
6	レ		

表 2.7 並べ替え後の麺類アンケート表

個体＼項目	ラーメン	やきそば	うどん
6	レ		
1	レ	レ	
4	レ	レ	
3		レ	
2		レ	レ
5			レ

　このような並べ替えによって麺（カテゴリー）の分類と人（サンプル）の分類がされ，同じ麺が好きな人は近くに配置され，そうでない人は遠くに配置される．このように No.6 の人を中心にラーメン派，No.5 の人を中心にうどん派，No.3 の人を中心にやきそば派といった分類がなされる．この並べ替えでは人数が多くなり，選択項目が増えるとたいへんなため，より機械的にするにはどうしたらよいだろうか．このような状況のとき，人（サンプル）と各選択項目（アイテム）のカテゴリーに数値を与えることで同じように分類する方法が数量化 III 類である．なお，各個人をサンプル（sample）といい，麺類のラーメン，やきそば，うどんの各選択項目をカテゴリー（category）という．

　例えば，以下のような適用場面が考えられる．

[適用場面]　テレビを買う場合，商品の選択要因としては，値段，大きさ，機能，外観，店での勧め，その場の雰囲気など多くの要因がある．人（サンプル）での分類と買う要因（カテゴリー）の分類に類似性や特性がないか調べたい場合／人（サンプル）の血液型での分類と性格（社交的，気がつく，おとなしい，のんびり，気分屋，慎重，明るいなど）のカテゴリーを考えるときの分類との類似性を知りたい場合／和食，洋食，中華の食べ物をカテゴリーとする場合／車の満足度についての外観・スタイル，値段，機能，乗り心地，室内の広さ，燃費などをカテゴリーとする場合／パソコンについての機能，使いやすさなどをカテゴリーとする場合／男らしさ，女らしさに関する項目をカテゴリーとする場合／建物の外観で洋風，和風，どちらでもよいをカテゴリーとした好みの調査によるアンケートで分類を行いたい場合，など．

　このような状況での<u>外的基準（目的変数）がないカテゴリー（計数）型の主成分分析と考えられる</u>のが数量化 III 類である．サンプル（個体）のカテゴリーへの反応の仕方に基づいて，サンプルにはサン

プルスコア（評点）を与え，カテゴリーにはカテゴリースコアを与え数量化し，各サンプルのそれぞれの反応パターンを数値としてとらえるのである．

a. モデルの設定

n 個のサンプルがあり，p 個のカテゴリーがあるとする．第 i 番目の個体（サンプル）が第 j 項目に反応するとき 1 とし，反応しないとき 0 の値をとる変数を d_{ij} で表す．

そして

$$\sum_{j=1}^{p} d_{ij} = d_{i.}：個体 i の反応カテゴリー数, \tag{2.4}$$

$$\sum_{i=1}^{n} d_{ij} = d_{.j}：カテゴリー j に反応する個体数, \tag{2.5}$$

および

$$\sum_{i=1}^{n}\sum_{j=1}^{p} d_{ij} = d_{..} = N：全反応数 \tag{2.6}$$

とする．そこで，表 2.8 のようなデータが得られる．

表 2.8 データ表

個体（スコア） ＼ C（スコア）	$1(y_1)$	$\cdots$	$j(y_j)$	$\cdots$	$p(y_p)$	計
$1(x_1)$	d_{11}	$\cdots$	d_{1j}	$\cdots$	d_{1p}	$d_{1.}$
$\vdots$	$\vdots$	$\vdots$	$\vdots$	$\vdots$	$\vdots$	$\vdots$
$i(x_i)$	d_{i1}	$\cdots$	d_{ij}	$\cdots$	d_{ip}	$d_{i.}$
$\vdots$	$\vdots$	$\vdots$	$\vdots$	$\vdots$	$\vdots$	$\vdots$
$n(x_n)$	d_{n1}	$\cdots$	d_{nj}	$\cdots$	d_{np}	$d_{n.}$
計	$d_{.1}$	$\cdots$	$d_{.j}$	$\cdots$	$d_{.p}$	$d_{..} = N$

そして，サンプル i に数値 x_i を与え，カテゴリー j に数値 y_j を与えるとすると，スコアの各平均は

$$\overline{x} = \frac{\sum_{i=1}^{n} d_{i.}x_i}{N}, \overline{y} = \frac{\sum_{j=1}^{p} d_{.j}y_j}{N} \tag{2.7}$$

で与えられる．

b. カテゴリースコア，サンプルスコアの推定

次の相関係数 r を最大にするように各スコア x_i, y_j を定める．

───── **数量化 III 類の基準** ─────

$$r = \frac{\sum_{i=1}^{n}\sum_{j=1}^{p} d_{ij}(x_i - \overline{x})(y_j - \overline{y})}{\sqrt{\sum_{i=1}^{n} d_{i.}(x_i - \overline{x})^2 \sum_{j=1}^{p} d_{.j}(y_j - \overline{y})^2}} \nearrow （最大化） \tag{2.8}$$

r はもとのデータを平行移動 $((x, y) \to (x + c, y + d))$ しても変わらないので，原点をどこにとるかは問題でない．そこで，平均について

$$\overline{x} = 0 = \overline{y} \tag{2.9}$$

とする．また，スカラー倍つまり $(x, y) \to (cx, dy)$ としても値は変わらないので，分散について

$$v(x) = \frac{1}{N}\sum_{i=1}^{n} d_{i.}x_i^2 = 1, v(y) = \frac{1}{N}\sum_{j=1}^{p} d_{.j}y_j^2 = 1 \tag{2.10}$$

とする．そこで

$$(2.11) \qquad r = \frac{\sum_{i=1}^{n}\sum_{j=1}^{p} d_{ij}x_iy_j}{\sqrt{\sum_{i=1}^{n} d_{i\cdot}x_i^2 \sum_{j=1}^{p} d_{\cdot j}y_j^2}} = \frac{\boldsymbol{x}^{\mathrm{T}}A\boldsymbol{y}}{\sqrt{\boldsymbol{x}^{\mathrm{T}}B\boldsymbol{x}}\sqrt{\boldsymbol{y}^{\mathrm{T}}C\boldsymbol{y}}} = \frac{1}{N}\boldsymbol{x}^{\mathrm{T}}A\boldsymbol{y} \nearrow (\text{最大化})$$

$$(A = (d_{ij})_{n\times p}, \ B = \mathrm{diag}(d_{1\cdot},\cdots,d_{n\cdot})_{n\times n}, \ C = \mathrm{diag}(d_{\cdot1},\cdots,d_{\cdot p})_{p\times p})$$

を次の制約条件のもとで最大化する.

$$(2.12) \qquad \sum x_i = 0, \sum y_j = 0, \ \sum_{i=1}^{n} d_{i\cdot}x_i^2 = N, \sum_{j=1}^{p} d_{\cdot j}y_j^2 = N$$

$$\left(\Longleftrightarrow \quad \mathbf{1}^{\mathrm{T}}\boldsymbol{x} = 0, \mathbf{1}^{\mathrm{T}}\boldsymbol{y} = 0, \quad \boldsymbol{x}^{\mathrm{T}}B\boldsymbol{x} = N, \ \boldsymbol{y}^{\mathrm{T}}C\boldsymbol{y} = N\right)$$

つまり，式 (2.12) の制約条件のもとで

$$(2.13) \qquad \sum_{i=1}^{n}\sum_{j=1}^{p} d_{ij}x_iy_j \quad (= \boldsymbol{x}^{\mathrm{T}}A\boldsymbol{y})$$

の最大化を考える．そこでラグランジュの未定乗数法により,

$$(2.14) \quad Q(x_i,y_j,\lambda,\mu) = \sum_{i,j} d_{ij}x_iy_j - \frac{\lambda}{2}\left(\sum_{i=1}^{n} d_{i\cdot}x_i^2 - N\right) - \frac{\mu}{2}\left(\sum_{j=1}^{p} d_{\cdot j}y_j^2 - N\right)$$

$$- \lambda_3 \sum_{i=1}^{n} x_i - \lambda_4 \sum_{j=1}^{p} y_j$$

とおき，x_i, y_j で偏微分して 0 とおくことで以下の方程式が得られる.

$$(2.15) \qquad \begin{cases} \dfrac{\partial Q}{\partial x_i} = \sum_{j=1}^{p} d_{ij}y_j - \lambda d_{i\cdot}x_i = 0 & (i = 1,\cdots,n) \\[2mm] \dfrac{\partial Q}{\partial y_j} = \sum_{i=1}^{n} d_{ij}x_i - \mu d_{\cdot j}y_j = 0 & (j = 1,\cdots,p) \end{cases}$$

そして，式 (2.15) の上の式の両辺に x_i をかけて i について和をとると

$$\sum_{i=1}^{n}\sum_{j=1}^{p} d_{ij}x_iy_j - \lambda \underbrace{\sum_{i=1}^{n} d_{i\cdot}x_i^2}_{=N} = 0 \quad \text{から} \quad \sum_{i=1}^{n}\sum_{j=1}^{p} d_{ij}x_iy_j = N\lambda$$

である．同様に式 (2.15) の下の式の両辺に y_j をかけて j について和をとると

$$\sum_{j=1}^{p}\sum_{i=1}^{n} d_{ij}x_iy_j - \mu \underbrace{\sum_{j=1}^{p} d_{\cdot j}y_j^2}_{=N} = 0 \quad \text{から} \quad \sum_{i=1}^{n}\sum_{j=1}^{p} d_{ij}x_iy_j = N\mu$$

だから,

$$(2.16) \qquad \lambda = \mu = \sum_{i=1}^{n}\sum_{j=1}^{p} \frac{d_{ij}x_iy_j}{N}$$

である．式 (2.15) の上の式から $x_i = \dfrac{\sum_j d_{ij}y_j}{\lambda d_{i\cdot}}$ を式 (2.15) の下の式に代入して

$$\sum_{i=1}^{n} d_{ij}\frac{\sum_{k=1}^{p} d_{ik}y_k}{d_{i\cdot}} - \lambda^2 d_{\cdot j}y_j = 0$$

より $\sum_{i=1}^{n}\sum_{k=1}^{p} \dfrac{d_{ij}d_{ik}y_k}{d_{i\cdot}d_{\cdot j}} = \lambda^2 y_j$ だから

$$(2.17) \qquad \sum_{k=1}^{p}\left(\sum_{i=1}^{n} \frac{d_{ij}d_{ik}}{d_{i\cdot}d_{\cdot j}}\right)\sqrt{d_{\cdot j}}\,y_k = \lambda^2 \sqrt{d_{\cdot j}}\,y_j \qquad (j = 1,\cdots,n)$$

が成立する.

これをベクトル・行列表現すると

$$(2.18) \qquad D\boldsymbol{v} = \lambda^2 \boldsymbol{v}$$

と $\boldsymbol{v}$ に関する固有値問題となる．ただし $\boldsymbol{v} = (\sqrt{d_{\cdot1}}y_1,\cdots,\sqrt{d_{\cdot p}}y_p)^{\mathrm{T}}$ で $\boldsymbol{v}$ からカテゴリースコアである $\boldsymbol{y}$ が求まる．サンプルスコア $\boldsymbol{x}$ は式 (2.15) の下の式にカテゴリースコア $\boldsymbol{y}$ を代入すれば求まる.

逆に，式 (2.15) の下の式から $y_j = \dfrac{\sum_k d_{kj}x_k}{\lambda d_{\cdot j}}$ を式 (2.15) の上の式に代入して

$$\text{(2.19)} \qquad \sum_{k=1}^{n}\left(\sum_{j=1}^{p}\frac{d_{ij}d_{kj}}{d_{i.}d_{.j}}\right)\sqrt{d_{i.}}\,x_k = \lambda\sqrt{d_{i.}}\,x_i \qquad (i=1,\cdots,n)$$

が成立する．これからサンプルスコアを求めてからカテゴリースコアを求めてもよい．計算がより簡単な方をとればよいだろう．例えば固有値を求める行列の次数の低い方から求めればよい．

$$\text{(2.20)} \qquad Q(\boldsymbol{x},\boldsymbol{y},\lambda,\mu) = \boldsymbol{x}^{\mathrm{T}}A\boldsymbol{y} - \frac{\lambda}{2}(\boldsymbol{x}^{\mathrm{T}}B\boldsymbol{x} - N) - \frac{\mu}{2}(\boldsymbol{y}^{\mathrm{T}}C\boldsymbol{y} - N)$$

とおいて，ラグランジュの未定乗数法を適用する．

$$\text{(2.21)} \qquad \begin{cases} \dfrac{\partial Q}{\partial \boldsymbol{x}} = A\boldsymbol{y} - \lambda B\boldsymbol{x} = \boldsymbol{0} \\[2mm] \dfrac{\partial Q}{\partial \boldsymbol{y}} = A^{\mathrm{T}}\boldsymbol{x} - \mu C\boldsymbol{y} = \boldsymbol{0} \end{cases}$$

式 (2.21) の上の式の両辺に左から $\boldsymbol{x}^{\mathrm{T}}$ をかけて，

$$\text{(2.22)} \qquad \boldsymbol{x}^{\mathrm{T}}A\boldsymbol{y} - \lambda \underbrace{\boldsymbol{x}^{\mathrm{T}}B\boldsymbol{x}}_{=N} = \boldsymbol{x}^{\mathrm{T}}\boldsymbol{0} = 0$$

であり，同様に，式 (2.21) の下の式の両辺に左から $\boldsymbol{y}^{\mathrm{T}}$ をかけて，

$$\text{(2.23)} \qquad \boldsymbol{y}^{\mathrm{T}}A^{\mathrm{T}}\boldsymbol{x} - \mu \underbrace{\boldsymbol{y}^{\mathrm{T}}C\boldsymbol{y}}_{=N} = \boldsymbol{y}^{\mathrm{T}}\boldsymbol{0} = 0$$

が成立する．そこで $\lambda = \mu$ である．そこで $\lambda = \boldsymbol{x}^{\mathrm{T}}A\boldsymbol{y}/N$ が相関係数 r の最大値である．

式 (2.21) の上の式から

$$\lambda\boldsymbol{x} = B^{-1}A\boldsymbol{y}$$

だから，これを式 (2.22) の下の式に代入して

$$A^{\mathrm{T}}B^{-1}A\boldsymbol{y} - \lambda^2 C\boldsymbol{y} = \boldsymbol{0}$$

である．C は正値行列だから $C^{1/2}C^{1/2} = C$ とできるので

$$A^{\mathrm{T}}B^{-1}A\boldsymbol{y} - \lambda^2 C^{1/2}C^{1/2}\boldsymbol{y} = \boldsymbol{0}$$

$\therefore C^{-1/2}A^{\mathrm{T}}B^{-1}AC^{-1/2}(C^{1/2}\boldsymbol{y}) - \lambda^2(C^{1/2}\boldsymbol{y}) = \boldsymbol{0}$ だから

$$\text{(2.24)} \qquad \left(C^{-1/2}A^{\mathrm{T}}B^{-1}AC^{-1/2} - \lambda^2 I\right)C^{1/2}\boldsymbol{y} = \boldsymbol{0}$$

が成立する．これが自明な解以外に解をもつためには

$$\text{(2.25)} \qquad |C^{-1/2}A^{\mathrm{T}}B^{-1}AC^{-1/2} - \lambda^2 I| = 0$$

であればよい．つまり固有値問題となり，解いて λ^2 と $\boldsymbol{v} = C^{1/2}\boldsymbol{y}$ が求まる．そこで $\boldsymbol{y} = C^{-1/2}\boldsymbol{v}$ で，これより $\boldsymbol{x} = (1/\lambda)B^{-1}A\boldsymbol{y}$ が求まる．同様に式 (2.21) の下の式から

$$\lambda\boldsymbol{y} = C^{-1}A^{\mathrm{T}}\boldsymbol{x}$$

だから，これを式 (2.21) の上の式に代入して

$$AC^{-1}A^{\mathrm{T}}\boldsymbol{x} - \lambda^2 B\boldsymbol{x} = \boldsymbol{0}$$

である．B は正値（対称）行列だから $B^{1/2}B^{1/2} = B$ とできるので

$$\text{(2.26)} \qquad B^{1/2}\left(B^{-1/2}AC^{-1}A^{\mathrm{T}}B^{-1/2} - \lambda^2 I\right)B^{1/2}\boldsymbol{x} = \boldsymbol{0}$$

が成立する．これが自明な解以外に解をもつためには

$$\text{(2.27)} \qquad |B^{-1/2}AC^{-1}A^{\mathrm{T}}B^{-1/2} - \lambda^2 I| = 0$$

であればよい．つまり固有値問題となり，解いて λ^2 と $\boldsymbol{w} = B^{1/2}\boldsymbol{x}$ が求まり，$\boldsymbol{x} = B^{-1/2}\boldsymbol{w}$ で，次に $\boldsymbol{y} = (1/\lambda)C^{-1}A^{\mathrm{T}}\boldsymbol{x}$ と求まる．

補 2.1 サンプル（個体）が同じ反応パターンである場合の個数を集計したデータが得られる場合にもこれまでの手法が適用される．まずカテゴリー数を p とし，反応パターンが $m\ (\leqq 2^p)$ とし，表 2.9 のようなデータが得られるとする．

表 2.9　データ表

パターン（スコア）	個数	$1(y_1)$	$\cdots$	$j(y_j)$	$\cdots$	$p(y_p)$	計
$1(x_1)$	n_1	d_{11}	$\cdots$	d_{1j}	$\cdots$	d_{1p}	$d_{1\cdot}$
$\vdots$	$\vdots$	$\vdots$		$\vdots$		$\vdots$	$\vdots$
$i(x_i)$	n_h	d_{h1}	$\cdots$	d_{hj}	$\cdots$	d_{hp}	$d_{h\cdot}$
$\vdots$	$\vdots$	$\vdots$		$\vdots$		$\vdots$	$\vdots$
$m(x_m)$	n_m	d_{n1}	$\cdots$	d_{nj}	$\cdots$	d_{np}	$d_{n\cdot}$
計	N	$d_{\cdot 1}$	$\cdots$	$d_{\cdot j}$	$\cdots$	$d_{\cdot p}$	$d_{\cdot\cdot} = N$

データ全体で 1 と反応している総数は $T = \sum_{h=1}^{m} n_h d_{h\cdot}$ で，全データ数は $N = \sum_h n_h$ である．平均は，

$$\overline{x} = \frac{1}{T}\sum_j \sum_h d_{hj} n_h x_h, \quad \overline{y} = \frac{1}{T}\sum_j \sum_h d_{hj} n_h y_j$$

である．また偏差平方和，積和を

$$S(x,x) = \sum_h d_{h\cdot} n_h (x_h - \overline{x})^2 = \sum_h d_{h\cdot} n_h x_h^2 - T\overline{x}^2,$$
$$S(y,y) = \sum_j \sum_h d_{hj} n_h (y_j - \overline{y})^2 = \sum_j \sum_h d_{hj} n_h y_j^2 - T\overline{y}^2,$$
$$S(x,y) = \sum_j \sum_h d_{hj} n_h (x_h - \overline{x})(y_j - \overline{y}) = \sum_j \sum_h d_{hj} n_h x_h y_j^2 - T\overline{xy}. \quad \text{とおくとき，相関係数}$$

$$r = \frac{S(x,y)}{\sqrt{S(x,x)S(y,y)}}$$

を最大にするようにスコア x_h, y_j を与える．平均は任意にとれるので，原点とする．つまり，$\overline{x} = 0, \overline{y} = 0$ という条件のもとで r を最大化する．各 x_r, y_s で偏微分し 0 とおくことで以下の方程式が導かれる．

$$\sum_h \sum_j \frac{n_h}{d_{h\cdot}} d_{hs} d_{hj} y_s = r^2 \sum_r^m d_{rs} n_r y_s$$

これは前と同様な固有値問題となる． ◁

── 例題 2.4 ──

表 2.6 にとりあげた麺類の好み調査に関するデータに関して数量化 III 類によりスコアを個人（サンプル）と項目（カテゴリー）について与え，分類せよ．

解

手順 1　データの集計をする．

周辺度数を求め，クロス集計表を以下の表 2.10 のように整理する．

表 2.10　麺類の好みアンケート表

個体（スコア）	ラーメン	やきそば	うどん	計
1	1	1	0	2
2	0	1	1	2
3	0	1	0	1
4	1	1	0	2
5	0	0	1	1
6	1	0	0	1
計	3	4	2	9

手順 2　行列を求める．

手順 1 で整理した表から $A = (d_{ij})$，$B = \mathrm{diag}(d_{i\cdot})$，$C = \mathrm{diag}(d_{\cdot j})$ だから

$$A = \begin{pmatrix} 1 & 1 & 0 \\ 0 & 1 & 1 \\ 0 & 1 & 0 \\ 1 & 1 & 0 \\ 0 & 0 & 1 \\ 1 & 0 & 0 \end{pmatrix}, \quad B = \begin{pmatrix} 2 & 0 & 0 & 0 & 0 & 0 \\ 0 & 2 & 0 & 0 & 0 & 0 \\ 0 & 0 & 1 & 0 & 0 & 0 \\ 0 & 0 & 0 & 2 & 0 & 0 \\ 0 & 0 & 0 & 0 & 1 & 0 \\ 0 & 0 & 0 & 0 & 0 & 1 \end{pmatrix}_{6 \times 6}, \quad C = \begin{pmatrix} 3 & 0 & 0 \\ 0 & 4 & 0 \\ 0 & 0 & 2 \end{pmatrix}_{3 \times 3}$$

である.

手順3 カテゴリースコア, サンプルスコアを求める.

$C^{-1/2} A^{\mathrm{T}} B^{-1} A C^{-1/2}$ は3次, $B^{-1/2} A C^{-1} A^{\mathrm{T}} B^{-1/2}$ は6次の正方行列なので, 次数が低い $C^{-1/2} A^{\mathrm{T}} B^{-1} A C^{-1/2}$ の固有値・固有ベクトルを求める.

$$C^{-1/2} A^{\mathrm{T}} B^{-1} A C^{-1/2} = \begin{pmatrix} \dfrac{2}{3} & \dfrac{1}{2\sqrt{3}} & 0 \\ & \dfrac{5}{8} & \dfrac{1}{4\sqrt{2}} \\ \text{sym.} & & \dfrac{3}{4} \end{pmatrix}_{3 \times 3}$$

この行列の1でない最大固有値とそれに対応する固有ベクトルを求める. $\lambda_1^2 = 0.726$ で, 制約 $\boldsymbol{v}_1^{\mathrm{T}} \boldsymbol{v}_1 = N = \boldsymbol{y}^{\mathrm{T}} C \boldsymbol{y} = 9$ のもとでは, $\boldsymbol{v}_1 = (-1.642, -0.338, 2.488)^{\mathrm{T}}$ であり, 累積寄与率が0.697である. 次に大きい固有値は $\lambda_2^2 = 0.316$ で, 対応する固有ベクトルは $\boldsymbol{v}_2 = (-1.818, 2.211, -0.900)^{\mathrm{T}}$ と求まり, 累積寄与率が1なので第2軸までで止める. そこで第1軸(第1固有値)に関して, カテゴリースコア(カテゴリー数量, カテゴリーウェイト)は

$$\boldsymbol{y}_1 = C^{-1/2} \boldsymbol{v}_1 = \mathrm{diag}\left(1/\sqrt{3}, \frac{1}{2}, 1/\sqrt{2}\right)(-1.642, -0.338, 2.488)^{\mathrm{T}} = (-0.948, -0.169, 1.759)^{\mathrm{T}}$$

と求まる. そして, そのときのサンプルスコア(個体数量)は

$$\boldsymbol{x}_1 = \frac{1}{\lambda_1} B^{-1} A \boldsymbol{y}_1 = \frac{1}{\sqrt{0.726}} \begin{pmatrix} 1/2 & 0 & 0 & 0 & 0 & 0 \\ 0 & 1/2 & 0 & 0 & 0 & 0 \\ 0 & 0 & 1 & 0 & 0 & 0 \\ 0 & 0 & 0 & 1/2 & 0 & 0 \\ 0 & 0 & 0 & 0 & 1 & 0 \\ 0 & 0 & 0 & 0 & 0 & 1 \end{pmatrix} \begin{pmatrix} 1 & 1 & 0 \\ 0 & 1 & 1 \\ 0 & 1 & 0 \\ 1 & 1 & 0 \\ 0 & 0 & 1 \\ 1 & 0 & 0 \end{pmatrix} (-0.948, -0.169, 1.759)^{\mathrm{T}}$$

より, $\boldsymbol{x}_1 = (-0.655, 0.933, -0.198, -0.655, 2.064, -1.113)^{\mathrm{T}}$ となる.

第2軸に関しても同様に $\boldsymbol{y}_2 = C^{-1/2} \boldsymbol{v}_2, \boldsymbol{x}_2 = \dfrac{1}{\sqrt{0.316}} B^{-1} A \boldsymbol{y}_2$ より

$\boldsymbol{y}_2 = (-1.050, 1.105, -0.636)^{\mathrm{T}}$, $\boldsymbol{x}_2 = (0.049, 0.417, 1.966, 0.049, -1.131, -1.868)^{\mathrm{T}}$ と求まる.

手順4 グラフ作成と解釈

手順3で求めたカテゴリースコア, サンプルスコアをそれぞれ2軸まで打点すると図2.11のようになる. カテゴリースコアの図から3種類の麺類が正三角形の頂点の位置のように配置され, いずれも単独に分離された好みのものとしてとらえられている. またサンプルスコアの図からNo.1, 4の人は同じ好みであり, No.3, No.5, No.6をそれぞれ中心とした分類がなされるとわかる. そしてNo.3とNo.6の中間にNo.1, 4が位置し, No.3とNo.5の中間にNo.2が位置していることがわかる. 1軸からみればNo.1, 3, 4, 6の人は好みが近い. また2軸からみればNo.1, 4, 2, 5が近い好みであることがわかる. □

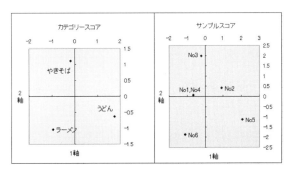

図 2.11 カテゴリースコア, サンプルスコアの散布図

[予備解析]

手順1 データの読み込み

【データ】▶【データのインポート】▶【テキストファイルまたはクリップボード，URL から...】を選択し，ダイアログボックスで，フィールドの区切り記号としてカンマにチェックをいれて，OK を左クリックする．そしてフォルダからファイル（rei24.csv）を指定後，開く (O) を左クリックする．さらに データセットを表示 をクリックすると，図2.12のようにデータが表示される．

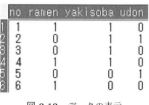

図 2.12 データの表示

```
> rei24 <- read.table("rei24.csv", header=TRUE,
 sep=",", na.strings="NA", dec=".", strip.white=TRUE)
> showData(rei24, placement='-20+200', font=getRcmdr('logFont'), maxwidth=80,
 maxheight=30)
```

手順2 基本統計量の計算

【統計量】▶【要約】▶【アクティブデータセット】を選択すると，出力結果が表示される．

```
> summary(rei24)
      no           ramen         yakisoba         udon
 Min.   :1.00   Min.   :0.0   Min.   :0.0000   Min.   :0.0000
 1st Qu.:2.25   1st Qu.:0.0   1st Qu.:0.2500   1st Qu.:0.0000
 Median :3.50   Median :0.5   Median :1.0000   Median :0.0000
 Mean   :3.50   Mean   :0.5   Mean   :0.6667   Mean   :0.3333
 3rd Qu.:4.75   3rd Qu.:1.0   3rd Qu.:1.0000   3rd Qu.:0.7500
 Max.   :6.00   Max.   :1.0   Max.   :1.0000   Max.   :1.0000
```

また，【統計量】▶【要約】▶【数値による要約...】を選択し，すべてにチェックをいれて変数として ramen, yakisoba, udon を選択し，OK を左クリックする．すると以下の出力結果が得られる．

```
> numSummary(rei24[,c("ramen", "udon", "yakisoba")],
+   statistics=c("mean", "sd", "IQR", "quantiles", "cv", "skewness",
+   "kurtosis"), quantiles=c(0,.25,.5,.75,1), type="2")
              mean        sd   IQR        cv   skewness   kurtosis  0%
ramen    0.5000000 0.5477226 1.00 1.0954451  0.0000000  -3.333333  0
udon     0.3333333 0.5163978 0.75 1.5491933  0.9682458  -1.875000  0
yakisoba 0.6666667 0.5163978 0.75 0.7745967 -0.9682458  -1.875000  0
           25%  50%  75% 100%  n
ramen     0.00  0.5 1.00    1  6
udon      0.00  0.0 0.75    1  6
yakisoba  0.25  1.0 1.00    1  6
```

[本解析]

手順1 数量化の適用

以下のように入力し実行する．

```
#数量化3類 rei24
> y<-rei24[,-1]    #1 列の削除
> y
  ramen yakisoba udon
1     1        1    0
2     0        1    1
```

```
3     0        1       0
4     1        1       0
5     0        0       1
6     1        0       0
> x<-t(y)    #y を転置
> x
         [,1] [,2] [,3] [,4] [,5] [,6]
ramen      1    0    0    1    0    1
yakisoba   1    1    1    1    0    0
udon       0    1    0    0    1    0
> u<-apply(x,1,sum)
> v<-apply(x,2,sum)
> X<-diag(1/sqrt(u))%*%x%*%diag(1/sqrt(v))
> z<-eigen(X%*%t(X))
> z
$values
[1] 1.0000000 0.7260179 0.3156488
$vectors
          [,1]        [,2]        [,3]
[1,] 0.5773503  -0.5472554  -0.6059523
[2,] 0.6666667  -0.1125149   0.7368147
[3,] 0.4714045   0.8293684  -0.2998764
> cat<-diag(sqrt(sum(u)/u))%*%z$vectors[,2:3]    #カテゴリースコア
> catlabel=colnames(rei24[,-1])
> catlabel
[1] "ramen"    "yakisoba" "udon"
> catlabel<-c("ramen","yakisoba","udon")
> plot(cat,type="n")
> text(cat,label=catlabel)    #図 2.13
> zz<-eigen(t(X)%*%X)
> smp<-diag(sqrt(sum(v)/v))%*%zz$vectors[,2:3]    #サンプルスコア
> smplabel<-rei23$no
> smplabel
[1] 1 2 3 4 5 6
> plot(smp,type="n")
> text(smp,label=smplabel)    #図 2.14
```

図 2.11 と 2.13, 2.14 を比較し, 同様の結果と確認できる.

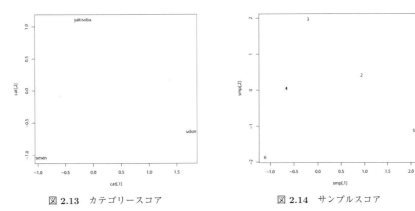

図 2.13 カテゴリースコア   図 2.14 サンプルスコア

演習 **2.7** 以下のようなアンケート調査のデータをとり，数量化 III 類により解析せよ．

(1) 男らしさ，女らしさのアンケート調査の結果から人（サンプル），質問項目（アイテム）に関して解析せよ．

(2) 各個人が数学，英語，国語，社会，理科を好きかどうかのアンケート調査結果から人と科目について分類せよ．

(3) 住宅展示場で建物の外観アンケートに関する好み調査についてのデータに対し数量化 III 類を適用せよ．

(4) 性格と好きな球団に関して質問項目を考えてアンケート調査を行い，反応パターンで集計したデータからパターンとカテゴリーを数量化することで分類せよ． ◁

演習 **2.8** 丼類の食べ物のアンケート調査で，8 人に次のような質問を行い回答してもらった．「次の丼物類，カツ丼，親子丼，牛丼，天丼，中華丼，カレーで比較的よく食べるものを答えてください．」その結果表 2.11 のデータが得られた．数量化 III 類によりスコア（評点）を個体（人）および項目（丼）について与え，分類せよ． ◁

表 **2.11** 丼物の好みアンケート表

個体（スコア）　　　項目	カツ丼	親子丼	牛　丼	天　丼	中華丼	カレー
1	レ		レ	レ		
2	レ			レ		
3	レ					レ
4						レ
5	レ		レ			
6				レ	レ	
7	レ	レ		レ		
8	レ		レ			レ

3

非線形回帰分析

3.1 非線形回帰モデルとは

目的変数（被説明変数）が説明変数の非線形な関数に誤差を伴って（和として）観測される場合，つまり

$$(3.1) \qquad y = f(x) + \varepsilon$$

と表される場合，非線形回帰モデル（<u>n</u>onlinear <u>l</u>east <u>s</u>quares）という．例えば，

$$(3.2) \qquad y = \frac{a}{1 + b\exp(cx)} + \varepsilon$$

というモデルの場合であり，R で実行するときは以下のように記述する．

目的変数 <- nls(モデル式, データ（データフレーム）, start=初期値,trace=T)

nls 関数は nls(formula,) と書き，具体的には，年度を説明変数としたテレビ，洗濯機，掃除機などの普及率を目的変数とした非線形回帰分析の適用等がある．その場合の書式は y<-nls(fukyu~a/(1+b*exp(c*nen)),start=c(a=1,b=1,c=-1),trace=TRUE) である．

代表的な非線形回帰モデルを表 3.1 にあげておこう．

表 3.1 非線形関数の例

モデル	関数形
多項式回帰モデル	$f(x) = a + a_1 x + a_2 x^2 + \cdots + a_p x^p$
累乗モデル	$f(x) = ax^b$
指数モデル	$f(x) = ab^x$
漸近指数モデル	$f(x) = ab^x + c$
ロジスティックモデル	$f(x) = \dfrac{a}{1 + b\exp(-cx)}$
多重ロジスティックモデル	$f(x) = \dfrac{a}{1 + \exp(-a_0 - a_1 x_1 - \cdots - a_p x_p)}$
プロビットモデル	$f(x) = \Phi(a + bx)$
ゴンペルツモデル	$f(x) = ab^{\exp(-cx)}$

回帰分析の手順

手順 1　データの予備解析

　　読み込み，基本統計量の計算（平均，分散行列，相関行列等），散布図の作成等

手順 2　モデルの設定と前提条件の確認

手順 3　回帰式の推定・回帰分析の要約（分散分析表等の作成）

手順 4　回帰診断（残差解析等）

手順 5　回帰に関する検定・推定，目的変数（データ）の予測など

次に，順に回帰モデルをとりあげてみよう．

3.1.1 多項式モデル

(3.3)
$$y = a + a_1 x + a_2 x^2 + \cdots + a_p x^p + \varepsilon$$

のように目的変数 y が説明変数 $x_1, \cdots, x_p$ の多項式に誤差を伴って表せる場合をいう.

例題 3.1

次の表 3.2 の濃度と死亡数のデータについて，非線形回帰モデルをたてて推定し，適合性を検討せよ（最小 2 乗法）.

表 3.2　薬物濃度と生物の死亡数

モデル ＼ 薬物濃度レベル	0	1	2	3	4
死亡数	2	8	15	23	27
個体数	30	30	30	30	30
死亡率（%）	6.7	26.7	50.0	76.7	90.0

[予備解析]

手順 1　データの入力（読み込み）

```
> x<-c(0,1,2,3,4)
> y<-c(2,8,15,23,27)/30
```

手順 2　グラフ化

```
> plot(x,y)
```

[モデルの設定と分析]

手順 1　（非）線形モデルによる推定

```
#多項式モデル　ここでは3次の多項式を考えてみよう
> yakut3.nls<-nls(y~a+b*x+c*x^2+d*x^3,start=c(a=1,b=1,c=1,d=1),trace=T)
8837.123 :  1 1 1 1
0.0003968254 :   0.06904762  0.12579365  0.07619048 -0.01388889
> summary(yakut3.nls)
Formula: y ~ a + b * x + c * x^2 + d * x^3
Parameters:
  Estimate Std. Error t value Pr(>|t|)
a  0.06905     0.01978   3.491     0.178
b  0.12579     0.05031   2.500     0.242
c  0.07619     0.03194   2.385     0.253
d -0.01389     0.00525  -2.646     0.230
Residual standard error: 0.01992 on 1 degrees of freedom
```

手順 2　モデルの当てはまりの確認

```
> plot(x,y)
> lines(x,fitted(yakut3.nls),col=2,lty=2,lwd=2)    #図3.1
> legend(3,0.5,c("実測値","予測値"),col=1:2,lty=1:2,lwd=2)
> plot(fitted(yakut3.nls),resid(yakut3.nls))
> AIC(yakut3.nls)
[1] -23.01788
```

```
#別法
> df<-data.frame(x,y)
> df2<-data.frame(x=seq(0.01,5,length=500))
> plot(df,pch=19)
> lines(df2$x,predict(yakut3.nls,newdata=df2),col=2,lty=2,lwd=2)     #図 3.2
> legend(3,0.5,c("実測値","予測値"),col=1:2,lty=1:2,lwd=2)
```

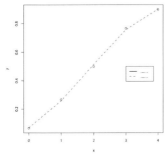
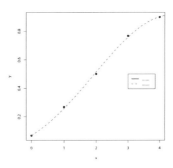

図 3.1　3 次の多項式の当てはめ 1　　　　図 3.2　3 次の多項式の当てはめ 2

演習 3.1 表 3.2 のデータについて，1 次式を当てはめてみよ． ◁
（ヒント）`yaku1.nls<-nls(y~a+b*x,start=c(a=1,b=1),trace=T)`

演習 3.2 表 3.2 のデータについて，2 次の多項式を当てはめてみよ． ◁
（ヒント）`yaku2.nls<-nls(y~a+b*x+c*x^2,start=c(a=1,b=1,c=1),trace=T)`

$$y = ax^b + \varepsilon \quad (3.4)$$

のように目的変数 y が説明変数 x の式に誤差を伴って表せる場合を**累乗モデル**という．

演習 3.3 表 3.2 のデータについて，累乗モデルを当てはめてみよ． ◁
（ヒント）`yakur.nls<-nls(y~a*x^b,start=c(a=1,b=1),trace=T)`

$$y = ab^x + \varepsilon \quad (3.5)$$

のように目的変数 y が説明変数 x の式で表せる場合を**指数モデル**という．

演習 3.4 表 3.2 のデータについて，指数モデルを当てはめてみよ． ◁
（ヒント）`yakus.nls<-nls(y~a*b^x,start=c(a=1,b=1),trace=T)`

$$y = ab^x + c + \varepsilon \quad (3.6)$$

のように目的変数 y が説明変数 x の式に誤差を伴って表せる場合を**漸近指数モデル**という．

演習 3.5 表 3.2 のデータについて，漸近指数モデルを当てはめてみよ． ◁
（ヒント）`yakuz.nls<-nls(y~a*b^x+c,start=c(a=1,b=0.1,c=1),trace=T)`

$$y = ab^{exp(-cx)} + \varepsilon \quad (3.7)$$

のように目的変数 y が説明変数 x の式に誤差を伴って表せる場合を**ゴンペルツモデル**という．また，$y = ab^{exp(-cx)}$ をゴンペルツ曲線という．

演習 3.6 表 3.2 のデータについて，ゴンペルツモデルを当てはめてみよ． ◁
（ヒント）`yakug.nls<-nls(y~a*b^exp(-c*x),start=c(a=1,b=0.1,c=1),trace=T)`

$$y = \Phi(a + bx) + \varepsilon \quad (3.8)$$

のように目的変数 y が説明変数 x の式に誤差を伴って表せる場合を**プロビットモデル**という．

演習 3.7　表 3.2 のデータについて，プロビットモデルを当てはめてみよ．
（ヒント）yakup.nls<-nls(y~pnorm(a+b*x),start=c(a=1,b=1),trace=T)

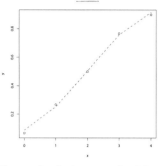
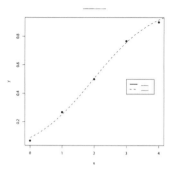

図 3.3　プロビットモデルの当てはめ 1　　　図 3.4　プロビットモデルの当てはめ 2

（参考）

```
> plot(x,y,main="プロビットモデル")
> lines(x,fitted(yakup.nls),col=2,lty=2,lwd=2)   #図3.3
> legend(3,0.5,c("実測値","予測値"),col=1:2,lty=1:2,lwd=2)
> plot(fitted(yakup.nls),resid(yakup.nls))
> AIC(yakup.nls)
[1] -22.05513
#
> qqnorm(resid(yakup.nls)) # Q-Q プロット
> qqline(resid(yakup.nls))
> plot(resid(yakup.nls))
#v<-seq(from=0,to=5,length=500)
#w=a/(1+b*exp(c*v))
#plot(v,w,type="l")
#v<-seq(from=0,to=5,length=500)
#w=pnorm(a+b*v)
#plot(v,w,type="l")
# v<-seq(from=-3,to=8,length=500)
# w=pnorm(-1.353559+0.683280*v)
# plot(v,w,type="l")
#別法
> df<-data.frame(x,y)
> df2<-data.frame(x=seq(0.01,5,length=500))
> plot(df,pch=19,main="プロビットモデル")
> lines(df2$x,predict(yakup.nls,newdata=df2),col=2,lty=2,lwd=2)  #図3.4
> legend(3,0.5,c("実測値","予測値"),col=1:2,lty=1:2,lwd=2)
```

3.1.2　ロジスティックモデル

目的とする変数 y が 0, 1 の値をとる 2 値変数とし，説明変数 x に対し，$y=1$ となる確率を $p(x)$ とする．このとき，ロジット変換が

$$\text{logit}(p(x)) = \log \frac{p(x)}{1-p(x)} = \beta_0 + \beta_1 x \tag{3.9}$$

と x の線形な式で書かれるモデルを考える．これを $p(x)$ について解くと

$$p(x) = \frac{1}{1 + e^{-(\beta_0 + \beta_1 x)}} \tag{3.10}$$

となる．これを x のロジスティック曲線という．$y = \log \dfrac{x}{1-x}$ のグラフを描くと図 3.5 の左側のようである．

逆に，x について解いた逆変換を ilogit（インヴァースロジット）関数といい，

$$\text{ilogit}(x) = \frac{e^x}{1+e^x} \tag{3.11}$$

となる．それを描くと図 3.5 の右側のようになる．

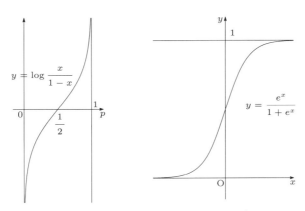

図 3.5 ロジスティック曲線と逆ロジット曲線

なお，R のプログラムを利用してグラフを描くと図 3.6 のようになる．

```
par(mfrow=c(1,2))    #グラフ画面を1行2列に分割する
> logit<-function(x){
+   y=log(x/(1-x))
+ return(y)}
> x=seq(0.01,0.99,0.001)
> plot(x,logit(x))    #図 3.6 の左側
> ilogit<-function(x){
+   y=exp(x)/(1+exp(x))
+ return(y)}
> x=seq(-4,4,0.001)
> plot(x,ilogit(x))    #図 3.6 の右側
par(mfrow=c(1,1))    #グラフ画面を1行1列画面に戻す
```

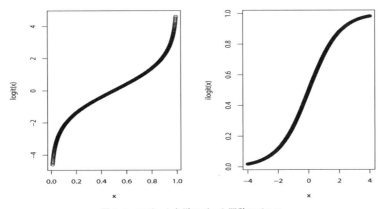

図 3.6 ロジットと逆ロジット関数のグラフ

次に分布の正規近似に基づいて，最小 2 乗法を適用した場合を考えよう．

n_i が十分大のとき,$\widehat{p_i^*} = \dfrac{r_i + 0.5}{n_i + 1} \sim N\left(p_i, \dfrac{p_i(1-p_i)}{n_i}\right)$ と正規近似されるので,$\dfrac{\partial L(p)}{\partial p} = \dfrac{1}{p(1-p)}$ より,

$$(3.12) \qquad L(p_i^*) \doteqdot L(p_i) + \frac{\partial L(p)}{\partial p}(p_i^* - p_i) \qquad (|p_i^* - p_i| : 十分小のとき)$$

なので,

$$(3.13) \qquad L(p_i^*) \quad \sim N\left(L(p_i), \frac{1}{n_i p_i(1-p_i)}\right)$$

と近似される.そこで,$w_i = n_i p_i(1-p_i)$ とおくとき,
$\sum_{i=1}^{k}\left\{\sqrt{n_i p_i(1-p_i)}L(\widehat{p_i^*}) - \sqrt{n_i p_i(1-p_i)}(\beta_0 + \beta_1 x_i)\right\}^2$ を最小化する最小2乗推定量は,

$$(3.14) \qquad \widehat{\beta_1} = \frac{\sum w_i x_i L(p_i^*) - \dfrac{(\sum w_i x_i)(\sum w_i L(p_i^*))}{\sum w_i}}{\sum w_i x_i - \dfrac{(\sum w_i x_i)^2}{\sum w_i}}$$

$$(3.15) \qquad \widehat{\beta_0} = \overline{L^*} - \widehat{\beta_1}\overline{x^*}$$

となる.ただし,$\overline{x^*} = \dfrac{(\sum w_i x_i)}{\sum w_i}$,$\overline{L^*} = \dfrac{\sum w_i L(p_i)}{\sum w_i}$.

例題 3.2

表 3.2 の薬物濃度と死亡数のデータについて,ロジスティックモデルをたてて推定し,適合性を検討せよ(最小2乗法).

[予備解析]

手順 1 データの入力

```
> x<-c(0,1,2,3,4)
> y<-c(2,8,15,23,27)/30
```

手順 2 グラフ化

```
> plot(x,y)
```

[モデルの設定と分析]

手順 1 非線形モデルによる推定

```
> yaku.nls<-nls(y~a/(1+b*exp(c*x)),start=c(a=1,b=1,c=-1),trace=T)
0.5897319 :   1  1 -1
0.4011641 :   0.9951370  2.6836591 -0.1981925
0.3944437 :   0.8823634  2.3123396 -0.2225990
 :
0.001163736 :   0.9741508  9.8851876 -1.1948580
0.001163736 :   0.9741515  9.8851570 -1.1948556
> summary(yaku.nls)
Formula: y ~ a/(1 + b * exp(c * x))
Parameters:
  Estimate Std. Error t value Pr(>|t|)
a  0.97415    0.04643  20.980  0.00226 **
b  9.88516    1.66212   5.947  0.02713 *
c -1.19486    0.12389  -9.645  0.01058 *
---
Signif. codes:  0 '***' 0.001 '**' 0.01 '*' 0.05 '.' 0.1 ' ' 1
```

```
Residual standard error: 0.02412 on 2 degrees of freedom
```

手順 2 モデルの当てはまりの確認

```
># plot(x,y,type="l") #lines(x,y)
> plot(x,y)
> lines(x,fitted(yaku.nls),col=2,lty=2,lwd=2)   #図 3.7
> legend(3,0.5,c("実測値","予測値"),col=1:2,lty=1:2,lwd=2)
> plot(fitted(yaku.nls),resid(yaku.nls))
> AIC(yaku.nls)
[1] -19.63840
```

(参考)

```
> df<-data.frame(x,y)
> df2<-data.frame(x=seq(0.01,5,length=500))
> plot(df,pch=19)
> lines(df2$x,predict(yaku.nls,newdata=df2),col=2,lty=2,lwd=2)   #図 3.8
> legend(3,0.5,c("実測値","予測値"),col=1:2,lty=1:2,lwd=2)
```

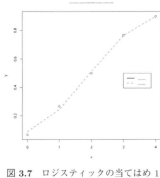
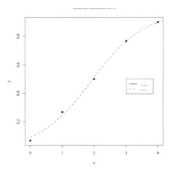

図 3.7 ロジスティックの当てはめ 1　　図 3.8 ロジスティックの当てはめ 2

演習 3.8 表 3.3 はプラスチック容器の製造について，成型時の添加剤量および検査数と外観不良個数を表にしたものである．このデータについて，ロジスティックおよびプロビットモデルを当てはめてみよ．　◁

表 3.3 プラスチック容器実験データ

群 No.	添加剤量 (g)	検査数	外観不良個数
1	50	200	17
2	55	200	10
3	60	200	7
4	65	200	4
5	70	200	3

3.1.3 一般化線形モデル

(3.16) $$g(E(y)) = \beta_0 + \beta_1 x_1 + \cdots + \beta_p x_p$$

のように目的変数 y の期待値がリンク関数 g を用いて，説明変数 $x_1, \cdots, x_p$ の式で表せる場合をいう．このように，y と $x_1, \cdots, x_p$ を関係づける関数をリンク関数といい，表 3.4 のようなものがある．

Rにはglm関数があり，書き方としては，glm(目的変数~説明変数1+...+説明変数p,family=binomial(link="probit"),data=)のようになる．

説明変数が2個以上の場合には，**多重ロジスティックモデル**という（例：倒産予測モデル）．

(3.17) $$\text{logit}(p(x)) = \beta_0 + \beta_1 x_1 + \cdots + \beta_p x_p$$

表 3.4 リンク関数のいろいろ

$g(x) = x$	正規分布
$\text{logit}(x)$	二項分布
$\log(x)$	ポアソン分布
$\dfrac{1}{x}$	ガンマ分布
$\dfrac{1}{x^2}$	逆正規分布

例題 3.3

表 3.3 はプラスチック容器の製造について，成型時の添加剤量と検査数と外観不良個数を表にしたものである．

(1) ロジットモデル

$$L(P_i) = \ln \frac{P_i}{1 - P_i} = \beta_0 + \beta_1 x_i$$

を想定して，β_0 および β_1 を推定せよ．また，得られた回帰式を $\widehat{P}$ について解き，

$$\widehat{P} = \frac{1}{1 + \exp(-\widehat{\beta_0} - \widehat{\beta_1} x)}$$

と変形し，この回帰式のグラフを描きデータのプロットに当てはまっているか検討せよ．

(2) 回帰に意味があるかどうか，β_1 に関する検定を有意水準5%で行え．

(3) 添加剤量が80gのときの不良率を点推定し，さらに信頼率95%で区間推定せよ．

---

(1) データのあてはまり

[予備解析]

手順1 データの読み込み

【データ】▶【データのインポート】▶【テキストファイルまたはクリップボード，URLから...】を選択し，ダイアログボックスで，フィールドの区切り記号としてカンマにチェックをいれて，OK を左クリックする．フォルダからファイルを指定後，開く(O) を左クリックする．そしてデータセットを表示をクリックすると，データが表示される．

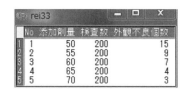

図 3.9 例題 3.3 のデータ表示

図 3.10 アクティブデータセットの要約指定

```
> rei33 <- read.table("rei33.csv", header=TRUE,
+     sep=",", na.strings="NA", dec=".", strip.white=TRUE)
> showData(rei33, placement='-20+200', font=getRcmdr('logFont'), maxwidth=80,
maxheight=30)
```

手順2 基本統計量の計算

【統計量】▶【要約】▶【アクティブデータセット】から以下の出力が得られる．

```
> summary(rei33)
      No        添加剤量         検査数       外観不良個数
 Min.   :1   Min.   :50   Min.   :200   Min.   : 3.0
```

```
1st Qu.:2      1st Qu.:55     1st Qu.:200    1st Qu.: 4.0
Median :3      Median :60     Median :200    Median : 7.0
Mean   :3      Mean   :60     Mean   :200    Mean   : 7.6
3rd Qu.:4      3rd Qu.:65     3rd Qu.:200    3rd Qu.: 9.0
Max.   :5      Max.   :70     Max.   :200    Max.   :15.0
```

【統計量】▶【要約】▶【数値による要約...】を選択後，さらに変数を指定後以下の出力が得られる．

```
> numSummary(rei33[,c("外観不良個数","検査数","添加剤量")],statistics=c("mean",
+"sd","IQR","quantiles","cv","skewness","kurtosis"),quantiles=c(0,.25,.5,.75,
    1), type="2")
              mean         sd  IQR        cv  skewness     kurtosis  0%  25%  50%  75%
外観不良個数    7.6   4.774935    5  0.6282809  1.009475    0.7006002   3    4    7    9
検査数       200.0   0.000000    0  0.0000000       NaN         NaN  200  200  200  200
添加剤量      60.0   7.905694   10  0.1317616  0.000000   -1.2000000   50   55   60   65
              100%  n
外観不良個数    15   5
検査数        200   5
添加剤量       70   5
```

図 3.11　数値による要約指定

図 3.12　変数の指定

手順 3　グラフ化

【データ】▶【アクティブデータセット内の変数の管理】▶【新しい変数を選択...】を選択し，図 3.13 のように，不良率を外観不良個数/検査数で定義する．【グラフ】▶【散布図...】を選択後，図 3.15 のように変数を指定して，OK を左クリックする．すると，図 3.16 のような散布図が得られる．

図 3.13　変数の定義

図 3.14　散布図の指定

```
> attach(rei33)
> rei33$不良率 <- with(rei33, 外観不良個数/ 検査数)
> scatterplot(不良率~添加剤量, reg.line=FALSE, smooth=FALSE, spread=FALSE,
+   id.method='identify', boxplots='xy', span=0.5, xlab="<auto>添加剤量", ylab="
不良率",
+   data=rei33)
```

図 3.15 新しい変数の指定

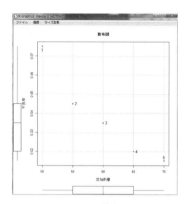

図 3.16 散布図

```
[1] "1" "2" "3" "4" "5"
> scatterplot(不良率~添加剤量, reg.line=FALSE, smooth=FALSE, spread=FALSE,
+     id.method='identify', boxplots='xy', span=0.5, xlab="添加剤量", ylab="不良率",
 data=rei33)
[1] "1" "2" "3" "4" "5"
```

[モデルの設定と解析]

手順 1 一般化線形モデルによる推定

パターン 1 (不良)個数を用いる場合

図 3.17 のように【統計量】▶【モデルへの適合】▶【一般化線形モデル...】を選択し，図 3.18 のように左辺の特性値に cbind(外観不良個数, 検査数-外観不良個数) を代入し，右辺に添加剤量を代入する．その結果，図 3.19 のようにその当てはまりのよさが確認される．

図 3.17 一般化線形モデルの指定

図 3.18 モデルの設定

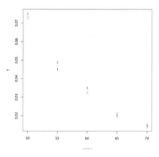

図 3.19 当てはまり

```
> GLM.1 <- glm(cbind(外観不良個数, 検査数 - 外観不良個数) ~ 添加剤量,
family=binomial(logit), data=rei33)
> summary(GLM.1)
Call:
glm(formula = cbind(外観不良個数, 検査数 - 外観不良個数) ~ 添加剤量,
    family = binomial(logit), data = rei33)

Deviance Residuals:
      1        2        3        4        5
 0.1114  -0.2595   0.1960  -0.1470   0.1008

Coefficients:
             Estimate Std. Error z value Pr(>|z|)
```

```
(Intercept)    1.71128     1.47316    1.162   0.24538
添加剤量       -0.08507    0.02599   -3.273   0.00106 **
---
Signif. codes:  0 '***' 0.001 '**' 0.01 '*' 0.05 '.' 0.1 ' ' 1

(Dispersion parameter for binomial family taken to be 1)

    Null deviance: 12.05353  on 4  degrees of freedom
Residual deviance:  0.14993  on 3  degrees of freedom
AIC: 22.631

Number of Fisher Scoring iterations: 4
> y=cbind(不良率,GLM.1$fitted.values)
> matplot(添加剤量,y,col=1:2) #図 3.19
```

パターン2 （不良）率を用いる場合

図 3.20 のように【統計量】▶【モデルへの適合】▶【一般化線形モデル...】を選択し，図 3.21 のように左辺の特性値に外観不良個数/検査数を代入し，右辺に添加剤量を代入する．7 回の反復により収束後，モデルが推定される．

図 3.20 一般化線形モデルの指定

図 3.21 モデルの指定

```
#不良率を用いる
> GLM.2 <- glm(外観不良個数/検査数 ~ 添加剤量, family=binomial(logit),
  data=rei33)
> summary(GLM.2)
Call:
glm(formula = 外観不良個数/検査数 ~ 添加剤量, family = binomial(logit),
    data = rei33)

Deviance Residuals:
       1          2          3          4          5
 0.007881  -0.018347   0.013858  -0.010395   0.007129

Coefficients:
            Estimate Std. Error z value Pr(>|z|)
(Intercept)  1.71128   20.83369   0.082    0.935
添加剤量    -0.08507    0.36754  -0.231    0.817

(Dispersion parameter for binomial family taken to be 1)

    Null deviance: 0.06026763  on 4  degrees of freedom
```

```
Residual deviance: 0.00074964  on 3  degrees of freedom
AIC: 4.3898
Number of Fisher Scoring iterations: 7
```

(2) 母回帰係数 (β_1) の検定

$$\widehat{\beta_1} = -1.0878, \quad \widehat{\beta_0} = 2.005$$

手順 1　仮説と有意水準の設定

帰無仮説　$H_0 : \beta_1 = 0$ に対し，対立仮説　$H_1 : \beta_1 \neq 0$ を有意水準 $\alpha = 0.05$ で検定する．

棄却域　$R : |u_0| \geqq u(0.05) = 1.960$ である．

手順 2　検定統計量の計算

$$\widehat{V}(\widehat{\beta_1}) = \frac{1}{\sum_i \widehat{w_i} x_i^2 - (\sum_i \widehat{w_i} x_i)^2 / \sum_i \widehat{w_i}} = 0.000582$$

そこで，

$$u_0 = \frac{\widehat{\beta_1}}{\sqrt{\widehat{V}(\widehat{\beta_1})}} = -3.641$$

手順 3　判定と結論

$|u_0| = 3.641 > u(0.05) = 1.96$ より，帰無仮説は有意水準 5% で棄却される．つまり，添加剤の量は外観不良率に効いているといえる．

(3) $x = 80$ のときの母不良率 P_0 の推定

① 点推定 $\widehat{L(P_0)} = -5.021$

$$\widehat{P_0} = \frac{1}{1 + \exp\{-\widehat{L(P_0)}\}|} = 0.00655$$

② 区間推定

$$区間幅 = u(0.05) \sqrt{\frac{1}{\sum_i \widehat{w_i}} + \frac{(x_0 - \overline{x}^*)^2}{\sum_i \widehat{w_i} x_i^2 - (\sum_i \widehat{w_i} x_i)^2 / \sum_i \widehat{w_i}}} = 1.163$$

$$L(P)_L, \ L(P)_U = L(P) \pm 区間幅 = -5.021 \pm 1.163 = -6.184 \sim -3.858$$

P_0 の信頼限界

$$(P_0)_U = \frac{1}{1 + \exp\{-L(P_0)_U\}} = 0.021$$

$$(P_0)_L = \frac{1}{1 + \exp\{-L(P_0)_L\}} = 0.0021$$

演習 3.9　表 3.6 はプラスチック容器の製造について，例題 3.3 に温度を追加して，成型時の添加剤量と温度および検査数と外観不良個数を示したものである．

(1) ロジットモデル

$$L(P_i) = \ln \frac{P_i}{1 - P_i} = \beta_0 + \beta_1 x_{i1} + \beta_2 x_{i2}$$

を想定して，β_0 および β_1, β_2 を推定せよ．また，得られた回帰式を $\widehat{P}$ について解き，

$$\widehat{P} = \frac{1}{1 + \exp(-\widehat{\beta_0} - \widehat{\beta_1} x_1 - \widehat{\beta_2} x_2)}$$

と変形し，この回帰式のグラフを描きデータのプロットに当てはまっているか検討せよ．

(2) β_2 に関する検定を有意水準 5% で行え．

(3) 添加剤量 $x_1 = 80\,\mathrm{g}$，温度 $x_2 = 40°\mathrm{C}$ での外観不良個数を点推定し，信頼率 95% で区間推定せよ．　◁

演習 3.10　例題 3.3 のデータに関して，不良個数と不良率を目的変数として一般化線形モデルによりプロビット回帰を実行せよ．　◁

演習 3.11　表 3.5 について，反応数を目的変数として一般化線形回帰モデルを適用せよ．　◁

演習 3.12　表 3.6 の外観不良個数のデータについて，非線形回帰モデルをたてて推定し，適合性を検討せよ．ロジット回帰とプロビット回帰を適用してみよ．　◁

3.1 非線形回帰モデルとは

表 3.5 投薬実験データ

No. \ 群	配合量	調査数	反応数
1	150	10	0
2	195	10	1
3	255	10	4
4	330	10	8
5	425	10	10

表 3.6 プラスチック容器実験データ

No. \ 群	添加剤量 (g)	温度	検査数	外観不良個数
1	50	60	200	17
2	55	65	200	10
3	60	75	200	7
4	65	70	200	4
5	70	80	200	3

例題 3.4

以下の表 3.7 は倒産企業 (1) か活動企業 (0) であるかを自己資本比率，売上高伸び率，営業キャッシュフロー (CF) 対流動負債比率に対して評価したものである．データはそれぞれの群からのランダムサンプルとして，ロジスティックモデルを当てはめ，倒産確率を推定・予測せよ．

表 3.7 倒産・活動企業のデータ

No. \ 群	自己資本比率	売上高伸び率	営業 CF 対流動負債比率	倒産・活動
1	97	69	6	0
2	83	74	5	1
3	85	70	8	0
4	85	65	8	1
5	75	45	8	1
6	77	68	8	0
7	78	70	8	1
8	92	59	8	0
9	81	60	7	1
10	93	73	8	0
11	96	84	8	0
12	76	6	7	1
13	98	15	5	0

[予備解析]

手順 1　データの読み込み

【データ】▶【データのインポート】▶【テキストファイルまたはクリップボード，URL から...】を選択し，ダイアログボックスで，フィールドの区切り記号としてカンマにチェックをいれて，OK をクリックする．フォルダからファイルを指定後，開く (O) をクリックする．そして データセットを表示 をクリックすると，図 3.22 のようにデータが表示される．

図 3.22　データ表示

```
> rei34 <- read.table("rei34.csv",
header=TRUE, sep=",", na.strings="NA", dec=".", strip.white=TRUE)
> showData(rei34, placement='-20+200', font=getRcmdr('logFont'),
maxwidth=80, maxheight=30)
```

手順 2　基本統計量の計算

【統計量】▶【要約】▶【アクティブデータセット】から以下の出力が得られる．

```
> summary(rei34)
      No        自己資本比率    売上高伸び率    営業CF対流動負債比率    倒産.活動
 Min.   : 1   Min.   :75.00   Min.   :-25.00   Min.   :5.000         Min.   :0.0000
 1st Qu.: 4   1st Qu.:78.00   1st Qu.:  6.00   1st Qu.:6.000         1st Qu.:0.0000
```

```
Median   : 7      Median :85.00    Median : 59.00    Median :7.000    Median :1.0000
Mean     : 7      Mean   :85.85    Mean   : 37.54    Mean   :6.923    Mean   :0.5385
3rd Qu.:10        3rd Qu.:93.00    3rd Qu.: 69.00    3rd Qu.:8.000    3rd Qu.:1.0000
Max.   :13        Max.   :98.00    Max.   : 74.00    Max.   :9.000    Max.   :1.0000
```

【統計量】▶【要約】▶【数値による要約...】から以下の出力が得られる．

```
> numSummary(rei34[,c("営業CF対流動負債比率","自己資本比率","倒産.活動",
  "売上高伸び率")], statistics=c("mean", "sd", "IQR", "quantiles"),
  quantiles=c(0,.25,.5,.75,1))
                      mean         sd      IQR  0%  25%  50%  75% 100%  n
営業CF対流動負債比率  6.9230769  1.3821203    2    5    6    7    8    9 13
自己資本比率         85.8461538  8.4246281   15   75   78   85   93   98 13
倒産.活動             0.5384615  0.5188745    1    0    0    1    1    1 13
売上高伸び率         37.5384615 37.6864595   63  -25    6   59   69   74 13
```

手順3 グラフの作成

【グラフ】▶【散布図行列...】を選択後，変数を指定して，OK を左クリックすると，図 3.23 が表示される．

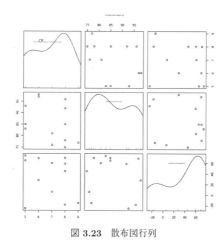

図 **3.23** 散布図行列

```
> scatterplotMatrix(~営業CF対流動負債比率+自己資本比率+倒産.活動
  +売上高伸び率, reg.line=FALSE, smooth=FALSE, spread=FALSE, span=0.5,
  id.n=0, diagonal = 'histogram', data=rei34, main="散布図行列")
```

[モデルの設定と解析]

手順1 一般化線形モデルによる推定

【統計量】▶【モデルへの適合】▶【一般化線形モデル...】を選択し，ダイアログボックスで，左辺に変数から倒産.活動を，右辺に変数からその他の変数をそれぞれダブルクリックして選び，OK を左クリックする．すると以下の出力が表示される．

```
> GLM.1 <- glm(倒産.活動 ~ 自己資本比率 + 売上高伸び率 + 営業CF対流動負債比率,
  family=binomial(logit), data=rei34)
> summary(GLM.1)
Call:
glm(formula = 倒産.活動 ~ 自己資本比率 + 売上高伸び率 + 営業CF対流動負債比率,
    family = binomial(logit), data = rei34)
```

```
Deviance Residuals:
     Min       1Q   Median       3Q      Max
-1.04454  -0.40205  0.07399  0.45930  2.07237
Coefficients:
                    Estimate Std. Error z value Pr(>|z|)
(Intercept)         38.31643   21.93039   1.747   0.0806 .
自己資本比率         -0.30755    0.17076  -1.801   0.0717 .
売上高伸び率          0.03177    0.02859   1.111   0.2665
営業CF対流動負債比率 -1.84812    1.27321  -1.452   0.1466
---
Signif. codes:  0 '***' 0.001 '**' 0.01 '*' 0.05 '.' 0.1 ' ' 1
(Dispersion parameter for binomial family taken to be 1)
    Null deviance: 17.9448  on 12  degrees of freedom
Residual deviance:  8.7144  on  9  degrees of freedom
AIC: 16.714
Number of Fisher Scoring iterations: 6
```

フィッシャーのスコア法を6回反復することで，収束する．

手順2 モデルの当てはまりの確認

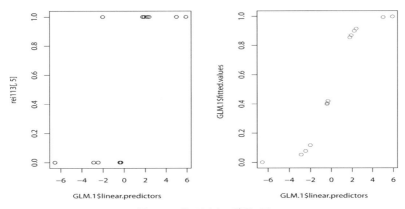

図 3.24 当てはまりの確認の図

```
> par(mfrow=c(1,2))   #グラフ画面を2分割する
> plot(GLM.1$linear.predictors,rei33[,5]) #図3.24
> plot(GLM.1$linear.predictors,GLM.1$fitted.values,col=2,add=T)
```

図 3.24 の左側が倒産（1），活動（0）と予測値との打点で，右側が予測値と一般化線形モデルでの倒産・活動予測値を打点したグラフである．

[解析後の推定と予測]

手順1 推定

```
> predict(GLM.1,data=rei34,type="response")
         1          2          3          4          5          6          7
0.39814297 0.99726668 0.40442958 0.99329717 0.86925063 0.07764081 0.85393913
         8          9         10         11         12         13
0.05268274 0.91479489 0.42046363 0.00140608 0.89989388 0.11679182
```

手順2　予測

```
> predict(GLM.1,data=rei34,type="response",int="p")
         1          2          3          4          5          6          7
0.39814297 0.99726668 0.40442958 0.99329717 0.86925063 0.07764081 0.85393913
         8          9         10         11         12         13
0.05268274 0.91479489 0.42046363 0.00140608 0.89989388 0.11679182
```

このように No.1〜13 の企業の倒産する確率の推定値と予測値（推定値と同じ）が得られる．これにより実際の倒産（1），活動（0）との連関が高いことがわかる．

演習 3.13 車を購入したかどうかを収入，性別，居住地域（都市，農村）で判別するモデルを考えて，データをとり解析せよ．　　　　　　　　　　　　　　　　　　　　　　　　　　　　　　　　　　　　　　▷

3.2　多項ロジットモデル

目的とする変数が3つ以上の値（3値以上）をとる場合の要因解析の方法である．誤差を多項分布，リンク関数をロジットとする一般化線形モデルを多項ロジットモデル（mlm：multinomial logit model）という．例えば，桃の等級（秀，優，良）を糖度，大きさ，形で決める桃の等級モデル，交通手段選択モデル，ブランド選択モデルなどが考えられる．

例題 3.5

パッケージ datasets に付随したデータ iris について，多項ロジット解析により要因解析せよ．

[予備解析]

手順1　データの読み込み

【データ】▶【パッケージ内のデータ】▶【アタッチされたパッケージからデータセットを読み込む...】を選択し，パッケージから datasets を指定し，データセットから iris を指定して（図 3.25），OK を左クリックすると，読み込まれる．

```
> data(iris, package="datasets")
```

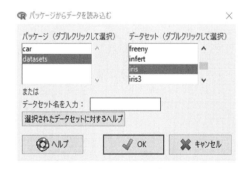
図 3.25　当てはまりの確認の図

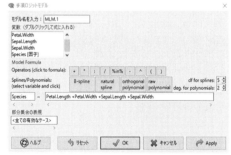
図 3.26　多項ロジットモデルの適用

[モデルの設定と解析]

手順1　多項ロジットモデルによる推定

【統計量】▶【モデルへの適合】▶【多項ロジットモデル...】を選択し，ダイアログボックスで，左辺に変数から Species をダブルクリックして選択し，右辺に変数からその他の変数をダブルクリックして＋をクリックしながら選び，OK を左クリックする（図 3.26）．すると以下の出力が表示される．

3.2 多項ロジットモデル　　　　　　51

```
> MLM.1 <- multinom(Species ~ Petal.Length +Petal.Width +Sepal.Length
+   +Sepal.Width, data=iris, trace=FALSE)
> summary(MLM.1, cor=FALSE, Wald=TRUE)
Call:
multinom(formula = Species ~ Petal.Length + Petal.Width + Sepal.Length +
    Sepal.Width, data = iris, trace = FALSE)
Coefficients:
           (Intercept) Petal.Length Petal.Width Sepal.Length Sepal.Width
versicolor    18.69037     14.24477   -3.097684    -5.458424   -8.707401
virginica    -23.83628     23.65978   15.135301    -7.923634  -15.370769
Std. Errors:
           (Intercept) Petal.Length Petal.Width Sepal.Length Sepal.Width
versicolor    34.97116     60.19170    45.48852     89.89215    157.0415
virginica     35.76649     60.46753    45.93406     89.91153    157.1196
Value/SE (Wald statistics):
           (Intercept) Petal.Length Petal.Width Sepal.Length Sepal.Width
versicolor   0.5344511    0.2366567 -0.06809815  -0.06072192 -0.05544649
virginica   -0.6664417    0.3912807  0.32950063  -0.08812701 -0.09782845
Residual Deviance: 11.89973
AIC: 31.89973
```

手順 2　変数選択

　AIC が小さくなるように，変換を増減（この場合減少）しながら選択していくプロセスを実行する step 関数を利用する．以下のように実行すると，変数 Sepal.Length は除かれた．

```
> MLM.2<-step(MLM.1)
Start:  AIC=31.9
Species ~ Petal.Length + Petal.Width + Sepal.Length + Sepal.Width
trying - Petal.Length
# weights:  15 (8 variable)
initial  value 164.791843
   （中略）
stopped after 100 iterations
                Df     AIC
<none>           8 29.26653
- Sepal.Width    6 32.57901
- Petal.Length   6 39.39931
- Petal.Width    6 43.51576
```

手順 3　モデルの要約

　【モデル】▶【アクティブモデルを選択...】により，MLM.2 を選択後，【モデル】▶【モデルを要約】を選択すると以下の出力が得られる．

```
> summary(MLM.2, cor=FALSE)
Call:
multinom(formula = Species ~ Petal.Length + Petal.Width + Sepal.Width,
    data = iris, trace = FALSE)

Coefficients:
           (Intercept) Petal.Length Petal.Width Sepal.Width
versicolor    14.15646     14.09906   -2.695628   -17.32240
```

```
virginica    -36.44078     21.98210    18.765796   -25.70717

Std. Errors:
          (Intercept) Petal.Length Petal.Width Sepal.Width
versicolor    29.66211     68.57820    39.08345    47.48205
virginica     32.18618     68.76678    39.75433    48.00257

Residual Deviance: 13.26653
AIC: 29.26653
```

[解析後の予測]

手順 1 予測

predict により iris データについて，当てはめた多項ロジットモデル MLM.2 に基づいて，Species（種族）を予測すると以下の結果が得られる．

```
> predict(MLM.2,data=iris)
   [1] setosa     setosa     setosa     setosa     setosa     setosa
   [7] setosa     setosa     setosa     setosa     setosa     setosa
  [13] setosa     setosa     setosa     setosa     setosa     setosa
  [19] setosa     setosa     setosa     setosa     setosa     setosa
  [25] setosa     setosa     setosa     setosa     setosa     setosa
  [31] setosa     setosa     setosa     setosa     setosa     setosa
  [37] setosa     setosa     setosa     setosa     setosa     setosa
  [43] setosa     setosa     setosa     setosa     setosa     setosa
  [49] setosa     setosa     versicolor versicolor versicolor versicolor
  [55] versicolor versicolor versicolor versicolor versicolor versicolor
  [61] versicolor versicolor versicolor versicolor versicolor versicolor
  [67] versicolor versicolor versicolor versicolor versicolor versicolor
  [73] versicolor versicolor versicolor versicolor versicolor *virginica
  [79] versicolor versicolor versicolor versicolor versicolor *virginica
  [85] versicolor versicolor versicolor versicolor versicolor versicolor
  [91] versicolor versicolor versicolor versicolor versicolor versicolor
  [97] versicolor versicolor versicolor versicolor virginica  virginica
 [103] virginica  virginica  virginica  virginica  virginica  virginica
 [109] virginica  virginica  virginica  virginica  virginica  virginica
 [115] virginica  virginica  virginica  virginica  virginica  virginica
 [121] virginica  virginica  virginica  virginica  virginica  virginica
 [127] virginica  virginica  virginica  virginica  virginica  virginica
 [133] virginica  *versicolor virginica  virginica  virginica  virginica
 [139] virginica  virginica  virginica  virginica  virginica  virginica
 [145] virginica  virginica  virginica  virginica  virginica  virginica
Levels: setosa versicolor virginica
```

上記の予測において，実際には＊は表示されないが＊がついた箇所で誤判別がある．

演習 3.14 表 3.8 はある商品の選択に関するデータである．売り出し価格と商品特性（10 点満点評価）と外観（5 段階評価）を説明変数として，多項ロジットモデルにより解析せよ．　　　　　　　◁

表 3.8 購買商品のデータ

No. \ 項目	価格	製品特性	外観	購買商品
1	97	8	4	A
2	83	8	4	A
3	85	9	2	B
4	85	9	2	B
5	75	7	3	C
6	77	8	4	A
7	78	9	2	B
8	92	9	2	B
9	81	7	3	C
10	93	8	4	A
11	96	8	4	A
12	76	9	2	B
13	98	7	3	C

（参考） パッケージ mlogit の mlogit() 関数を適用する方法もある.

演習 3.15 パッケージ mlogit にあるデータ Fishing について，多項ロジットモデルにより解析せよ. ◁

4

樹 木 モ デ ル

4.1 決定木（分類木）と回帰木とは

決定木や回帰木と呼ばれる樹木状のモデル（tree based model）を使って判断の流れを視覚的にとらえられるように考えられた判断・予測のための手法に，決定木分析や回帰木分析といわれるものがある．その結果に影響を与えた要因を分析し，その分類結果を利用して将来の予測を行う．目的変数に影響を与える説明変数で順次データを2分割することによって木構造で表し，目的変数への説明変数の影響をみる方法である．目的とする変数が連続している場合の樹木モデルは回帰木といわれ，離散的な分類の場合には決定木あるいは分類木といわれる．

a. 適用場面

決定木分析の活用範囲は広く，さまざまな業種，業態で活用あるいは利用が考えられる．代表的なケースとして以下のようなものがあげられる．

　　購買履歴・ダイレクトメールへの応答ログ，顧客セグメンテーションによるマーケティングの最適化，サービス購入動機の把握，サービス離脱原因の把握，来客数予測と供給量の調整，顧客の嗜好，選択基準の把握，外食産業，来店者属性別購買履歴，金融サービス，定期預金加入者属性，金融商品購買履歴，通信サービス・工業製品，機器故障データ，不良品データ，生産管理システム，通信障害や機器故障原因の把握，不良品を生む要因の把握，不良品率の予測と生産計画の精度向上など．

例えば，ある商品の購買有無が分析対象の結果であれば，分割後のデータセットの一方には，購入者のデータがより多く集まり，もう一方には非購入者のデータが多く集まるような属性値を見つけ，その値でデータセットの分割を行うのである．

目的とする変数が連続（量的）変数の場合には，回帰木が使用される．決定木分析の分析対象には，購買履歴・売上高などが記録されたデータである．例えば，ある商品を購入するか否かについて調査した場合を考えよう．その要因と考えられることとして，性別・年代・職業などがとりあげられたとする．このとき決定木分析では，このようなデータセットを結果とその属性に着目して逐次分割することで，分析モデルを作成していく．このデータセットの分割は，分割後のそれぞれのデータセットと結果の適合度が高くなるような，言い換えれば「純度」が最も高くなる属性と値で行われる．この分割時の結果の「純度」は，決定木分析のアルゴリズムによって異なった基準が定められているが，基本的な考え方は同じ結果のデータはできるだけ同じノードにいくように分割することである．決定木分析の結果から得られる分析モデルは，影響力の強い要素から順番に上から下へとデータセットが分割されていく樹形図で表現される．また，各データセットの分割後には，分割後の一方に購入者データがより多く集まり，もう一方には非購入者のデータが多く集まっている．決定木分析では，このように求める結果に対する影響の大きい属性で逐次分析することで，このような樹形図でのデータの可視化を行う．決定木の一番上のノードは，ルートノード（根ノード）と呼ばれ，すべてのデータセットが対応するスタート地点となる．一番下のノードは，ターミナルノードもしくはリーフ（葉）ノードと呼ばれる最終的な分類結果を示すノードである．

4.2 回 帰 木

決定木分析には，このノード分割時の「純度」の計算方法が異なる複数の手法が存在している．その中でも主要なものとしては，残差平方和とジニ係数やエントロピーの変化を「純度」の基準としノード分割を行う **CART**（<u>C</u>lassification <u>a</u>nd <u>R</u>egression <u>T</u>ree）法（Breiman, Friedman, Olshen, 1984），情報利得比にてノード分割を行う **C4.5**（Quinlan, 1993）やそれを改善した J4.8, C5.0，ノード分割前後の χ^2 値の変化を基準として分割を行う **CHAID**（<u>Ch</u>i-squared <u>A</u>utomatic <u>I</u>nteradtion <u>D</u>etection）（Kass, 1980）などがあげられる．ここでは，これらのアルゴリズムのうち，R での決定木分析で最もポピュラーな CART 法を利用する．分析にあたっては CART 法での決定木分析用パッケージ "rpart" を，R のアドオンパッケージレポジトリである CRAN（The Comprehensive R Archive Network）から取得して利用する．決定木分析を行うとき，関数 **rpart**（<u>r</u>ecursive <u>p</u>artitioning <u>a</u>nd <u>r</u>egression <u>t</u>ree：再帰的分割）を利用する．書き方は，rpart(formula, data) である．

● 回帰木の場合には，分岐の評価の基準は，複雑度パラメータ（CP：complexity parameter）が考えられている．それは残差平方和 RSS（residual sum of squares）に基づいていて，その減少率（以下）の比較によっている．

$$(4.1) \quad \mathrm{CP}(t) = \frac{親ノードの\ RSS - (子ノードの左側の\ RSS + 子ノードの右側の\ RSS)}{親ノードの\ RSS}$$

$$= \frac{RSS(t) - (RSS(t_L) + RSS(t_R))}{RSS(t)} = \frac{\Delta RSS(t)}{RSS(t)}$$

例題 4.1

47 都道府県ごとの小売業の年間商品販売額のデータについて従業員数で線形回帰したときの線形モデルを求めよ．次に，それに基づいて回帰木を作成せよ．さらに，回帰木分析を行ってみよう．（総務省統計局 都道府県別卸売業・小売業の事業所数，従業者数と販売額（平成 24 年）http://www.stat.go.jp/data/nihon/14.htm/）

表 **4.1** 平成 24 年度小売業販売額のデータ

項目 No.	都道府県	事業所数	従業者数 （千人）	販売額 （10 億円）
1	北海道	42123	331	51281
2	青森	12738	80	12302
⋮	⋮	⋮	⋮	⋮
46	鹿児島	17497	101	135949
47	沖縄	13106	80	94950

[予備解析]

手順 **1** データの読み込み

【データ】▶【データのインポート】▶【テキストファイルまたはクリップボード，URL から...】を選択し，ダイアログボックスで，フィールドの区切り記号としてカンマにチェックをいれて，OK を左クリックする．フォルダからファイルを指定後，開く (O) を左クリックする．そして データセットを表示 をクリックすると，図 4.1 のようにデータが表示される．

```
> rei41 <- read.table("rei41.csv", header=TRUE,
sep=",", na.strings="NA", dec=".", strip.white=TRUE)
> showData(rei41, placement='-20+200', font=getRcmdr('logFont'),
maxwidth=80, maxheight=30)
```

4. 樹木モデル

図 4.1 データの表示

図 4.2 アクティブデータセットの要約指定

手順 2 基本統計量の計算

【統計量】▶【要約】▶【アクティブデータセット】をクリックすると，次の出力結果が表示される．

```
> summary(rei41)
      都道府県    事業所数         従業者数          販売額
 愛知   : 1    Min.   : 5649   Min.   : 34.0   Min.   :   538
 愛媛   : 1    1st Qu.:11124   1st Qu.: 68.5   1st Qu.:   978
 茨城   : 1    Median :15969   Median :101.0   Median :  1359
 岡山   : 1    Mean   :21986   Mean   :157.4   Mean   :  2444
 沖縄   : 1    3rd Qu.:23748   3rd Qu.:166.5   3rd Qu.:  2496
 岩手   : 1    Max.   :98661   Max.   :865.0   Max.   : 15225
 (Other):41
```

【統計量】▶【要約】▶【数値による要約】を選択し，オプションですべての項目にチェックをいれて OK を左クリックすると，次の出力結果が表示される．

```
> numSummary(rei41[,c("事業所数", "従業者数", "販売額")],statistics=c("mean","sd",
+   "IQR", "quantiles", "cv", "skewness", "kurtosis"), quantiles=c(0,.25,.5,.75,
+   1), type="2")
              mean         sd    IQR        cv skewness kurtosis    0%      25%
事業所数 21986.3404 18203.9139  12624 0.8279647 2.291142  6.266184  5649  11124.0
従業者数   157.4468   158.6529     98 1.0076601 2.550615  7.948503    34     68.5
販売額    2443.7021  2687.0766   1518 1.0995925 2.906876 10.626582   538    978.0
             50%      75%   100%  n
事業所数   15969  23748.0  98661 47
従業者数     101    166.5    865 47
販売額      1359   2496.0  15225 47
```

手順 3 グラフ化

【グラフ】▶【散布図行列...】を選択し，変数として事業所数，従業者数，販売額を選択し，オプションでラベルなどに入力して，OK を左クリックすると図 4.4 の散布図行列が得られる．

[解析]

手順 1 回帰分析

【統計量】▶【モデルへの適合】▶【線形回帰...】を選択し，目的変数として販売額，説明変数として事業所数と従業員数を指定して，オプションで設定して，OK を左クリックする．

```
> library(rpart) #パッケージ rpart の読み込み
> RegModel.1 <- lm(販売額~事業所数+従業者数, data=rei41)
> summary(RegModel.1)
Call:
```

図 4.3 数値による要約の変数指定

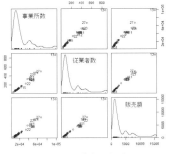
図 4.4 散布図行列

```
lm(formula = 販売額 ~ 事業所数 + 従業者数, data = rei41)

Residuals:
    Min      1Q  Median      3Q     Max
-478.56  -77.05   32.93   96.38  726.02

Coefficients:
              Estimate Std. Error t value Pr(>|t|)
(Intercept) -106.31059   66.35609  -1.602   0.1163
事業所数       -0.02692    0.01297  -2.076   0.0438 *
従業者数       19.95511    1.48797  13.411   <2e-16 ***
---
Signif. codes:  0 '***' 0.001 '**' 0.01 '*' 0.05 '.' 0.1 ' ' 1

Residual standard error: 195.8 on 44 degrees of freedom
Multiple R-squared:  0.9949, Adjusted R-squared:  0.9947
F-statistic:  4311 on 2 and 44 DF,  p-value: < 2.2e-16
```

そこで推定される回帰式は

$$販売額 = -106.31059 - 0.02692 \, 事業所数 + 19.95511 \, 従業者数$$

で，この回帰モデルは自由度調整済み寄与率が 0.9947 と非常に高く，モデルの当てはまりもよい．また従業員数の偏回帰係数の p 値が 0.1% より小さく，事業所数の偏回帰係数の p 値が 0.0438 で販売額に効いていることがわかる．

図 4.5 線形回帰の指定

図 4.6 変数の指定

手順 2 （回帰）木の生成

この回帰モデルについて，以下のようにコマンドを入力して回帰木を生成する．

```
# 回帰木の生成
> library(rpart)    #ライブラリ rpart の利用
> rei41.rp<-rpart(販売額 ~ 事業所数 + 従業者数, data = rei41)    #関数 rpart の利用
> rei41.rp
```

58   4. 樹 木 モ デ ル

```
n= 47
node), split, n, deviance, yval
#ノード番号) 分岐条件 ノード内のデータ数 逸脱（尤離）度 ノード内の目的変数の平均値
      * denotes terminal node    # *は終点のノードを示す


1) root 47 332137500 2443.7020
  2) 事業所数< 35615 38  16027570 1378.1320
    4) 従業者数< 104.5 24   1311291  959.7083 *
    5) 従業者数>=104.5 14   3311201 2095.4290 *
  3) 事業所数>=35615 9  90788060 6942.7780 *
```

● （回帰）木の表示

```
> plot(rei41.rp, margin=0.1)  #ツリーの表示 図4.7
> text(rei41.rp, use.n=T)
```

● CP（複雑性）の表示

```
> printcp(rei41.rp)   #CP の計算表示
Regression tree:
rpart(formula = 販売額 ~ 事業所数 + 従業者数, data = rei41)

Variables actually used in tree construction:
[1] 事業所数 従業者数
Root node error: 332137516/47 = 7066756
n= 47
        CP nsplit rel error  xerror    xstd
1 0.678399      0  1.00000 1.06017 0.52001
2 0.034338      1   0.32160 0.45075 0.27772
3 0.010000      2   0.28726 0.42341 0.27847
> plotcp(rei41.rp)  #CP（複雑指数）のグラフ 図4.8
```


```
> attach(rei41)
> (m<-mean(販売額))
[1] 2443.702
> RSS<-sum((販売額-m)^2)
> RSS
[1] 332137516
> m.l<-mean(販売額 [従業者数<264])
> m.l
[1] 1378.132
> RSS.l<-sum((販売額 [従業者数<264]-m.l)^2)
> RSS.l
[1] 16027574
> m.r<-mean(販売額 [従業者数>=264])
> m.r
[1] 6942.778
> RSS.r<-sum((販売額 [従業者数>=264]-m.r)^2)
> RSS.r
[1] 90788064
> CP1<-(RSS-(RSS.l+RSS.r))/RSS  #計算による確認
> CP1
```

```
[1] 0.6783994        #上述の CP 表示の結果と一致
> rei41.rp$frame
       var n wt      dev       yval  complexity ncompete nsurrogate
1 事業所数 47 47 332137516 2443.7021 0.67839936        1         1
2 従業者数 38 38  16027574 1378.1316 0.03433843        1         1
4   <leaf> 24 24   1311291  959.7083 0.01000000        0         0
5   <leaf> 14 14   3311201 2095.4286 0.01000000        0         0
3   <leaf>  9  9  90788064 6942.7778 0.01000000        0         0
> CP1d<-(332137516-(16027574+90788064))/332137516    #dev から計算
> CP1d
[1] 0.6783994
```

木のサイズは，普通，xerror の最小値を中心としたその標準偏差を加えた最大の xerror 値より小さくなるように CP 値を与える．上の場合，0.42341，0.27772 より，0.42341+0.27772=0.70113 は 1 行の xerror=1.06017 より小さく，2 行の xerror=0.45075 より大きいので，第 2 行の CP=0.034338 が目安となる．

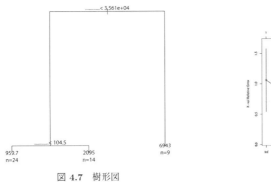
図 4.7 樹形図

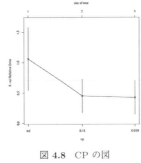
図 4.8 CP の図

手順 3 （回帰）木の剪定（枝刈り）

剪定とは，ツリーで CP が一定数より小さいなどの基準で枝を切ることをいう．

```
#剪定（枝刈り）
> rei41.rp1<-prune(rei41.rp,cp=0.034)    #CP（複雑指数）が 0.034 となるように，剪定（関
数 prune の適用）する
> rei41.rp1
n= 47
<verb/>
node), split, n, deviance, yval
      * denotes terminal node
<verb/>
1) root 47 332137500 2443.7020
  2) 事業所数< 35615 38  16027570 1378.1320
    4) 従業者数< 104.5 24   1311291  959.7083 *
    5) 従業者数>=104.5 14   3311201 2095.4290 *
  3) 事業所数>=35615  9  90788060 6942.7780 *
```

- （回帰）木の表示

剪定後の木と CP を表示したのが，図 4.9 と図 4.10 である．

```
> plot(rei41.rp1, margin=0.1) #剪定後のツリー  図 4.9
> text(rei41.rp1, use.n=T)
```

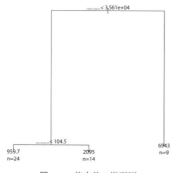
図 4.9 剪定後の樹形図

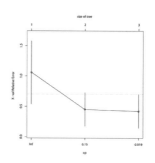
図 4.10 剪定後の CP の図

```
> plotcp(rei41.rp1)   #CP（複雑指数）のグラフ 図 4.10
```

手順 4 （回帰）木の利用

事業所数が 35615 より少ないかどうかにより分岐され，さらに従業員数が 104.5（千人）より少ないかどうかにより分岐される．販売額の平均が多い場合 6942.8（10 億円）で，少ない場合平均 959.7（10 億円）である．

演習 4.1 表 4.2 の車の速度（speed）とブレーキをかけた後停止するまでの距離（dist）に関するデータ cars（パッケージ rpart に付随している）について，回帰木により解析せよ． ◁

表 4.2 cars のデータ

No. \ 項目	speed	dist
1	4	2
2	4	10
⋮	⋮	⋮
49	24	120
50	25	85

4.3 決　定　木

目的とする変数が質的な変数の場合には，決定木（分類木）が用いられる．分類木の場合，分岐の評価の基準は，CART の場合ジニ（Gini）係数（GI）またはジニ分散指標（Gini divercity index）といわれる指標がデフォルトとして使われている．それは以下で定義されるものである．

$$\Delta \mathrm{GI}(t) = p(t)\mathrm{GI}(t) - (p_L(t)\mathrm{GI}(t_L) + p_R(t)\mathrm{GI}(t_R)) \tag{4.2}$$

$\mathrm{GI}(t_L), \mathrm{GI}(t_R)$：ノード t での左側，右側のジニ係数

$p(t), p_L(t), p_R(t)$：ノード t での分割前，ノード t での分割後の左側，
ノード t での分割後の右側の個体の比率

ジニ係数は不平等度をはかるので，ここでは分割された個体の不均一なほど値が大きい．

i：クラス，t：ノード，$p(i|t)$：ノード t で分割された個体が i クラスに属す確率とすると

$$GI = 1 - \sum_{i=1}^{k} p(i|t)^2 \tag{4.3}$$

エントロピー（E）も指定して使用できる．なお，

$$E = -\sum_{i=1}^{k} p(i|t) \log_2 p(i|t) \tag{4.4}$$

である．

―― 例題 4.2 ――――――――――――――――――――――――――――――
タイタニックは，20世紀初頭に建造された豪華客船であった．処女航海中の 1912 年 4 月 14 日
深夜に北大西洋上で氷山に接触し，翌日未明にかけて沈没し，乗員・乗客の約 1/3 が犠牲となった．
このときのタイタニック号のデータ（表 4.3）に関して，決定木分析を行ってみよう．

表 4.3　タイタニックのデータ

No＼項目	pclass	age	sex	survived
1	1st	adult	female	1
2	1st	adult	male	1
⋮	⋮	⋮	⋮	⋮
2200	crew	adult	female	0
2201	crew	adult	female	0

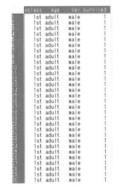

図 4.11　データの表示

図 4.12　数値変数の因子への変換

[予備解析]

手順 1　データの読み込み

```
> rei42 <- read.table("rei42.csv", header=TRUE,
 sep=",", na.strings="NA", dec=".", strip.white=TRUE)
```

このデータは，タイタニック号沈没事故の際の乗客および船員といった属性と，それらの人々の生存
についてのデータが記録されている．

"pclass" には，1等客室から3等客室までの利用客室もしくは船員 (crew) という乗船者の分類，"sex"
は性別，"age" は子ども (child) か大人 (adult) か，"survived" は生存した (1) か否 (0) か，が入
力されている．当時の乗船者たちの属性の中で，事故の際の生死に大きな影響を与えた属性が何であっ
たかを決定木で分析する．

手順 2　基本統計量の計算

【データ】▶【要約】▶【アクティブデータセット】をクリックすると以下の出力が得られる．

```
> summary(rei42)    #データの要約
  pclass       age          sex         survived
 1st :325   adult:2092   female: 470   Min.   :0.000
 2nd :285   child: 109   male  :1731   1st Qu.:0.000
 3rd :706                              Median :0.000
 crew:885                              Mean   :0.323
```

```
                                   3rd Qu.:1.000
                                   Max.   :1.000
```

【データ】▶【アクティブデータセット内の変数の管理】▶【数値変数を因子に変換...】を選択し，survived を選択し，因子水準で水準名を指定にチェックをいれて OK を左クリックする．確認のため再度データの要約を行う．

```
> rei42$survived <- as.factor(rei42$survived)    #因子への変換
> summary(rei42)    #要約による変換の確認
 pclass       age         sex       survived
 1st :325  adult:2092  female: 470  0:1490
 2nd :285  child: 109  male  :1731  1: 711
 3rd :706
 crew:885
```

```
#数値による要約
> numSummary(rei42[,"survived"], groups=rei42$sex, statistics=c("mean", "sd",
  "IQR", "quantiles", "cv", "skewness", "kurtosis"), quantiles=c(0,.25,.5,.75,1),
  type="2")
            mean        sd IQR      cv  skewness    kurtosis 0% 25% 50% 75% 100%
female 0.7319149 0.4434342   1 0.6058548 -1.050465 -0.90037330  0   0   1   1    1
male   0.2120162 0.4088544   0 1.9284112  1.410365 -0.01088437  0   0   0   0    0
       data:n
   1     470
   1    1731
```

手順3 グラフ化

生存と性別のモザイクプロットと生存者数の棒グラフを描く．

```
> attach(rei42)    #変数を単独で扱えるようにする
> (tab<-table(sex,survived))
        survived
sex        0    1
  female 126  344
  male  1364  367
> mosaicplot(tab)   #モザイクプロット  図4.13
```

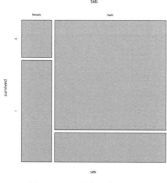

図 4.13　モザイクプロット

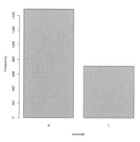

図 4.14　生存者数の棒グラフ

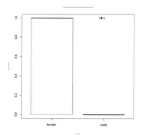

図 4.15　性別による生存者数

4.3 決 定 木 63

```
> barplot(table(rei42$survived), xlab="survived", ylab="Frequency")   #図 4.14
> Boxplot(survived~sex, data=rei42, id.method="y", xlab="性別", ylab="生存者数",
+   main="タイタニック号事故の生存者数")   #図 4.15
 [1] "1"  "2"  "3"  "4"  "5"  "6"  "7"  "8"  "9"  "10"
```

[解析]

手順 1 （決定）木の生成

分析対象とするデータセットは，タイタニック号乗船者のデータセットである．最初に，rpart パッケージをインストールする．

```
> library(rpart)   #rpart パッケージの導入
> rei42.rp <- rpart(survived ~ pclass + age + sex, data=rei42)
> rei42.rp
n= 2201
node), split, n, loss, yval, (yprob)
      * denotes terminal node
 1) root 2201 711 0 (0.6769650 0.3230350)
   2) sex=male 1731 367 0 (0.7879838 0.2120162)
     4) age=adult 1667 338 0 (0.7972406 0.2027594) *
     5) age=child 64  29 0 (0.5468750 0.4531250)
      10) pclass=3rd 48  13 0 (0.7291667 0.2708333) *
      11) pclass=1st,2nd 16   0 1 (0.0000000 1.0000000) *
   3) sex=female 470 126 1 (0.2680851 0.7319149)
     6) pclass=3rd 196  90 0 (0.5408163 0.4591837) *
     7) pclass=1st,2nd,crew 274  20 1 (0.0729927 0.9270073) *
```

rpart の実行により，rei42.rp に結果が格納される．

上述の $n = 2201$ の下は，ノード番号），分割の条件，ノード内のケース数，不成立数，目的変数の水準，（目的変数の各水準の割合）で，＊は終点のノードを示している．

最初の「survived pclass ＋ age ＋ sex」が分析対象の式にあたる．目的変数「survived」を，説明変数「pclass ＋ age ＋ sex」で説明する．「data=rei42」は，利用するデータの指定である．一番上のルートノードにはタイタニック号の全乗客乗員 2201 人のデータが入っている．ルートノードの「2201 711」という数字は，2201 人のうち，亡くなった人が 1490 人，生き残った人が 711 人であることを示している．割合になおすとタイタニック号の乗船者全体の生存率は，32.3%．ルートノードが，「性別」が「male（男性）」か「female（女性）」で分割されていることは，属性の中では「性別」が最も生死に大きな影響を与えたということを意味している．右に伸びた「女性」側の分岐の先をみると，次は「pclass」が「3rd（3 等客室）」か「1 等，2 等客室もしくは船員」か，で分割されたところで分割が終了している．右下のターミナルノードの「20/254」は，ルートノードと同様に亡くなった人と生存した人の人数を示している．つまり，「女性」でかつ「1 等，2 等客室もしくは船員」の人の生存者数は 254 人，割合にするとこの属性の人は 92.7%である．一方，「女性」でも「3 等客室」を利用していた人は，106 人が亡くなり，生き残った人が 90 人で生存率が 45.9%と，全体に比べればよいが，それ以外のクラスと比べると低くなっている．また，ここで分割が止まったということは，生存者の割合を大きく変化させるような要素がなくなったということでもある．「女性」の中では，「年齢」や「1 等，2 等客室もしくは船員」は，生存率には大きな影響を与えなかったということである．左側の「男性」側の分岐も，ここまでと同様にみていくことができる．こちら側は，「女性」側よりも分岐が 1 つ多くなっているが，見方自体は変わらない．

補 4.1 実際にジニ係数を計算し，その変化をみよう．

　<u>ノード 1)</u>（ルート）において，

$p(i|t)$ は, i:クラス, t:ノード, $p(1|1) = 711/2201 = 0.323$, $p(2|1) = 1490/2201 = 0.677$, $\mathrm{GI}(1) = 1 - \left\{ \left(\frac{711}{2201} \right)^2 + \left(\frac{1490}{2201} \right)^2 \right\} = 0.437$

$\mathrm{GI}(1_L) = 1 - \left\{ \left(\frac{367}{1731} \right)^2 + \left(\frac{1731 - 367}{1731} \right)^2 \right\} = 0.334$, $\mathrm{GI}(1_R) = 1 - \left\{ \left(\frac{126}{470} \right)^2 + \left(\frac{470 - 126}{470} \right)^2 \right\} = 0.392$, i:個体 $p(1) = 1$, $p_L(1) = 1731/2201$, $p_R(1) = 470/2201$ から,

$$\Delta \mathrm{GI}(1) = p(1)\mathrm{GI}(1) - p_L(1) \times \mathrm{GI}(1_L) - p_R(1) \times \mathrm{GI}(1_R) = 0.0908$$

ノード 2) については, $p(i|t)$ は, $p(1|2) = 367/1731 = 0.212$, $p(2|2) = 1364/1731 = 0.788$, $\mathrm{GI}(2) = 1 - \left\{ \left(\frac{367}{1731} \right)^2 + \left(\frac{1731 - 367}{1731} \right)^2 \right\} = 0.334$

$\mathrm{GI}(2_L) = 1 - \left\{ \left(\frac{338}{1667} \right)^2 + \left(\frac{1667 - 338}{1667} \right)^2 \right\} = 0.323$, $\mathrm{GI}(2_R) = 1 - \left\{ \left(\frac{29}{64} \right)^2 + \left(\frac{64 - 29}{64} \right)^2 \right\} = 0.496 \Delta \mathrm{GI}(2) = p(2)\mathrm{GI}(2) - p_L(2) \times \mathrm{GI}(2_L) - p_R(2) \times \mathrm{GI}(2_R) = 1731/2201 * 0.334 - 1667/1731 * 0.323 - 64/1731 * 0.496 = -0.0667$

ノード 3) については, $p(i|t)$ は, $p(1|3) = 126/470 = 0.268$, $p(2|3) = 344/470 = 0.732$, $\mathrm{GI}(3) = 1 - \left\{ \left(\frac{126}{470} \right)^2 + \left(\frac{344}{470} \right)^2 \right\} = 0.392$

$\mathrm{GI}(3_L) = 1 - \left\{ \left(\frac{90}{196} \right)^2 + \left(\frac{106}{196} \right)^2 \right\} = 0.497$, $\mathrm{GI}(3_R) = 1 - \left\{ \left(\frac{20}{274} \right)^2 + \left(\frac{254}{274} \right)^2 \right\} = 0.135 \Delta \mathrm{GI}(3) = p(3)\mathrm{GI}(3) - p_L(3) \times \mathrm{GI}(3_L) - p_R(3) \times \mathrm{GI}(3_R) = 470/2201 * 0.392 - 196/470 * 0.497 - 274/470 * 0.135 = -0.202$

◁

● 樹形図の描画

結果を樹形図に描画する.そのため,以下のようにコマンドを入力し,実行する(図 4.16).

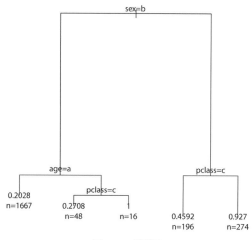

図 4.16 樹形図

```
> plot(rei42.rp,margin=0.1)
> text(rei42.rp,use.n=T)
# prp(rei42.rp,type=2,extra=1,digits=0)
```

● 複雑性の表示

`rei42.rp$frame` により複雑性を含めた詳細表示が可能であり,以下のようである.

```
> rei42.rp$frame
      var    n   wt  dev yval complexity ncompete nsurrogate
1     sex 2201 2201  711    1 0.30661041        2          0
2     age 1731 1731  367    1 0.01125176        1          0
4  <leaf> 1667 1667  338    1 0.00000000        0          0
```

```
5  pclass     64   64   29    1 0.01125176          0          0
10 <leaf>     48   48   13    1 0.01000000          0          0
11 <leaf>     16   16    0    2 0.01000000          0          0
3  pclass    470  470  126    2 0.02250352          1          1
6  <leaf>    196  196   90    1 0.00000000          0          0
7  <leaf>    274  274   20    2 0.00000000          0          0
        yval2.V1      yval2.V2      yval2.V3      yval2.V4
1  1.000000e+00 1.490000e+03 7.110000e+02 6.769650e-01
2  1.000000e+00 1.364000e+03 3.670000e+02 7.879838e-01
4  1.000000e+00 1.329000e+03 3.380000e+02 7.972406e-01
5  1.000000e+00 3.500000e+01 2.900000e+01 5.468750e-01
10 1.000000e+00 3.500000e+01 1.300000e+01 7.291667e-01
11 2.000000e+00 0.000000e+00 1.600000e+01 0.000000e+00
3  2.000000e+00 1.260000e+02 3.440000e+02 2.680851e-01
6  1.000000e+00 1.060000e+02 9.000000e+01 5.408163e-01
7  2.000000e+00 2.000000e+01 2.540000e+02 7.299270e-02
        yval2.V5 yval2.nodeprob
1  3.230350e-01    1.000000e+00
2  2.120162e-01    7.864607e-01
4  2.027594e-01    7.573830e-01
5  4.531250e-01    2.907769e-02
10 2.708333e-01    2.180827e-02
11 1.000000e+00    7.269423e-03
3  7.319149e-01    2.135393e-01
6  4.591837e-01    8.905043e-02
7  9.270073e-01    1.244889e-01


> printcp(rei42.rp) #複雑性 CP の表示
Classification tree:
rpart(formula = survived ~ pclass + age + sex, data = rei42)
Variables actually used in tree construction:
[1] age    pclass sex
Root node error: 711/2201 = 0.32303
n= 2201

        CP nsplit rel error  xerror     xstd
1 0.306610      0   1.00000 1.00000 0.030857
2 0.022504      1   0.69339 0.69339 0.027510
3 0.011252      2   0.67089 0.68917 0.027450
4 0.010000      4   0.64838 0.65963 0.027020

> plotcp(rei42.rp) #CP のプロット  図 4.17
> CP1=(711-(367+126))/711   #計算による確認
> CP1
[1] 0.3066104   #上述の CP 表示の結果と一致（ジニ係数を不使用）
```

手順 2　（決定）木の剪定

```
> rei42.rp1<-prune(rei42.rp,cp=0.083)    #剪定（枝刈）
> rei42.rp1
n= 2201
node), split, n, loss, yval, (yprob)
      * denotes terminal node
```

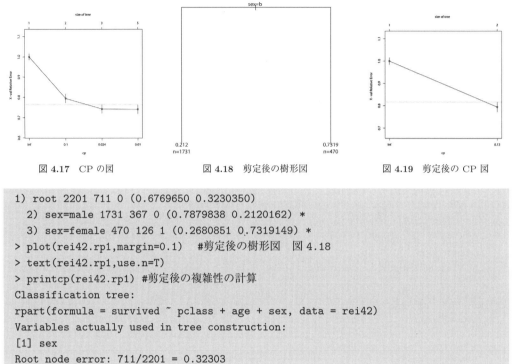

図 4.17 CP の図　　図 4.18 剪定後の樹形図　　図 4.19 剪定後の CP 図

```
1) root 2201 711 0 (0.6769650 0.3230350)
  2) sex=male 1731 367 0 (0.7879838 0.2120162) *
  3) sex=female 470 126 1 (0.2680851 0.7319149) *
> plot(rei42.rp1,margin=0.1)   #剪定後の樹形図  図 4.18
> text(rei42.rp1,use.n=T)
> printcp(rei42.rp1) #剪定後の複雑性の計算
Classification tree:
rpart(formula = survived ~ pclass + age + sex, data = rei42)
Variables actually used in tree construction:
[1] sex
Root node error: 711/2201 = 0.32303
n= 2201
       CP nsplit rel error  xerror     xstd
1 0.30661      0   1.00000 1.00000 0.030857
2 0.08300      1   0.69339 0.69339 0.027510
> plotcp(rei42.rp1)   #剪定後の複雑性のグラフ表示  図 4.19
```

このようにして分析モデルが作成された.

(参考) 2 群に分けて, 1 群でモデルを作成しもう 1 群を予測してみよう.

```
#予測
n<-nrow(rei42)
train<-sample(1:n,ceiling(n/2))
titanic.rp<-rpart(formula = survived ~ pclass + age + sex, data = rei42[train,])
titanic.rp1<-prune(titanic.rp,cp=0.083)
titanic.pr<-predict(titanic.rp1,newdata=rei42[-train,],type="class")
#tab.pr<-table(rei42[-train,],titanic.pr)
```

演習 4.2 パッケージ datasets に付随したデータ iris について種類を目的変数として回帰モデルを考え, 決定木を作成せよ.　　◁

5

ニューラルネットワーク

　ニューラルネットワーク（神経回路網，neural network：NN）は，脳機能にみられるいくつかの特性を計算機上のシミュレーションによって表現することを目指した数学モデルで，人間の脳の神経回路の仕組みを模したモデルにより，脳の情報処理を人工的に実現しようとしたものである．シナプスの結合によりネットワークを形成した人工ニューロン（ノード）が，学習によってシナプスの結合強度を変化させ，問題解決能力をもつようなモデル全般をさす．コンピュータに学習能力をもたせることにより，さまざまな問題を解決するためのアプローチの1つである．ニューラルネットワークは，教師信号（正解）の入力によって問題に最適化されていく教師あり学習と，教師信号を必要としない教師なし学習に分けられる．明確な解答が用意される場合には教師あり学習が，データ・クラスタリングには教師なし学習が用いられる．中間層が2層以上ある深層学習においては，出力に近い最後の中間層を教師あり学習で，それよりも入力に近い側を教師なし学習で学習する方法がジェフリー・ヒントンらにより提案されている．結果としていずれも次元削減されるため，画像や統計など多次元量のデータで線形分離困難な問題に対して，比較的小さい計算量で良好な解を得られることが多い．現在では，特徴量に基づく画像認識，市場における顧客データに基づく購入物の類推など，パターン認識，データマイニングとして応用されている．これは1943年，ウォーレン・マカロックとウォルター・ピッツが形式ニューロンを発表し，最初に考案された，単純な構造の人工ニューラルネットワークモデルである．ネットワークにループする結合をもたず，入力ノード→中間ノード→出力ノードというように単一方向へのみ信号が伝播するものをさす．入力層と出力層はそれぞれ1つであり，間に中間層（隠れ層）がある場合とない場合が考えられている．隠れ層がない場合は，単純パーセプトロン（singlelayer perceptron：SLP）といわれ，隠れ層が1つ以上ある場合には，多層パーセプトロン（multilayer perceptrons：MLP）といわれる．

　データは入力層から出力層に向かって一方向にしか流れない．そのためフィードフォワードといわれる．関数 nnet が利用され，書式は $\mathtt{nnet}(x, \ldots)$ と表せる．

5.1　ニューラルネットワークとは

　ニューロンのモデル化を考えよう．ニューロンの基本的な働きは情報（信号）の入力と出力である．ただし，入力された情報をそのまま出力するのではなく，一定の閾値を超えたときのみ出力される．ニューロンは相互に信号伝達を行うが，その信号伝達効率は一様ではなく，それぞれの入力に対し結合荷重を設定する．そして，その重み付きの入力の総和が各ニューロンで設定されている閾値を超えたとき，他ニューロンに信号を送る．コンピュータ上での実現のため，簡単化のため0を信号がない，1を信号がある状態とする．i 番目のニューロンからの入力信号を x_i，それぞれの荷重を w_i とするとき（ちなみに，荷重は0〜1までの実数値で設定する），他ニューロンからの入力信号の総和は，$w_1 x_1 + \cdots + w_p x_p$ となる．入力信号を受けとったニューロンは，その入力値が一定の閾値を超えたときに他のニューロンに信号を出力する．このときの関数は，入力値に対し出力を0か1で返すもので，ステップ関数またはヘビサイド関数と呼ばれている．人間の脳は膨大な数の神経細胞（ニューロン）から構成されていて，一つ一つのニューロンは比較的単純な機能である．しかし，それらのニューロンを組み合わせた脳は非常に高度な情報処理が可能となっている．代表的な応用分野としては，パターン認識がある．

　ニューラルネットワークの元祖とも呼べるものが，1958年にローゼンブラット（Rosenblatt）によ

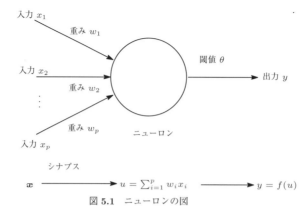
図 5.1 ニューロンの図

り提案されたパーセプトロンという階層型のネットワークである．パーセプトロンは3層から構成されており，それぞれ Sensory 層，Association 層，Response 層と呼ぶ．各層のユニットは独立しており，フィードフォワード型の構造になっている．入力層から中間層へは，$\boldsymbol{x} \to u = \sum_{i=1}^{p} w_i x_i$ と移り，中間層から出力層へ，$u \to y = f(u)$ と移る．

(5.1) $$u = w_1 x_1 + \cdots + w_p x_p$$

f は普通，以下のロジスティック（logistic）関数

(5.2) $$y = f(u) = \frac{1}{1 + e^{-u}} \quad (u = w_1 x_1 + \cdots + w_p x_p)$$

か，または双曲線正接（hyperbolic tangent）関数

(5.3) $$y = f(u) = \tanh(u) = \frac{e^u - e^{-u}}{e^u + e^{-u}} \quad (u = w_1 x_1 + \cdots + w_p x_p)$$

が利用されている．

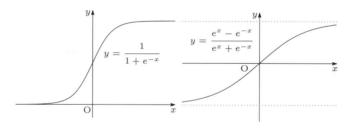
図 5.2 ロジスティック関数（左側）と双曲線正接関数（右側）

パーセプトロンの学習（図 5.3）

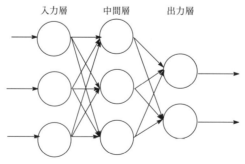
図 5.3 パーセプトロンの図

パーセプトロンの限界

ミンスキー（Minsky）とパペート（Pappert）の著書 "*Perceptron*" において，パーセプトロンが線

型分離可能問題しか解決できないという証明がされる．つまり，線型不可分な例えば XOR（排他的論理和）のような単純な問題すらパーセプトロンでは解くことはできないという結論が出てしまい，ニューラルネットワークのブームは終焉を迎えてしまう．この問題は，1986 年に提案される，ラメルハート（Rumelhart）らのバックプロパゲーション（誤差逆伝播法）によって解決された．このモデルも入力層，中間層（隠れ層），出力層の 3 層から構成されるフィードフォワード型のモデルで，基礎はパーセプトロンである．ローゼンブラットのパーセプトロンとのおもな違いは，次の点である．

- 出力関数として，ステップ関数ではなく，微分可能な連続関数を使用した点．
- 出力値と教師信号の 2 乗誤差を計算する点．
- 学習則が一般化デルタ則である点．

5.2 ニューラルネットワークの実行例

例題 5.1

　表 5.1 のデータは，スイスの紙幣の部位のサイズを計測したものである．入力層のユニットに Diagonal と Bottom を，出力層のユニットに Y（真偽）を設定し，その間にユニット数が 3 つの中間層を 1 層設定し，関数 nnet() を用い，ニューラルネットワークにより分析せよ．

表 5.1　紙幣データ

項目 No.	Length	Left	Right	Bottom	Top	Diagonal	Y
1	214.8	131.0	131.1	9.0	9.7	141.0	1
2	214.6	129.7	129.7	8.1	9.5	141.7	1
⋮	⋮	⋮	⋮	⋮	⋮	⋮	⋮

[予備解析]

手順 1　データの読み込み

```
rei51 <- read.table("rei51.csv", header=TRUE,
  sep=",", na.strings="NA", dec=".", strip.white=TRUE)
showData(rei51, placement='-20+200', font=getRcmdr('logFont'), maxwidth=80,
  maxheight=30)
> library(nnet);library(neural) #ライブラリの利用
```

手順 2　基本統計量の計算

```
> summary(rei51)
     Length          Left           Right          Bottom           Top
 Min.   :213.8   Min.   :129.0   Min.   :129.0   Min.   : 7.200   Min.   : 7.70
 1st Qu.:214.6   1st Qu.:129.9   1st Qu.:129.7   1st Qu.: 8.200   1st Qu.:10.10
 Median :214.9   Median :130.2   Median :130.0   Median : 9.100   Median :10.60
 Mean   :214.9   Mean   :130.1   Mean   :130.0   Mean   : 9.418   Mean   :10.65
 3rd Qu.:215.1   3rd Qu.:130.4   3rd Qu.:130.2   3rd Qu.:10.600   3rd Qu.:11.20
 Max.   :216.3   Max.   :131.0   Max.   :131.1   Max.   :12.700   Max.   :12.30
    Diagonal       Y
 Min.   :137.8   偽:100
 1st Qu.:139.5   真:100
 Median :140.4
 Mean   :140.5
```

```
 3rd Qu.:141.5
 Max.    :142.4
> numSummary(rei51[,c("Bottom", "Diagonal", "Left", "Length", "Right", "Top")],
+   statistics=c("mean", "sd", "IQR", "quantiles", "cv", "skewness", "kurtosis"),
+   quantiles=c(0,.25,.5,.75,1), type="2")
             mean        sd   IQR          cv  skewness   kurtosis    0%   25%
Bottom     9.4175 1.4446031 2.400 0.153395605  0.37477138 -1.0301216   7.2   8.2
Diagonal 140.4835 1.1522657 2.000 0.008202143 -0.19281033 -1.1268760 137.8 139.5
Left     130.1215 0.3610255 0.500 0.002774526 -0.19027712 -0.5488919 129.0 129.9
Length   214.8960 0.3765541 0.500 0.001752262  0.19057264  0.7997667 213.8 214.6
Right    129.9565 0.4040719 0.525 0.003109286  0.03920789 -0.1312845 129.0 129.7
Top       10.6505 0.8029467 1.100 0.075390515 -0.23002939  0.2170748   7.7  10.1
            50%     75%  100%   n
Bottom     9.10  10.600  12.7 200
Diagonal 140.45 141.500 142.4 200
Left     130.20 130.400 131.0 200
Length   214.90 215.100 216.3 200
Right    130.00 130.225 131.1 200
Top       10.60  11.200  12.3 200
```

[モデルの設定と解析]

手順1　モデルの設定

　入力層，出力層を設定する.

```
> Bot<-(rei51$Bottom - min(rei51$Bottom))/(max(rei51$Bottom)-min(rei51$Bottom))
> Diag<-(rei51$Diagonal - min(rei51$Diagonal))/
+   (max(rei51$Diagonal) - min(rei51$Diagonal))
> 入力層<-cbind(Bot,Diag)
> 出力層<-class.ind(rei51$Y)
> 出力層
       偽 真
 [1,]  0 1
 [2,]  0 1
    ⋮
[199,]  1 0
[200,]  1 0
> set.seed(3)   #乱数の初期設定
```

手順2　関数 nnet の適用

　関数 nnet を適用する.

```
> ネットワーク学習 <- nnet(入力層, 出力層, size=3, rang=0.3, maxit=2000)
# weights:  17
initial   value 100.563668
iter  10 value 1.447141
iter  20 value 1.125447
iter  30 value 0.069258
iter  40 value 0.047579
iter  50 value 0.029172
iter  60 value 0.020055
iter  70 value 0.010184
iter  80 value 0.005086
```

```
iter   90 value 0.004473
iter  100 value 0.001718
iter  110 value 0.001628
iter  120 value 0.000233
final    value 0.000083
converged
```

[解析後の適用]

モデルのもとでの推定・予測

```
> ネットワーク適用 <- predict(ネットワーク学習, 入力層)
> 適用結果 <- round(ネットワーク適用, digits=3)
> 適用結果
            偽     真
   [1,] 0.000 1.000
   [2,] 0.000 1.000
      ⋮
 [199,] 1.000 0.000
 [200,] 1.000 0.000
```

このように，ニューラルネットワークを利用することにより，スイス紙幣に関する真偽の判別が行えた．

── 例題 **5.2** ──────────────────────────────

例題 3.4 の表 3.7 のデータについて，会社の倒産予測をニューラルネットワークにより考察してみよ．入力層のユニットに自己資本比率，売上高伸び率，営業 CF 対流動負債比率を設定し，出力層のユニットに倒産活動を設定する．そして，その間にユニット数が 3 つの中間層を 1 層設定し，関数 nnet() を用い，ニューラルネットワークにより分析せよ．No.1〜10 の 10 社を用い，残りの 3 社を予測してみよ．

──

関数 **nnet** の適用と倒産予測の正誤

```
>library(MASS)   #ライブラリの利用
>library(nnet)   #ライブラリの利用
> rei52 <- read.table("rei52.csv", header=TRUE,
 sep=",",na.strings="NA", dec=".", strip.white=TRUE)
>rei52.train<-rei52[1:10,]
> rei52.test<-rei52[11:13,]
> rei52.net<-nnet(倒産活動~.,size=3,decay=0.1,data=rei52.train)
# weights:  19
initial   value 3.971820
iter   10 value 2.308766
iter   20 value 1.886332
iter   30 value 1.807192
final    value 1.807188
converged
> rei52.pre<-predict(rei52.net,rei52.test[,-5],type="raw")
> table(rei52.test[,5],rei52.pre)
   rei52.pre
     0.180841926003215 0.239802051508709 0.37824074353152
  0                  1                 0                0
  1                  0                 1                1
```

書き方は nnet(形式, data, weights,) のようである.

演習 5.1 iris データについて，教師データとテストデータを作成し，関数 predict を用いて，テストデータについて予測と判別を行え． ◁

演習 5.2 ケーキ，パソコン等の購入意思の有無をニューラルネットワークにより考察せよ． ◁

演習 5.3 iris データを入力層のユニットに Petal Length と Petal Width，Sepal Length と Sepal Width とし，出力層のユニットに Species（Setosa, versicolor, virginica）を設定する．そして，その間にユニット数が 3 つの中間層を 1 層設定し，関数 nnet() を用い，ニューラルネットワークにより分析せよ． ◁

（参考） iris データを 2 群に分け，1 群にニューラルネットワークにより判別方式を与え，それをもう 1 群に適用してその判別の良さをみてみよう．

```
> even.n<-2*(1:75)
> iris.train<-iris[even.n,]
> iris.test<-iris[-even.n,]
> iris.nnet<-nnet(Species~.,size=3,decay=0.1,data=iris.train)
# weights:  27
initial  value 89.175282
iter  10 value 56.107260
iter  20 value 25.593529
iter  30 value 19.394438
iter  40 value 18.597763
iter  50 value 18.518438
iter  60 value 18.011028
iter  70 value 17.732487
final   value 17.732461
converged
> iris.pre<-predict(iris.nnet,iris.test[,-5],type="class")
> table(iris.test[,5],iris.pre)
            iris.pre
             setosa versicolor virginica
  setosa         25          0         0
  versicolor      0         23         2
  virginica       0          0       251
```

6

アソシエーション分析

6.1　アソシエーション分析とは

　90年代に考案された分析手法で，蓄積された顧客ごとの取引データを分析し，併売の関連性が高い組合せやその割合，統計的に見て強い関係をもつ事象間の関係（ルール）を抽出するデータマイニング手法である．バスケット分析ともいわれ，買い物をするとき，一緒にバスケットにいれて買うものの傾向をさぐる分析手法である．購買分析をするための手法のため，コンビニエンスストアなどで利用される商品明細POSデータに代表されるトランザクションデータを扱う．実際の状況を念頭におきながら，探索問題を解く手法の一つであるアプリオリ（apriori）アルゴリズムを応用した分析である．この分析手法は，売り上げ向上施策によく使われている．「商品Aを購入した人は，商品Bも購入する確率が高い」というような法則性（アソシエーションルール：指標詳細については後述）を見つけ出す分析手法である．アソシエーション分析の活用例で有名なものとしては，小売店における前述したトランザクション形式の代表例であるPOSデータを利用した分析で，同時に購入されている確率が高い商品を明らかにし，そのうえで，店舗別のレイアウト設計，棚割りや商品配置の最適化，顧客別のクロスセル，アップセルや価格最適化に活用するケースがあげられる．例えば，飲食店においてはおすすめの追加注文を助言するなどの活用などが可能となる．既存顧客に対し，より上位の，高価なものを購入してもらうことがアップセルといわれ，いつも購入している商品やサービスに加え，関連する別の商品も推薦して，売上につなげることがクロスセルといわれる．アソシエーション分析は，このクロスセルに高い頻度で活用される．ECサイトでは，購買履歴を分析し，顧客毎に最適化された商品が並んだトップページを提供することで顧客の利便性と顧客満足度（CS）の向上に役立つ．また，購買履歴だけでなくウェブサイトへのアクセスログを用いて，ページ閲覧履歴の解析などにも応用できる．そこで，アソシエーション分析の活用対象には以下のようなものがある．

　[活用対象の例]

　GMS（総合スーパーマーケット）／CVS（コンビニエンスススストア）／流通小売業全般 同時購入商品の組合せ／上記の店舗間比較 店舗内での商品陳列の最適化／購買動機の把握／店舗間での顧客嗜好の比較／新規出店時の地理的特徴の把握／eコマース・デジタルコンテンツ産業 IDに紐付く過去の累積／購買履歴／サイト内のページ閲覧履歴 顧客毎にカスタマイズされたメールマガジン，インターネット広告，トップページによるコンバージョン率の向上／通信サービス／工業製品 製品本体とオプション製品（サービス）の組合せ オプション製品（サービス）同士の組合せ 携帯電話，プロバイダの料金プラン，付加オプションサービスの提案／オプション商品同士のセット販売による顧客インセンティブ／外食産業 トッピングメニューの組合せ／食べ物・飲み物・サイドメニューの組合せ 追加オーダーのレコメンド／新商品，セットメニューの考案／（時系列比較による）顧客動向の調査／金融サービス 金融商品の購入状況／投資対象銘柄の提案／顧客の嗜好，選択基準の把握

　このようなアソシエーションルールを発見する手法としては，アプリオリアルゴリズムが広く知られている．アプリオリアルゴリズムでは，全アイテム（商品）の組合せに対して，ある商品Aとある商品Bが同時に購入される確率（支持度）を求め，さらにある商品Aに関するルールのうち，商品Bを含んでいる確率（確信度）を求めることで意味のあるルールを導き出す．つまり前者は特定の併売パター

ンの全体に占める割合，後者が特定の併売パターンでの結びつきの強さを表す．

6.2 アソシエーションルールと評価指標

6.2.1 支持度・確信度・リフト値

アソシエーションルールは，A を買うとき同時に B も買う場合，$A \Rightarrow B$（A ならば B）の形式で示され，A を条件部，B を結論部と呼ぶ．典型的な例としては，きゅうり⇒マヨネーズ（きゅうりならばマヨネーズ），ぎょうざ⇒ラー油（ぎょうざならばラー油）などが考えられる．また，レタス&ハム⇒パン（レタスとハムならばパン）のような条件部に複数の商品を仮定することも可能である．また，純粋に併売の傾向を顧客セグメント別に把握していきたい場合，属性情報による分布の絞り込みやグループ分けも重要になるだろう．例えば，コンビニなどでは，朝のコーヒーと一緒に買う商品が，性別により大きく特徴量を決定づけることがわかってきている．そこで，あわせて学習対象のデータについて，分布を時間帯や性別（あるいは，商品によっては他の属性）で分けるなどの目的設定が必要になるだろう．このような要素が分析をより詳しく行うきっかけともなる．バスケット分析での評価指標は，おもに支持度，確信度，リフト値があげられ，以下のようなものである．

0. 前提確率（期待信頼度）

全体の中で B を含むトランザクションの比率．B が観測される確率．

1. 支持度（Support，同時確率）

A と B が同時に成立する確率を支持度という．以下の式で与えられる．

$$(6.1) \qquad P(A \cap B)$$

全体の中で A と B を含むトランザクションの比率．つまりその併売ルールの出現率を表す．

2. 確信度（Confidence，信頼度，条件付き確率）

A を含むトランザクションのうち，B を含む確率．ただし，A は必ずしも単品アイテムや在庫管理の最小単位（SKU）を表現しているわけではなく，条件と読み替えて複数商品の場合もある．このため，ある意味では前提条件部と言い換えることもできる．確信度が高いほど，その前提条件において結論付けられる対象併売ルールの結びつきが強いことがわかる．A という条件のもとで B が起こる確率．どのような条件のもとで，確率が上がるか．

$$(6.2) \qquad P(B|A) = \frac{P(A \cap B)}{P(A)}$$

確信度の高いルール＝良いルールである．

3. リフト値（Lift，改善率）

確信度を前提確率で割ったものである．どのような条件を与えたら，もとを選択する確率が上がるか．A を買って B も買う確率は普通に B が買われる確率の何倍であるか，つまり，どのような条件 A を与えると B の確率が何倍となるかというものである．一般には 1 以上であれば有効なルールとみなされる．つまり，リフト値が極端に低い場合，意味のあるルールとはいえなくなる．利用する場合，パッケージ arules をインストールする．

$$(6.3) \qquad \frac{P(B|A)}{P(B)} = \frac{P(A \cap B)}{P(A)P(B)}$$

```
apriori(data, parameter = NULL, appearance = NULL, control = NULL)
```

デフォルトとして，支持度は 0.1，確信度は 0.8，最大の長さは 5 である．

例題 6.1

バナナ，みかん，りんごの 3 種の果物について，朝食での選択傾向を調べるため，以下の質問を行った．「朝食に食べたい果物をバナナ，みかん，りんごからいくつか選んでください．」そして，以下の結果が得られた．このデータについて，支持度，確信度，リフトをそれぞれ求めよ（アソシエーション分析せよ）．

バナナとりんごは同時に食べるか．りんごを食べるもとでバナナを食べる確率は？　何を食べたもと
でとすればりんごを食べる確率が上がるか．などを考える．

[予備解析]

手順1　データの読み込み

【データ】▶【データのインポート】▶【テキストファイルまたはクリップボード，URL から...】を
選択し，ダイアログボックスで，フィールドの区切り記号としてカンマにチェックをいれて，[OK] を
左クリックする．そしてフォルダからファイル（rei61.csv）を指定後，[開く (O)] を左クリックする．
さらに [データセットを表示] をクリックすると，図 6.1 のようにデータが表示される．

```
> library(arules)   #ライブラリの利用
> rei61 <- read.table("C:/R で学ぶデータサイエンス/data/rei61.csv",
  header=TRUE, sep=",", na.strings="NA", dec=".", strip.white=TRUE)
> rei61.mat<-as(rei61,"matrix")   #matrix に変換する
> rei61.mat
     バナナ みかん りんご
[1,]     0      0      1
[2,]     1      1      1
[3,]     1      1      0
[4,]     0      1      0
[5,]     0      1      0
[6,]     1      1      1
> rei61.trn<-as(rei61.mat,"transactions")   #transactions に変換する
> rei61.trn
transactions in sparse format with
 6 transactions (rows) and
 3 items (columns)
```

[解析]

手順1　項目ごとの頻度を求める．

```
> itemFrequencyPlot(rei61.trn,type="absolute")
```

手順2　条件別にルールを求める．

```
> rei61.ap<-apriori(rei61.trn)   #apriori の適用
Parameter specification:
 confidence minval smax arem  aval originalSupport support minlen maxlen target
        0.8    0.1    1 none FALSE           TRUE     0.1      1     10  rules
 ext
 FALSE
Algorithmic control:
 filter tree heap memopt load sort verbose
    0.1 TRUE TRUE  FALSE TRUE    2    TRUE
apriori - find association rules with the apriori algorithm
version 4.21 (2004.05.09)        (c) 1996-2004   Christian Borgelt
set item appearances ...[0 item(s)] done [0.00s].
set transactions ...[3 item(s), 6 transaction(s)] done [0.00s].
sorting and recoding items ... [3 item(s)] done [0.00s].
creating transaction tree ... done [0.00s].
checking subsets of size 1 2 3 done [0.00s].
writing ... [4 rule(s)] done [0.00s].
creating S4 object  ... done [0.00s].
```

```
> rei61.ap    #rei61.ap を表示する
set of 4 rules   #4 個のルールがある
> rei61.ap1<-apriori(rei61.trn,parameter=list(supp=0.01,maxlen=5))
Parameter specification:
 confidence minval smax arem  aval originalSupport support minlen maxlen target
       0.8    0.1    1 none FALSE          TRUE    0.01      1      5  rules
   ext
   FALSE
Algorithmic control:
 filter tree heap memopt load sort verbose
    0.1 TRUE TRUE  FALSE TRUE    2    TRUE
apriori - find association rules with the apriori algorithm
version 4.21 (2004.05.09)       (c) 1996-2004   Christian Borgelt
set item appearances ...[0 item(s)] done [0.00s].
set transactions ...[3 item(s), 6 transaction(s)] done [0.00s].
sorting and recoding items ... [3 item(s)] done [0.00s].
creating transaction tree ... done [0.00s].
checking subsets of size 1 2 3 done [0.00s].
writing ... [4 rule(s)] done [0.00s].
creating S4 object  ... done [0.00s].
> inspect(head(sort(rei61.ap,by="support"),n=3))
  lhs          rhs          support confidence lift
1 {}        => {みかん} 0.8333333  0.8333333   1.0
2 {バナナ} => {みかん} 0.5000000  1.0000000   1.2
3 {バナナ, りんご} => {みかん} 0.3333333  1.0000000   1.2
```

支持度の大きい順に 3 個表示した結果を表示している.

（参考）

```
op <- options()
options(digits=2)   #表示桁数の変更
> library(arules)      #ライブラリの利用
> data=list(c("りんご"),c("バナナ","みかん","りんご"),
c("バナナ","みかん"),c("みかん"),
c("みかん"),c("バナナ","みかん","りんご"))
> data
[[1]]
[1] "りんご"
[[2]]
[1] "バナナ" "みかん" "りんご"
[[3]]
[1] "バナナ" "みかん"
[[4]]
[1] "みかん"
[[5]]
[1] "みかん"
[[6]]
[1] "バナナ" "みかん" "りんご"
> data.trn<-as(data,"transactions")
> data.trn
transactions in sparse format with
 6 transactions (rows) and
```

```
 3 items (columns)
 > class(data.trn)
[1] "transactions"
attr(,"package")
[1] "arules"
> as(data.trn,"matrix")
   バナナ みかん りんご
1      0      0      1
2      1      1      1
3      1      1      0
4      0      1      0
5      0      1      0
6      1      1      1
> as(data.trn,"data.frame")
                  items
1               {りんご}
2 {バナナ, みかん, りんご}
3        {バナナ, みかん}
4               {みかん}
5               {みかん}
6 {バナナ, みかん, りんご}
> data.ap<-apriori(data.trn)
Parameter specification:
 confidence minval smax arem  aval originalSupport support minlen maxlen target
        0.8    0.1    1 none FALSE            TRUE     0.1      1     10  rules
   ext
   FALSE
Algorithmic control:
 filter tree heap memopt load sort verbose
    0.1 TRUE TRUE  FALSE TRUE    2    TRUE
apriori - find association rules with the apriori algorithm
version 4.21 (2004.05.09)        (c) 1996-2004    Christian Borgelt
set item appearances ...[0 item(s)] done [0.00s].
set transactions ...[3 item(s), 6 transaction(s)] done [0.00s].
sorting and recoding items ... [3 item(s)] done [0.00s].
creating transaction tree ... done [0.00s].
checking subsets of size 1 2 3 done [0.00s].
writing ... [4 rule(s)] done [0.00s].
creating S4 object  ... done [0.00s].
> inspect(head(sort(data.ap,by="support"),n=3))
  lhs         rhs          support confidence lift
1 {}       => {みかん} 0.8333333  0.8333333  1.0
2 {バナナ} => {みかん} 0.5000000  1.0000000  1.2
3 {バナナ,
   りんご} => {みかん} 0.3333333  1.0000000  1.2
> data.ap1<-apriori(data.trn,parameter=list(supp=0.2,maxlen=3))
Parameter specification:
 confidence minval smax arem  aval originalSupport support minlen maxlen target
        0.8    0.1    1 none FALSE            TRUE     0.2      1      3  rules
   ext
   FALSE
Algorithmic control:
```

```
filter tree heap memopt load sort verbose
  0.1 TRUE TRUE  FALSE TRUE   2    TRUE


apriori - find association rules with the apriori algorithm
version 4.21 (2004.05.09)     (c) 1996-2004   Christian Borgelt
set item appearances ...[0 item(s)] done [0.00s].
set transactions ...[3 item(s), 6 transaction(s)] done [0.00s].
sorting and recoding items ... [3 item(s)] done [0.00s].
creating transaction tree ... done [0.00s].
checking subsets of size 1 2 3 done [0.00s].
writing ... [4 rule(s)] done [0.00s].
creating S4 object  ... done [0.00s].
```

手順2　条件に合うルールを求める.

```
> inspect(head(sort(data.ap1,by="support"),n=10))
  lhs         rhs      support confidence lift
1 {}       => {みかん} 0.8333333 0.8333333  1.0
2 {バナナ} => {みかん} 0.5000000 1.0000000  1.2
3 {バナナ,
   りんご} => {みかん} 0.3333333 1.0000000  1.2
4 {みかん,
   りんご} => {バナナ} 0.3333333 1.0000000  2.0
```

表 6.1　果物の好みのデータ

No. \ 項目	バナナ	みかん	りんご
1	0	0	1
2	1	1	1
3	1	1	0
4	0	1	0
5	0	1	0
6	1	1	1

図 6.1　データ

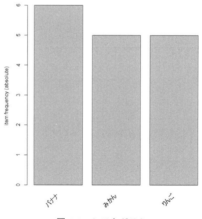

図 6.2　ヒストグラム

```
as.matrix(rei61)
rei62.trn<-as(rei61,"transactions")
rei62.trn
rei62.ap<-apriori(rei61.trn)
rei62.ap
rei62.ap1<-apriori(rei61.trn,parameter=list(supp=0.01,maxlen=5))
inspect(head(sort(rei61.ap,by="support"),n=6))
```

演習 6.1 ラーメン，パスタ，やきそばについて例題 6.1 と同様なアンケートをとり，アソシエーション分析せよ． ◁

演習 6.2 パッケージ arules に付随している収入データ Income についてアソシエーション分析せよ． ◁

6.2.2 ルールのクラスタ分析

対象間の非類似性を測る関数 dissimilarity を利用する．

例題 6.2

パッケージ arules に付随している食品データ Groceries についてアソシエーション分析を行ってみよう．

[予備解析]
手順 1 データの読み込み

図 6.3 データの指定

図 6.4 ヒストグラムの指定

library(arules) を実行しておく．そして，【データ】▶【パッケージ内のデータ】▶【アタッチされたパッケージからデータセットを読み込む...】を選択し，ダイアログボックスで，パッケージから arules を選択し，データセットから Groceries を選択し，OK をクリックする．

```
> library(arules)    #ライブラリの利用
> data(Groceries, package="arules")    #または data(Groceries)
> Groceries
transactions in sparse format with
 9835 transactions (rows) and
 169 items (columns)
> Gr.mat<-as(Groceries,"matrix")
> head(Gr.mat[,1:5])    #1 列から 5 列について，先頭の 6 個を表示
     frankfurter sausage liver loaf ham meat
[1,]           0       0     0    0   0    0
[2,]           0       0     0    0   0    0
[3,]           0       0     0    0   0    0
[4,]           0       0     0    0   0    0
[5,]           0       0     0    0   0    0
[6,]           0       0     0    0   0    0
> itemFrequencyPlot(Groceries[,1:20],horiz=T)    #1 列から 20 列について，棒グラフを描
く　図 6.5
```

図 6.5 に頻度の棒グラフを描く．

[本解析]
手順 1 項目ごとの頻度

```
> summary(Groceries)
transactions as itemMatrix in sparse format with
```

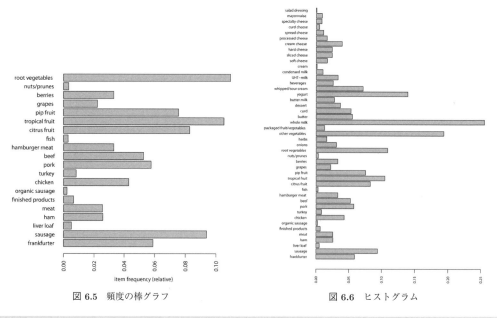

図 6.5 頻度の棒グラフ　　　　　図 6.6 ヒストグラム

```
9835 rows (elements/itemsets/transactions) and
169 columns (items) and a density of 0.02609146

most frequent items:
    whole milk other vegetables       rolls/buns         soda
         2513            1903              1809          1715
       yogurt         (Other)
         1372           34055

element (itemset/transaction) length distribution:
sizes
   1    2    3    4    5    6    7    8    9   10   11   12   13   14   15   16
2159 1643 1299 1005  855  645  545  438  350  246  182  117   78   77   55   46
  17   18   19   20   21   22   23   24   26   27   28   29   32
  29   14   14    9   11    4    6    1    1    1    1    3    1
> Gr.mat<-as(Groceries,"matrix")
>  head(Gr.mat[,1:5])
     frankfurter sausage liver loaf ham meat
[1,]           0       0          0   0    0
[2,]           0       0          0   0    0
[3,]           0       0          0   0    0
[4,]           0       0          0   0    0
[5,]           0       0          0   0    0
[6,]           0       0          0   0    0

> itemFrequencyPlot(Groceries[,1:45],horiz=T)   #図 6.6
> itemFrequencyPlot(Groceries[,46:90],horiz=T)
> itemFrequencyPlot(Groceries[,91:135],horiz=T)
> itemFrequencyPlot(Groceries[,136:169],horiz=T)
```

手順 2　apriori 関数の適用

```
> Gr.ap<-apriori(Groceries)   #apriori 関数の適用
```

6.2 アソシエーションルールと評価指標　　　　　　　　　　81

```
parameter specification:
 confidence minval smax arem  aval originalSupport support minlen maxlen target
       0.8    0.1    1 none FALSE          TRUE    0.1      1     10 rules
   ext
 FALSE
algorithmic control:
 filter tree heap memopt load sort verbose
    0.1 TRUE TRUE  FALSE TRUE    2    TRUE

apriori - find association rules with the apriori algorithm
version 4.21 (2004.05.09)        (c) 1996-2004   Christian Borgelt
set item appearances ...[0 item(s)] done [0.00s].
set transactions ...[169 item(s), 9835 transaction(s)] done [0.00s].
sorting and recoding items ... [8 item(s)] done [0.00s].
creating transaction tree ... done [0.00s].
checking subsets of size 1 2 done [0.02s].
writing ... [0 rule(s)] done [0.00s].
creating S4 object  ... done [0.00s].
> Gr.ap1<-apriori(Groceries,parameter=list(support=0.001,confidence=0.001,
+ minlen=2,maxlen=5))   #条件に合うルールを選択
parameter specification:
 confidence minval smax arem  aval originalSupport support minlen maxlen target
      0.001    0.1    1 none FALSE          TRUE  0.001      2      5 rules
   ext
 FALSE
algorithmic control:
 filter tree heap memopt load sort verbose
    0.1 TRUE TRUE  FALSE TRUE    2    TRUE

apriori - find association rules with the apriori algorithm
version 4.21 (2004.05.09)        (c) 1996-2004   Christian Borgelt
set item appearances ...[0 item(s)] done [0.00s].
set transactions ...[169 item(s), 9835 transaction(s)] done [0.00s].
sorting and recoding items ... [157 item(s)] done [0.00s].
creating transaction tree ... done [0.02s].
checking subsets of size 1 2 3 4 5 done [0.00s].
writing ... [40883 rule(s)] done [0.02s].
creating S4 object  ... done [0.01s].
```

手順 3 ルールの導出

支持度と確信度にさらに条件をつけて表示する.

```
> Gr.ap<-apriori(Groceries,parameter=list(support=0.005,confidence=0.01))
parameter specification:
 confidence minval smax arem  aval originalSupport support minlen maxlen target
       0.01    0.1    1 none FALSE          TRUE  0.005      1     10 rules
   ext
 FALSE
algorithmic control:
 filter tree heap memopt load sort verbose
    0.1 TRUE TRUE  FALSE TRUE    2    TRUE
apriori - find association rules with the apriori algorithm
```

```
version 4.21 (2004.05.09)        (c) 1996-2004    Christian Borgelt
set item appearances ...[0 item(s)] done [0.00s].
set transactions ...[169 item(s), 9835 transaction(s)] done [0.00s].
sorting and recoding items ... [120 item(s)] done [0.00s].
creating transaction tree ... done [0.00s].
checking subsets of size 1 2 3 4 done [0.00s].
writing ... [2138 rule(s)] done [0.00s].
creating S4 object ... done [0.02s].
```

手順4　条件に合うルールの導出

例として，右辺（結論部）にpork（豚肉）を含むルールを導出する．

```
> rule.pork<-subset(Gr.ap,subset=rhs %in%"pork")
> inspect(head(SORT(rule.pork,by="confidence"),n=5))   #確信度が高い順に5個表示す
る
  lhs                rhs       support confidence    lift
1 {root vegetables,
   other vegetables} => {pork} 0.007015760  0.1480687 2.568352
2 {beef}            => {pork} 0.007625826  0.1453488 2.521174
3 {root vegetables,
   whole milk}      => {pork} 0.006812405  0.1392931 2.416134
4 {other vegetables,
   whole milk}      => {pork} 0.010167768  0.1358696 2.356750
5 {chicken}         => {pork} 0.005795628  0.1350711 2.342900
```

[非類似度に基づくルールのクラスター分析]

ルール間の違いをみるため関数 dissimilarity() を利用する．なお，method には"jaccard"，"matching"，"dice"，"affinity"を指定できる．

```
> d<-dissimilarity(rule.pork,method="matching")
> plot(hclust(d,"ward"),hang=-1)   #図6.7
> class1<-hclust(d,"ward")$order[1:22]
> inspect(rule.pork[class1])
   lhs                   rhs       support confidence    lift
1  {yogurt}           => {pork} 0.009557702 0.06851312 1.188407
2  {soda}             => {pork} 0.011896289 0.06822157 1.183350
3  {tropical fruit}   => {pork} 0.008540925 0.08139535 1.411858
4  {bottled water}    => {pork} 0.007422471 0.06715731 1.164889
5  {sausage}          => {pork} 0.006507372 0.06926407 1.201432
6  {shopping bags}    => {pork} 0.006405694 0.06501548 1.127738
7  {citrus fruit}     => {pork} 0.006507372 0.07862408 1.363788
8  {pastry}           => {pork} 0.006304016 0.07085714 1.229065
9  {pip fruit}        => {pork} 0.006100661 0.08064516 1.398845
10 {whipped/sour cream} => {pork} 0.008235892 0.11489362 1.992908
11 {domestic eggs}    => {pork} 0.005592272 0.08814103 1.528866
12 {newspapers}       => {pork} 0.006609049 0.08280255 1.436266
13 {butter}           => {pork} 0.005490595 0.09908257 1.718654
14 {margarine}        => {pork} 0.006405694 0.10937500 1.897184
15 {brown bread}      => {pork} 0.005592272 0.08620690 1.495317
16 {bottled beer}     => {pork} 0.005185562 0.06439394 1.116957
17 {frankfurter}      => {pork} 0.005897306 0.10000000 1.734568
18 {napkins}          => {pork} 0.005185562 0.09902913 1.717727
```

6.2 アソシエーションルールと評価指標

```
19 {beef}              => {pork} 0.007625826 0.14534884 2.521174
20 {frozen vegetables} => {pork} 0.006405694 0.13319239 2.310312
21 {}                  => {pork} 0.057651246 0.05765125 1.000000
22 {chicken}           => {pork} 0.005795628 0.13507109 2.342900

> class2<-hclust(d,"ward")$order[23:25]
> inspect(rule.pork[class2])
  lhs                   rhs      support     confidence   lift
1 {whole milk,
   rolls/buns}       => {pork} 0.006202339 0.10951526 1.899617
2 {rolls/buns}       => {pork} 0.011286223 0.06135987 1.064329
3 {other vegetables,
   rolls/buns}       => {pork} 0.005592272 0.13126492 2.276879
> class3<-hclust(d,"ward")$order[26:27]

> inspect(rule.pork[class3])
  lhs                   rhs      support     confidence   lift
1 {whole milk}       => {pork} 0.022165735 0.08674891 1.504719
2 {root vegetables,
   whole milk}       => {pork} 0.006812405 0.13929314 2.416134
> inspect(rule.pork[class4])
  lhs                   rhs      support     confidence   lift
1 {root vegetables}  => {pork} 0.01362481  0.1250000  2.168210
2 {root vegetables,
   other vegetables} => {pork} 0.00701576  0.1480687  2.568352

> class5<-hclust(d,"ward")$order[30:31]
> inspect(rule.pork[class5])
  lhs                   rhs      support     confidence   lift
1 {other vegetables} => {pork} 0.02165735  0.1119285  1.941476
2 {other vegetables,
   whole milk}       => {pork} 0.01016777  0.1358696  2.356750
```

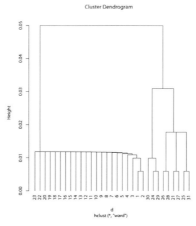

図 6.7 pork に関するルールのデンドログラム

```
> beefrules<-subset(Gr.ap,subset=rhs %in%"beef")
```

```
> inspect(head(SORT(beefrules,by="confidence"),n=3))    #確信度が高い順に 3 個表示
    lhs                        rhs             support   confidence    lift
1 {root vegetables,
    other vegetables} => {beef} 0.007930859  0.1673820 3.190313
2 {root vegetables,
    whole milk}       => {beef} 0.008032537  0.1642412 3.130449
3 {root vegetables}   => {beef} 0.017386884  0.1595149 3.040367


> inspect(head(sort(Gr.ap1,by="confidence"),5))    #Gr.ap1 で確信度が高い順に 5 個表示
    lhs                    rhs            support   confidence    lift
1 {rice,
    sugar}           => {whole milk} 0.001220132          1 3.913649
2 {canned fish,
    hygiene articles} => {whole milk} 0.001118454          1 3.913649
3 {root vegetables,
    butter,
    rice}            => {whole milk} 0.001016777          1 3.913649
4 {root vegetables,
    whipped/sour cream,
    flour}           => {whole milk} 0.001728521          1 3.913649
5 {butter,
    soft cheese,
    domestic eggs}   => {whole milk} 0.001016777          1 3.913649
> inspect(head(sort(Gr.ap1,by="lift"),5))    #Gr.ap1 でリフト値が高い順に 5 個表示
    lhs                    rhs                      support   confidence    lift
1 {bottled beer,
    red/blush wine}  => {liquor}                0.001931876 0.3958333 35.71579
2 {hamburger meat,
    soda}            => {Instant food products} 0.001220132 0.2105263 26.20919
3 {ham,
    white bread}     => {processed cheese}      0.001931876 0.3800000 22.92822
4 {root vegetables,
    other vegetables,
    whole milk,
    yogurt}          => {rice}                  0.001321810 0.1688312 22.13939
5 {bottled beer,
    liquor}          => {red/blush wine}        0.001931876 0.4130435 21.49356
> rules.sub<-subset(Gr.ap1,subset=rhs %in% "rice" & lift>5)
#Gr.ap1 で右辺に rice を含みリフトが 5 より大のルールを導出
> d<-dissimilarity(rules.sub,method="jaccard")    #jaccard でその非類似度をはかる
> plot(hclust(d,"ward"),hang=-1)    #図 6.8 ward 法によりデンドログラムを作成
```

ここではさらに，抽出したルールに関して分類しその特徴をみてみよう．関数 dissimilarity を利用する．

```
rules.sub<-subset(Gr.ap, subset=rhs %in% "      "& lift>2)    #リフトが 2 以上
d<-dissimilarity(rules.sub,method="jaccard")
plot(hclust(d,"ward",hang=-1)
```

[階層的クラスター分析]

各クラスターの解釈をする．豚肉を買う人のなかでも，同時にロールパンを買う人，同時に root vegetables を買う人，同時に whole milk を買う人，同時に other vegetables を買う人，にクラスター分けされる．

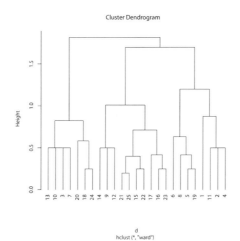

図 6.8 rice に関するルールのデンドログラム

（参考） 他の果物の例での選択についてのアソシエーション解析の例

```
> library(arules)
>reifr <- read.table("reifruits.csv",
  header=TRUE, sep=",", na.strings="NA", dec=".", strip.white=TRUE)
> reifr.mat<-as(reifr,"matrix")
> reifr.mat
     banana orange apple
[1,]      0      0     1
[2,]      1      1     1
[3,]      1      1     0
[4,]      0      1     0
[5,]      0      1     0
[6,]      1      1     1
> reifr.trn<-as(reifr.mat,"transactions")
> reifr.trn
transactions in sparse format with
 6 transactions (rows) and
 3 items (columns)
> reifr.ap<-apriori(reifr.trn)
Parameter specification:
confidence minval smax arem aval originalSupport support minlen maxlen target ext
    0.8    0.1    1 none FALSE            TRUE     0.1      1     10  rules FALSE

Algorithmic control:
 filter tree heap memopt load sort verbose
    0.1 TRUE TRUE  FALSE TRUE    2    TRUE

apriori - find association rules with the apriori algorithm
version 4.21 (2004.05.09)        (c) 1996-2004   Christian Borgelt
set item appearances ...[0 item(s)] done [0.00s].
set transactions ...[3 item(s), 6 transaction(s)] done [0.00s].
sorting and recoding items ... [3 item(s)] done [0.00s].
```

```
creating transaction tree ... done [0.00s].
checking subsets of size 1 2 3 done [0.00s].
writing ... [4 rule(s)] done [0.00s].
creating S4 object  ... done [0.00s].
> reifr.ap
set of 4 rules
> reifr.ap1<-apriori(reifr.trn,parameter=list(supp=0.01,maxlen=5))
Parameter specification:
confidence minval smax arem aval originalSupport support minlen maxlen target ext
   0.8    0.1   1 none FALSE          TRUE   0.01    1     5  rules FALSE


Algorithmic control:
 filter tree heap memopt load sort verbose
   0.1 TRUE TRUE  FALSE TRUE   2    TRUE


apriori - find association rules with the apriori algorithm
version 4.21 (2004.05.09)     (c) 1996-2004   Christian Borgelt
set item appearances ...[0 item(s)] done [0.00s].
set transactions ...[3 item(s), 6 transaction(s)] done [0.00s].
sorting and recoding items ... [3 item(s)] done [0.00s].
creating transaction tree ... done [0.00s].
checking subsets of size 1 2 3 done [0.00s].
writing ... [4 rule(s)] done [0.00s].
creating S4 object  ... done [0.00s].
> inspect(head(sort(reifr.ap,by="support"),n=3))
  lhs        rhs         support confidence lift
1 {}       => {orange} 0.8333333  0.8333333  1.0
2 {banana} => {orange} 0.5000000  1.0000000  1.2
3 {banana,
   apple}  => {orange} 0.3333333  1.0000000  1.2reifr.mat<-as(reifr,"matrix")
```

演習 6.3 パッケージ arules に付随する収入に関するデータ Income についてバスケット分析をせよ. ◁

演習 6.4 パッケージ arules に付随するデータ Adult に関してアソシエーション分析せよ. ◁

7

生存時間分析

7.1　生存時間分析とは

　事象が起こるまでの時間と事象との間の関係に着目して分析する方法である．工学分野では信頼性工学として製品の故障を対象に，医学分野では死亡，経済分野では倒産に関連して適用されている．

　なお，信頼性の三大要素としては次のことが考えられている．

① 耐久性（durability）：寿命が長く，故障の少ないこと．

② 保全性（maintainability）：故障が起きても修復しやすく，日常の整備が簡単であること．故障や事故を未然に防止しやすいこと．

③ 設計信頼性（design reliability）：設計を行う段階で決定される信頼性をいう．

　故障するまでの時間（寿命時間）T の確率密度関数を $f(t)$，分布関数を $F(t) = P(T \leq t)$ とする．特に人の生存時間に関する分布を寿命分布という．$f(t)$ を故障密度関数，$F(t)$ を故障（または寿命）分布関数（不信頼度関数）ともいう．そこで，$R(t) = P(T > t) = 1 - F(t)$ を信頼度関数という．また，生存関数ともいう．そのため $S(t)$ で表す本も多い．また，平均故障寿命（mean time to failure）は，

$$(7.1) \qquad MTTF = \int_0^\infty tf(t)dt = -\Big[tR(t)\Big]_0^\infty + \int_0^\infty R(t)dt = \int_0^\infty R(t)dt$$

で定義される．また，

$$(7.2) \qquad \int_0^{B_{10}} f(t)dt = 0.10$$

を満たす B_{10} をビーテンライフという．つまり全体の 10% が故障する（90% が故障しない）確率である時間をいう．

7.2　解 析 の 方 法

　以下の 3 つに分類できる（詳細は 10 章）．

　(1) パラメトリック法：　寿命分布の分布型が既知で，含まれる母数が未知であるようなモデルを仮定して，解析する場合をいう．

　(2) セミパラメトリック法：　寿命分布の分布型が未知であり，含まれる母数も未知であるようなモデルを仮定して，解析する場合をいう．

　(3) ノンパラメトリック法：　寿命分布の分布型が未知であり，母数を用いないようなモデルを仮定して，解析する場合をいう．

　ある時点において，その時点まで動作を継続してきたシステムまたは機器が，その時点に引き続く単位時間の間に故障する確率を故障率（failure rate）という．そこで微小時間 Δt において故障する確率は，

$$(7.3) \qquad P(t < T < t + \Delta t | T > t)$$

である．また微小時間 Δt において，

$$(7.4) \qquad \frac{P(t < T < t + \Delta t | T > t)}{\Delta t}$$

を $(t, t + \Delta t)$ における平均故障率という．時間 $(0, t)$ での故障数を $N(t)$ とするとき，単位時間での故

障発生率 (failure rate) を瞬間故障率といい，次の式で表される．

(7.5) $$\lambda(t) = \lim_{\Delta t \to 0} \frac{P(N(t+\Delta t) - N(t) \geq 1)}{\Delta t}$$

または，

(7.6) $$\lambda(t) = \lim_{\Delta t \to 0} \frac{P(t < T < t+\Delta t | T > t)}{\Delta t}$$

で表される．故障率関数のグラフを**故障率曲線**という．

そして，この故障率は，

- 初期故障：単調減少（DFR）
- 偶発故障：一定（CFR）
- 摩耗故障：単調増加（IFR）

に大きく分類される．これらの故障率が組み合わされて時間的推移をたどり，代表的なパターンとして図 7.1 のバスタブ曲線が得られる．

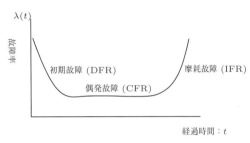

図 **7.1** バスタブ曲線

7.2.1 データの打ち切り

解析に用いるデータには以下の 4 種類がある．

a. 完全データ

対象とする製品すべてが故障するまで観測される時間データである場合．そこで，一部のデータのみ故障されるまで観測されない場合のデータを不完全データという．

b. タイプ I の打ち切りデータ

試験開始後，規定時間に達したら試験を打ち切る場合を定時打ち切り試験方式といい，得られるデータを定時（タイプ I）打ち切りデータという．

c. タイプ II の打ち切りデータ

試験開始後，故障発生個数が規定数に達したら試験を打ち切る場合を定数打ち切り試験方式といい，得られるデータを定数（タイプ II）打ち切りデータという．

d. ランダム打ち切りデータ

故障と打ち切りとがランダムに入り混じったデータをランダム打ち切りデータという．そこで，随意的な理由により観測が打ち切られるようなデータである．

以上のようなデータの分類をまとめると，図 7.2 のようになる．

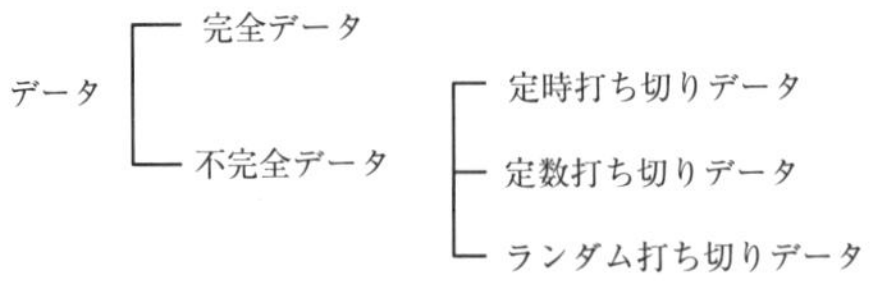

図 **7.2** データの分類

また，図 7.3 のような観測データが考えられる．

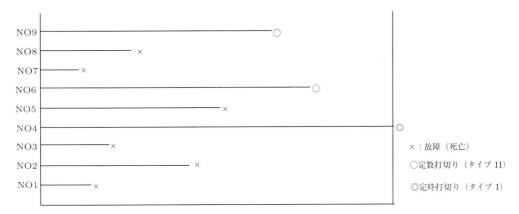

故障（生存，寿命）時間 $T \to$

図 **7.3** 故障時間とデータの打ち切り

7.2.2 主要な故障（寿命）分布の種類

a. 指 数 分 布

$$f(t) = \begin{cases} \lambda e^{-\lambda t} & t \geqq 0 \\ 0 & t \leqq 0 \end{cases} \tag{7.7}$$

λ：尺度母数である．

b. 二重指数分布

$$f(t) = \frac{1}{\sigma} \exp\left(\frac{t-\mu}{\sigma}\right) \exp\left\{-\exp\left(\frac{t-\mu}{\sigma}\right)\right\} \tag{7.8}$$

μ：位置母数（location parameter），σ：尺度母数である．

c. ワイブル分布

$$f(t) = \begin{cases} \dfrac{m}{\eta}\left(\dfrac{t}{\eta}\right)^{m-1} \exp\left\{-\left(\dfrac{t}{\eta}\right)^m\right\} & t \geqq 0 \\ 0 & t \leqq 0 \end{cases} \tag{7.9}$$

m：形状母数（shape parameter），η：尺度母数である．なお，$m=1$ のときは指数分布，$m=2$ のときはレイリー分布となる．

d. ガンマ分布

$$f(t) = \begin{cases} \dfrac{\lambda^k t^{k-1} e^{-\lambda t}}{\Gamma(k)} & t \geqq 0 \\ 0 & t \leqq 0 \end{cases} \tag{7.10}$$

e. 正 規 分 布

$$\frac{1}{\sqrt{2\pi}\sigma} \exp\left\{-\frac{(t-\mu)^2}{2\sigma^2}\right\} \tag{7.11}$$

μ：位置母数，σ：尺度母数である．

f. 対数正規分布

$$\frac{1}{\sqrt{2\pi}\sigma t} \exp\left\{-\frac{(\ln t - \mu)^2}{2\sigma^2}\right\} \tag{7.12}$$

g. 多変量正規分布

$$f(\boldsymbol{t}) = \frac{1}{(2\pi)^{p/2}|\boldsymbol{\Sigma}|^{1/2}} \exp\left\{-\frac{1}{2}(\boldsymbol{t}-\boldsymbol{\mu})^{\mathrm{T}} \boldsymbol{\Sigma}^{-1}(\boldsymbol{t}-\boldsymbol{\mu})\right\} \tag{7.13}$$

7.3 統計量の分布

7.3.1 順序統計量の分布

$T_1, T_2, \cdots, T_n$ を昇順に並び替えたときのデータを $T_{(1)}, T_{(2)}, \cdots, T_{(n)}$ とするとき，$t_i < T_{(i)} \leqq t_i + \Delta t_i$ である確率は，図 7.4 より

(7.14) $\quad P(t_i < T_{(i)} \leqq t_i + \Delta t_i) = \dfrac{n!}{(i-1)!(n-i)!} F(t_i)^{i-1}[F(t_i + \Delta t_i) - F(t_i)] + O(\Delta t_i^2)$

である．そこで，

(7.15) $\quad f_{(i)}(t_i) = \lim\limits_{\Delta t_i \to 0} \dfrac{P(t_i < T_{(i)} \leqq t_i + \Delta t_i)}{\Delta t_i}$

$\qquad = \dfrac{n!}{(i-1)!(n-i)!} F(t_i)^{i-1} f(t_i)(1 - F(t_i))^{n-i}$

$T_{(i)}$ の分布は

(7.16) $\quad f(t_{(i)}) = \dfrac{n!}{(i-1)!(n-i)!} F(t_{(i)})^{i-1} f(t_{(i)})(1 - F(t_{(i)}))^{n-i}$

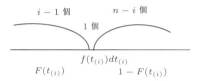

図 7.4 順序統計量の事象

i 番目の順序統計量の分布関数 $F_{(i)}(t)$ は，

(7.17) $\quad F_{(i)}(t) = P(T_{(i)} \leqq t) = \sum\limits_{k=i}^{n} \binom{n}{k} F(t)^k [1 - F(t)]^{n-k}$

(7.18) $\quad P(t_{r_1} < T_{(r_1)} \leqq t_{r_1} + \Delta t_{r_1}, \cdots, t_{r_k} < T_{(r_k)} \leqq t_{r_k} + \Delta t_{r_k})$

$= \dfrac{n!}{(r_1 - 1)!(r_2 - r_1 - 1)! \cdots (r_k - r_{k-1} - 1)!(n - r_k)!}$

$\quad F(t_{r_1})^{r_1 - 1}[F(t_{r_1} + \Delta t_{r_1}) - F(t_{r_1})] \times (1 - F(t_{r_1}))^{n - r_1} \times \cdots$

$\quad \times [F(t_{r_k}) - F(t_{r_{k-1}}) - 1]^{r_k - r_{k-1} - 1}[F(t_{r_k} + \Delta t_{r_k}) - F(t_{r_k})](1 - F(t_{r_k}))^{n - r_k} + O(\Delta t_i^2)$

(7.19) $\quad f_{(r_1) \cdots (r_k)}(t_{r_1}, \cdots, t_{r_k})$

$= \lim\limits_{\Delta t_{r_1} \to 0, \cdots, \Delta t_{r_k} \to 0} \dfrac{P(t_{r_1} < T_{(r_1)} \leqq t_{r_1} + \Delta t_{r_1}, \cdots, t_{r_k} < T_{(r_k)} \leqq t_{r_k} + \Delta t_{r_k})}{\Delta t_{r_1} \cdots \Delta t_{r_k}}$

$= \dfrac{n!}{(r_1 - 1)!(r_2 - r_1 - 1)! \cdots (r_k - r_{k-1} - 1)!(n - r_k)!} F(t_{r_1})^{r_1 - 1}(1 - F(t_{r_1}))^{n - r_1}$

$\quad \times \cdots \times [F(t_{r_k}) - F(t_{r_{k-1}}) - 1]^{r_k - r_{k-1} - 1}(1 - F(t_{r_k}))^{n - r_k} f_{(r_1)}(t_{r_1}) \times \cdots \times f_{(r_k)}(t_{r_k})$

$= \dfrac{n!}{(i-1)!(n-i)!} F(t_i)^{i-1} f(t_i)(1 - F(t_i))^{n-i}$

2 つの順序統計量 $T_{(i)}$ と $T_{(j)}$ について，$t_i < T_{(i)} \leqq t_i + \Delta t_i$ かつ $t_j < T_{(j)} \leqq t_j + \Delta t_j$ である確率は，

(7.20) $\quad f_{(i) \cdots (j)}(t_i, t_j)$

$= \lim\limits_{\Delta t_i \to 0, \Delta t_j \to 0} \dfrac{P(t_i < T_{(i)} \leqq t_i + \Delta t_i, t_j < T_{(j)} \leqq t_j + \Delta t_j)}{\Delta t_j \Delta t_j}$

$= \dfrac{n!}{(i-1)!(j-i-1)!(n-j)!} F(t_i)^{i-1}[F(t_j) - F(t_i)]^{j-i-1}(1 - F(t_j))^{n-j} f(t_i) f(t_j)$

● 範囲の分布

$W_{(ij)} = T_{(j)} - T_{(i)}$ の確率密度関数は，$T_{(i)}$ と $T_{(j)}$ の同時確率密度関数 $f_{(i)\cdots(j)}(t_{(i)}, t_{(j)})$ を求め，変数変換 $(t_{(i)}, t_{(j)}) \to (u = t_{(i)}, v = t_{(j)} - t_{(ij)})$ により，v の密度関数 $g(v)$ は

$$(7.21) \qquad g(v) = \int_{-\infty}^{\infty} f_{(i)\cdots(j)}(u, v+u) \left| \det \begin{pmatrix} \dfrac{\partial u}{\partial t_{(i)}}, \dfrac{\partial u}{\partial t_{(j)}} \\ \dfrac{\partial u}{\partial t_{(i)}}, \dfrac{\partial v}{\partial t_{(j)}} \end{pmatrix} \right| du$$

から求める．

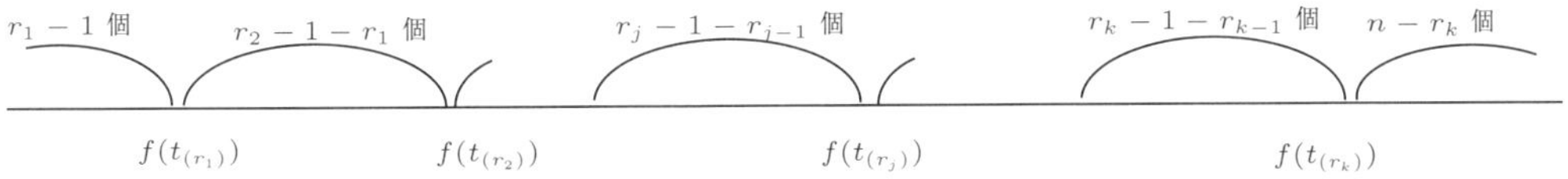

図 **7.5**　順序統計量の事象

$$(7.22) \qquad E(T_{(i)}) = \int_0^{\infty} t f_i(t) dt$$

$$(7.23) \qquad V(T_{(i)}) = \int_0^{\infty} t f_i(t) dt$$

7.4　寿命分布に基づく推定と検定

7.4.1　代表的な寿命分布とその推定

本節で与えられる分布について，おもに次の 4 方法が（母数の）推定に用いられている．a. 最尤法，b. 線形推定法，c. モーメント法，d. 確率紙を利用する方法である．ここでは，7.2.2 項 c のワイブル分布に関して，a～d でそれぞれ考えてみよう．

$$(7.24) \qquad f(t) = \begin{cases} \dfrac{m}{\eta} \left(\dfrac{t}{\eta} \right)^{m-1} \exp \left\{ -\left(\dfrac{t}{\eta} \right)^m \right\} & t \geqq 0 \\ 0 & t \leqq 0 \end{cases}$$

a.　最　尤　法

サンプルの大きさ n に対し，$t_{(1)} \leqq \cdots \leqq t_{(r)}$ で残り $n - r$ 個が $t_{(r)}$ で打ち切られたとする．このときの尤度は

$$(7.25) \quad L(m, \eta) = \frac{n!}{(n-r)!} \prod_{i=1}^{r} \left[\frac{m}{\eta} \left(\frac{t_i}{\eta} \right)^{m-1} \exp \left\{ -\left(\frac{t_i}{\eta} \right)^m \right\} \right] \left[\exp \left\{ -\left(\frac{t_r}{\eta} \right)^m \right\} \right]^{n-r}$$

なので，式 (7.25) を最大化する η，m が最尤推定量であり，次の連立方程式を解いた解の中に求める値がある．

$$(7.26) \qquad \frac{\partial \ln L}{\partial \eta} = 0, \qquad \frac{\partial \ln L}{\partial m} = 0$$

① 完全データの場合

$$(7.27) \qquad \frac{\sum\limits_{i=1}^{n} \ln t_i}{n} = \frac{\sum\limits_{i=1}^{n} t_i^m \ln t_i}{\sum\limits_{i=1}^{n} t_i^m} - \frac{1}{m}$$

$$(7.28) \qquad \eta^m = \frac{\sum\limits_{i=1}^{n} t_i^m}{n}$$

② 定時打ち切りデータの場合（タイプ I）

$$(7.29) \quad \frac{\sum\limits_{i=1}^{r} t_{(i)}^{m} \ln t_{(i)} + (n-r)t_{(r)}^{m} \ln t_{(r)}}{\sum t_i^m + (n-r)t_{(r)}} - \frac{\sum\limits_{i=1}^{r} \ln t_{(i)}}{r} = 0$$

$$(7.30) \quad \eta = \left\{ \frac{\sum\limits_{i=1}^{r} t_{(i)}^{m} + (n-r)t_{(r)}}{r} \right\}^{1/m}$$

③ 定数打ち切りデータの場合（タイプ II）

$$(7.31) \quad \frac{\sum\limits_{i=1}^{r} t_{(i)}^{m} \ln t_{(i)} + (n-r)t_0^m \ln t_0}{\sum t_i^m + (n-r)t_{(r)}} - \frac{\sum\limits_{i=1}^{r} \ln t_{(i)}}{r} = 0$$

$$(7.32) \quad \eta = \left\{ \frac{\sum\limits_{i=1}^{r} t_{(i)}^{m} + (n-r)t_0}{r} \right\}^{1/m}$$

④ ランダム打ち切りデータの場合

$$Z = \min(X, Y), \qquad X：故障するまでの時間, \qquad Y：観測可能時間$$

$$\delta = I[X \leqq Y], \delta = 1 \Rightarrow Z は故障データ, \delta = 0 \Rightarrow Z は打ち切りデータ$$

$$(Z, \delta)：ランダム打ち切りデータ$$

b. 線形推定法

線形で不偏な推定量の中で最も分散が小さい推定量を，**最良線形推定量**（best linear unbiased estimator：BLUE）という．

$$(7.33) \quad x = u + bE\{\ln \ln(1/(1-F))\} + \varepsilon$$

x を $Y_{(i)}$, $E\{\ln \ln(1/(1-F))\}$ を $X_{(i)}$ とおけば，

$$(7.34) \quad Y_{(i)} = u + bX_{(i)} + \varepsilon_{(i)}$$

となり，u, b は具体的にサンプル数 n，観測されたデータ数 r のとき，係数が表として与えられている．例えば，市田 [A6] の表 6.7 にある．実際 $n = 3$, $r = 2$ のとき，推定量は $a_{11} = -0.37770$, $a_{12} = 1.37770$, $a_{21} = -0.82210$, $a_{22} = 0.82210$ を以下に代入して計算する．

$$(7.35) \quad \widehat{u} = \sum_{i=1}^{2} a_{1i} \ln t_{(i)}$$

$$(7.36) \quad \widehat{b} = \sum_{i=1}^{2} a_{2i} \ln t_{(i)}$$

より

$$(7.37) \quad \widehat{m} = \frac{1}{b}, \ \widehat{\eta} = \exp(\widehat{u})$$

からもとの母数の推定量を求める．

c. モーメント法

$$(7.38) \quad E(X) = \eta \Gamma \left(1 + \frac{1}{m} \right)$$

$$(7.39) \quad V(X) = E(X^2) - \{E(X)\}^2 = \eta^2 \left\{ \Gamma \left(1 + \frac{2}{m} \right) - \Gamma^2 \left(1 + \frac{1}{m} \right) \right\}$$

を連立して解く．

d. 確率紙による推定法

分布関数は

$$(7.40) \quad F(t) = 1 - \exp \left\{ - \left(\frac{t}{\eta} \right)^m \right\}$$

なので，

$$(7.41) \qquad 1 - F(t) = \exp\left\{-\left(\frac{t}{\eta}\right)^m\right\}$$

と変形され，両辺の自然対数（ln）を 2 度とると

$$(7.42) \qquad \ln\ln\frac{1}{1-F(t)} = m\ln t - m\ln\eta$$

となる．そこで，

$Y = \ln\ln\dfrac{1}{1-F(t)}$, $X = \ln t$, $b = -m\ln\eta$ とおけば，

$$(7.43) \qquad Y = mX + b$$

となり，これは Y 切片が b で傾きが m（X について）の直線である．そこで，m と b を推定するためワイブル確率紙を以下のように利用する．

───── ワイブル確率紙の利用 ─────

手順 1 寿命データ昇順に並べたものを，$t_{(1)} \leqq t_{(2)} \leqq \cdots \leqq t_{(n)}$ とする．

手順 2 i 番目の累積確率 $F(t_{(i)})$ をメディアンランク表か，次の式により求める．

$$F(t_{(i)}) = \frac{i - 0.3}{n + 0.4}$$

手順 3 n 個の点 $(t_{(i)}, F(t_{(i)}))$ をワイブル確率紙に打点する．

手順 4 打点された n 個の点に直線を当てはめる．

手順 5 当てはめた直線に平行で m の推定点を通る直線を引き，これが $X = 0$ と交わる Y 軸の値の絶対値を読み取り，m の推定値とする．

手順 6 当てはめた直線と $Y = 0$ の交点の X 軸の値を読み取り，η の推定値とする．

手順 7 MTTF は μ/η 尺の目盛を読み取り，手順 6 で求めた η の値をかけて推定値とする．

また，縦軸に累積ハザード $H(t)$ をとったワイブル型累積ハザード紙も利用されている．ランダム打ち切りデータの場合にも利用できる．

$R(t) = \exp(-H(t))$ より，$-H(t) = \ln R(t)$ だから，$\ln 1/R(t) = H(t)$．そこで，

$$(7.44) \qquad \ln H(t) = \ln\ln\frac{1}{1-F(t)} = m\ln t - m\ln\eta$$

───── ワイブル型累積ハザード紙の利用 ─────

手順 1 寿命データ昇順に並べたものを，$t_{(1)} \leqq t_{(2)} \leqq \cdots \leqq t_{(n)}$ とする．

手順 2 故障と打ち切りを示す δ_i を記入する（$\delta_i = 0$：打ち切り，$\delta_i = 1$：故障を示す）．

手順 3 各データに値の大きいほうから順位 K_i をつける．

手順 4 故障データについて，K_i の逆数 $1/K_i$ を求める．

手順 5 故障データについて，累積ハザード関数 $H(t)$ を逆順位の逆数の和として求める．

手順 6 n 個の故障データの点 $(t_{(i)}, H(t_{(i)}))$ をワイブル型累積ハザード紙に打点する．

手順 7 打点された n 個の点に直線を当てはめる．

手順 8 直線の傾きを $\ln t$ 軸と $\ln H(t)$ 軸より求める．当てはめた直線に平行で m の推定点を通る直線を引き，これが $X = 0$ と交わる Y 軸の値の絶対値を読み取り，m の推定値とする．

手順 9 当てはめた直線と $\ln H(t)$ の 0 との交点の t 軸の値を読み取り，η の推定値とする．

手順 10 MTTF は μ/η 尺の目盛を読み取り，手順 6 で求めた η の値をかけて推定値とする．

手順 11 $F(t)$ 軸の 10％と，当てはめた直線の交点の t 軸の値を B_{10} ライフの推定値とする．

他の分布：(1) 指数分布，(2) 極値分布と二重指数分布，(3) ガンマ分布，(4) 正規分布，(5) 対数正規分布などについても同様に考えられている．

─── 例題 7.1 ──────────────────────────────
パッケージ survival に付随しているデータ rats について予備解析せよ．
──────────────────────────────────────

[予備解析]

手順 1 ライブラリの導入とデータの読み込み

以下のように library（パッケージ名）を入力して，パッケージ survival と MASS を読み込む．

```
>library(survival);library(MASS)   #パッケージ survival，パッケージ MASS を読み込む
```

【データ】▶【パッケージ内のデータ】▶【アタッチされたパッケージからデータセットを読み込む...】を選択し，ダイアログボックスで，パッケージから survival を選択し，データセットから rats を選択し，[OK] を左クリックする．そして [データセットを表示] をクリックすると，図 7.7 のようにデータが表示される．

図 7.6 読み込むデータのファイル指定

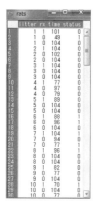
図 7.7 データの表示

```
>data(rats, package="survival") # >data(rats) のように入力してもデータを読み込める
> showData(rats, placement='-20+200', font=getRcmdr('logFont'),
maxwidth=80, maxheight=30)
```

手順 2 基本統計量の計算

【統計量】▶【要約】▶【アクティブデータセット】から以下の出力が得られる．

```
> summary(rats)    #rats の要約
    litter           rx              time           status
 Min.   : 1.0    Min.   :0.0000   Min.   : 34.00   Min.   :0.0000
 1st Qu.:13.0    1st Qu.:0.0000   1st Qu.: 78.25   1st Qu.:0.0000
 Median :25.5    Median :0.0000   Median : 94.50   Median :0.0000
 Mean   :25.5    Mean   :0.3333   Mean   : 89.43   Mean   :0.2667
 3rd Qu.:38.0    3rd Qu.:1.0000   3rd Qu.:104.00   3rd Qu.:1.0000
 Max.   :50.0    Max.   :1.0000   Max.   :104.00   Max.   :1.0000
```

【統計量】▶【要約】▶【数値による要約...】から，データで変数として 4 個とも選択し，統計量ですべてにチェックを入れ，[OK] を左クリックすると以下の出力が得られる．

```
> numSummary(rats[,c("litter", "rx", "status", "time")],
+   statistics=c("mean", "sd", "IQR", "quantiles", "cv", "skewness",
+   "kurtosis"), quantiles=c(0,.25,.5,.75,1), type="2")
            mean         sd      IQR         cv    skewness    kurtosis 0%
```

```
litter  25.5000000 14.4792144 25.00 0.5678123  0.0000000 -1.2008829  1
rx       0.3333333  0.4729838  1.00 1.4189513  0.7142694 -1.5101351  0
status   0.2666667  0.4436981  1.00 1.6638679  1.0659792 -0.8755422  0
time    89.4266667 17.2771901 25.75 0.1931995 -1.1508037  0.7043353 34
           25%   50%   75% 100%    n
litter  13.00  25.5    38   50  150
rx       0.00   0.0     1    1  150
status   0.00   0.0     1    1  150
time    78.25  94.5   104  104  150
```

手順 3 グラフ化

【グラフ】▶【インデックスプロット...】▶【time】を選択し，オプションで適宜入力・選択して OK をクリックすると図 7.8 が表示される．横軸が個体（製品）ごととして，縦方向に寿命（故障）時間を描いている．途中で切れていることが死亡（故障）または打ち切りの発生を表している．なお，status の 0（打ち切り）か，1（死亡）かは図では明記されない．

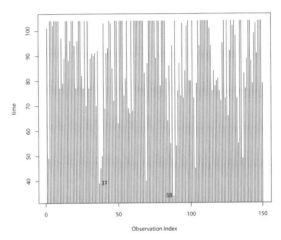

図 7.8　寿命（故障）時間のインデックスプロット

```
> with(rats, indexplot(time, type='h', id.method='y', id.n=2,
+     labels=rownames(rats)))
88 37
88 37
```

演習 7.1 データ gehan（パッケージ MASS に付随している），kidney（パッケージ survival に付随している）について，それぞれ読み込んで例題 7.1 のように予備解析せよ．　　　　◁

7.4.2　パラメトリックモデル

母数が決まれば分布が決まるようなパラメトリックモデルとして，7.2 節で与えられる分布がある．そして，母数を最尤法，モーメント法，線形推定法により推定する方法が提案されている．ここで，(1) 指数分布の場合について，a. 最尤法，b. 線形推定法，c. モーメント法，d. 確率紙（ワイブル確率紙，ワイブル型累積ハザード確率紙）の利用を考えてみよう．

パッケージ survival には，パラメトリック生存モデルを当てはめる関数 **survreg** がある．書式は survreg(formula=formula(data), dist="weibull", ⋯) である．

分布（dist）にオプションとして指数分布（exponential），正規分布（gaussian），対数正規分布（lognormal），ロジスティック分布（logistic），対数ロジスティック分布（loglogistic）が用意されている．

例題 7.2

ある電機会社では，電子部品を製造している．今回新たに開発した部品の信頼性を測るため，12個の試作品について加速寿命試験を行った．得られた結果を表 7.1 に示す．なお，100 時間単位で試験を打ち切ったため，2つの試作品は未故障であった．以下の生存データについて，ワイブル確率紙を利用して解析せよ．

以下の設問に答えよ．

(1) ワイブル確率紙を用いて，形状パラメータ (m)，平均故障時間 (MTTF) を推定せよ．また，推定された形状パラメータ (m) の値から，どの故障のパターンと考えられるかも示せ．
(2) B_{10} ライフを推定せよ．
(3) 50 時間単位における信頼度を求めよ．
(4) この電子部品を並列冗長系にすることで，50 時間単位における信頼度を 99% 以上にしたい．そのためには部品を少なくとも何個以上用いなければならないか．

表 7.1 寿命試験結果 (単位：10^7 回)

No.	1	2	3	4	5	6	7	8	9	10
故障までの時間	12	22	2.2	19.0	32.0	14.0	5.2	27.0	40.0	8.4

[予備解析]

手順 1 データの読み込み

【データ】▶【パッケージ内のデータ】▶【アタッチされたパッケージからデータセットを読み込む...】を選択し，パッケージから MASS を指定し，データセットから gehan を指定して，OK を左クリックすると，読み込まれる．そして，基本統計量を求め，グラフを描く．

図 7.9 データ表示

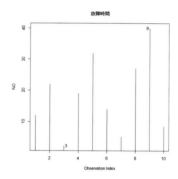

図 7.10 故障時間のインデックスプロット

```
> library(survival);library(MASS)
> rei72 <- read.table("rei72.csv",
+   header=TRUE, sep=",", na.strings="NA", dec=".", strip.white=TRUE)
> showData(rei72, placement='-20+200', font=getRcmdr('logFont'),
+   maxwidth=80, maxheight=30)
```

手順 2 基本統計量の計算

```
> summary(rei72)
      NO              time
 Min.   : 1.00   Min.   : 2.20
 1st Qu.: 3.25   1st Qu.: 9.30
```

```
 Median : 5.50    Median :16.50
 Mean   : 5.50    Mean   :18.18
 3rd Qu.: 7.75    3rd Qu.:25.75
 Max.   :10.00    Max.   :40.00
> numSummary(rei72[,"time"], statistics=c("mean", "sd", "IQR",
+   "quantiles", "cv", "skewness", "kurtosis"), quantiles=c(0,.25,.5,
+   .75,1), type="2")
  mean     sd    IQR       cv  skewness    kurtosis  0%  25%  50%   75%
 18.18 12.18066 16.45 0.6700032 0.4809914 -0.6318536 2.2  9.3 16.5 25.75
 100%   n
   40   10
```

手順 3 グラフ化

```
> with(rei72, indexplot(time, type='h', id.method='y', id.n=2,
+   labels=rownames(rei72), ylab="NO", main="故障時間"))
9 3
9 3
```

[モデルの設定と解析]

ここでは故障時間分布にワイブル分布を仮定し，確率紙により母数を推定し，信頼度関数を推定する．あわせて R の関数を利用する方法を示す．

(1) ワイブル確率紙の利用

実際には市販されているワイブル確率紙に前述のようにデータをプロットして母数の推定をするが，以下では R を利用してみよう．

```
> attach(rei72)
#ワイブル確率紙
> x<-log(time)
> x
 [1] 2.4849066 3.0910425 0.7884574 2.9444390 3.4657359 2.6390573
 [7] 1.6486586 3.2958369 3.6888795 2.1282317
> n<-length(time)    #データ数
> r<-rank(time)      #順位
> F=(r-0.3)/(n+0.4)  #メディアンランク法
> # F=r/n：試料平均,F=r/(n+1)：平均ランク法
> y<-log(log(1/(1-F)))
> F
 [1] 0.35576923 0.64423077 0.06730769 0.54807692 0.83653846 0.45192308
 [7] 0.16346154 0.74038462 0.93269231 0.25961538
> plot(x,y,xlab="lnt",ylab="lnln(1/(1-F(t))",
main="ワイブル確率紙へのプロット")    #図7.11
> rei72.lm<-lm(y~x)
> summary(rei72.lm)
Call:
lm(formula = y ~ x)
Residuals:
     Min      1Q  Median      3Q      Max
-0.13392 -0.06156 -0.01608  0.04872  0.18577


Coefficients:
          Estimate Std. Error t value Pr(>|t|)
```

```
(Intercept) -3.77264    0.11051  -34.14 5.92e-10 ***
x            1.24145    0.04016   30.91 1.30e-09 ***
---
Signif. codes:  0 '***' 0.001 '**' 0.01 '*' 0.05 '.' 0.1 ' ' 1

Residual standard error: 0.1078 on 8 degrees of freedom
Multiple R-squared:  0.9917,Adjusted R-squared:  0.9907
F-statistic: 955.5 on 1 and 8 DF,  p-value: 1.304e-09
> abline(rei72.lm,col=2)
#ワイブル分布の母数の推定
> m=1.24145   #尺度母数
> b=-3.77264
> eta=exp(-b/m)   #scale parameter
> eta
[1] 20.88222
```

(2)（ワイブル型）累積ハザード紙の利用

同様に市販の累積ハザード紙が利用できるが，R で実行してみよう．

```
# （ワイブル型）累積ハザード紙
> t<-time
> u<-sort(t)
> u
 [1]  2.2   5.2   8.4 12.0 14.0 19.0 22.0 27.0 32.0 40.0
> n<-length(t)
> ru<-n+1-rank(u)  #逆順位
> ru
 [1] 10  9  8  7  6  5  4  3  2  1
> h<-1/ru
> h
 [1] 0.1000000 0.1111111 0.1250000 0.1428571 0.1666667 0.2000000
 [7] 0.2500000 0.3333333 0.5000000 1.0000000
> H<-numeric(10)
> H[1]<-h[1]
> S=0
> for (i in 1:10) { S=S+h[i]; H[i]=S}
> H
 [1] 0.1000000 0.2111111 0.3361111 0.4789683 0.6456349 0.8456349
 [7] 1.0956349 1.4289683 1.9289683 2.9289683
> R<-exp(-H)
> R
 [1] 0.90483742 0.80968410 0.71454371 0.61942215 0.52432953 0.42928471
 [7] 0.33432727 0.23955596 0.14529803 0.05345216
> F<-1-R
> F
 [1] 0.09516258 0.19031590 0.28545629 0.38057785 0.47567047 0.57071529
 [7] 0.66567273 0.76044404 0.85470197 0.94654784
> x<-log(u)
> y<-log(H)
> plot(x,y,xlab="lnt",ylab="lnH(t)",main="累積ハザード紙へのプロット")   #図 7.12
> rei72.lm2<-lm(y~x)
> summary(rei72.lm2)
```

7.4 寿命分布に基づく推定と検定

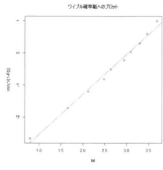
図 7.11 ワイブル確率紙へのプロット

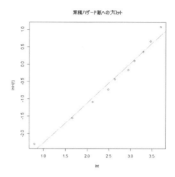
図 7.12 ワイブル型累積ハザード紙へのプロット

```
Call:
lm(formula = y ~ x)
Residuals:
     Min       1Q   Median       3Q      Max
-0.17266 -0.10036 -0.03625  0.06643  0.25367
<verb/>
Coefficients:
            Estimate Std. Error t value Pr(>|t|)
(Intercept) -3.42084    0.15560  -21.98 1.93e-08 ***
x            1.14989    0.05655   20.33 3.58e-08 ***
---
Signif. codes:  0 '***' 0.001 '**' 0.01 '*' 0.05 '.' 0.1 ' ' 1
Residual standard error: 0.1517 on 8 degrees of freedom
Multiple R-squared:  0.981,Adjusted R-squared:  0.9786
F-statistic: 413.5 on 1 and 8 DF,  p-value: 3.576e-08
>abline(rei72.lm2,col=2)

> #累積ハザードからのワイブル分布の母数の推定
> m=1.14989   #尺度母数
> b=-3.42084
> eta=exp(-b/m)   #scale parameter
> eta
[1] 19.58821
```

(3) survreg 関数の適用

また，分布を仮定しての回帰モデルを適用する関数 suvreg を利用する場合は以下のようになる．

```
> rei72.reg<-survreg(Surv(time)~1.,data=rei72,dist="weibull")
> summary(rei72.reg)

Call:
survreg(formula = Surv(time) ~ 1, data = rei72, dist = "weibull")
            Value Std. Error     z        p
(Intercept)  3.005      0.213 14.10 3.72e-45
Log(scale)  -0.444      0.258 -1.72 8.51e-02

Scale= 0.641

Weibull distribution
Loglik(model)= -37.8    Loglik(intercept only)= -37.8
```

```
Number of Newton-Raphson Iterations: 7
n= 10
```

(4) survfit 関数の適用

分布を仮定せず，生存確率（ハザード関数）を推定する関数に survfit 関数があり，以下のように利用される．

```
#survfit 関数の適用
> rei72.fit <- survfit(Surv(time) ~1, data=rei72)
> summary(rei72.fit)
Call: survfit(formula = Surv(time) ~ 1, data = rei72)
 time n.risk n.event survival std.err lower 95% CI upper 95% CI
  2.2    10       1      0.9  0.0949       0.7320        1.000
  5.2     9       1      0.8  0.1265       0.5868        1.000
  8.4     8       1      0.7  0.1449       0.4665        1.000
 12.0     7       1      0.6  0.1549       0.3617        0.995
 14.0     6       1      0.5  0.1581       0.2690        0.929
 19.0     5       1      0.4  0.1549       0.1872        0.855
 22.0     4       1      0.3  0.1449       0.1164        0.773
 27.0     3       1      0.2  0.1265       0.0579        0.691
 32.0     2       1      0.1  0.0949       0.0156        0.642
 40.0     1       1      0.0     NaN           NA           NA
> rei72.fit
Call: survfit(formula = Surv(time) ~ 1, data = rei72)
records   n.max  n.start  events  median  0.95LCL  0.95UCL
   10.0    10.0     10.0    10.0    16.5      8.4       NA
> plot(rei72.fit,xlab="時間",ylab="信頼度",main="信頼度関数のグラフ")
> #図 7.13  デフォルトで 95%信頼区間が表示される
> rei72.conf<-survfit(Surv(time) ~1,conf.int=.90,data=rei72)
> plot(rei72.conf,mark.t=F,xlab="時間",ylab="信頼度",main="信頼度関数のグラフ")
> #図 7.14   conf.int=.90 のように記述して信頼度を指定できる
> legend(locator(1),lty=c(1:2),legend=c("信頼度関数","90%信頼区間"))
```

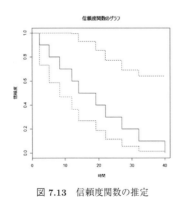
図 7.13 信頼度関数の推定

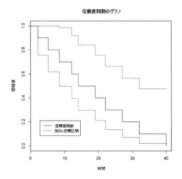
図 7.14 信頼度関数と 90%信頼区間の図

（参考） 確率紙を利用する場合には，データをプロットして推定に利用する確率紙が市販されている（図 7.15，図 7.16 参照）．

演習 7.2 以下のデータについて，ワイブル確率紙を利用して解析せよ．

ある電機会社ではオーディオ機器に使用する真空管を製造している．長寿命化のために製造環境のクリーン度を上げて真空管を試作した．寿命を推定するために，12 個の試作品について，時間の寿命試験を行った．得られ

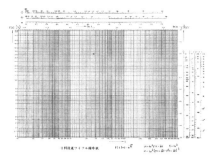
図 7.15 市販のワイブル確率紙

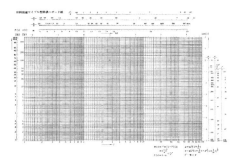
図 7.16 市販のワイブル型累積ハザード紙

た結果を表 7.2 に示す．ただし，No.5 と No.7 の真空管は試験終了までに故障しなかった．
以下の設問に答えよ．
(1) ワイブル確率紙を用い，メディアンランク法にて，形状パラメータ (m) と尺度パラメータ (η) を推定し，寿命分布が指数分布とみなせることを確認せよ．また平均寿命 (MTTF(μ)) を推定せよ．
(2) (1) で使用したワイブル確率紙より，時間での信頼度 R を推定せよ．
(3) 故障率を点推定し，次に信頼率 90% で区間推定せよ．   ◁

表 7.2 寿命試験結果（単位：100 時間）

No.	1	2	3	4	5	6	7	8	9	10	11	12
故障までの時間	3.9	32.8	25.4	17.2	-	6.3	-	40.2	69.2	53.7	13.7	68.2

例題 7.3

ある電機会社では，リードスイッチを開発・生産している．このたび，耐久性をさらに高めた新型のスイッチを開発した．そこで，スイッチの寿命を推定するため試作品 14 個について，10 個 ($r = 10$) のスイッチが故障するまで on-off 寿命試験を行った．結果を表 7.3 に示す．ワイブル分布と仮定して生存確率を推定せよ．（タイのあるデータ）

表 7.3 on-off 寿命試験結果（単位：10^7 回）

No.	1	2	3	4	5	6	7
故障までの時間	4	3	1	1	2	2	3

[予備解析]

手順 1 データの読み込み

【データ】▶【データのインポート】▶【テキストファイルまたはクリップボード，URL から...】を選択し，ダイアログボックスで，フィールドの区切り記号としてカンマにチェックをいれて，OK を左クリックする．フォルダからファイルを指定後，開く (O) を左クリックする．そして データセットを表示 をクリックすると，データが表示される．そして，基本統計量を求め，グラフを描く．

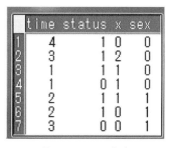
図 7.17 データ表示

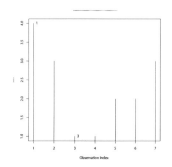
図 7.18 故障時間のインデックスプロット

```
> rei73 <- read.table("rei73.csv",
 header=TRUE, sep=",", na.strings="NA", dec=".", strip.white=TRUE)
> showData(rei73, placement='-20+200', font=getRcmdr('logFont'),
maxwidth=80, maxheight=30)
```

手順 2　基本統計量の計算

```
> summary(rei73)
      time            status             x              sex
 Min.   :1.000   Min.   :0.0000   Min.   :0.0000   Min.   :0.0000
 1st Qu.:1.500   1st Qu.:0.5000   1st Qu.:0.0000   1st Qu.:0.0000
 Median :2.000   Median :1.0000   Median :1.0000   Median :0.0000
 Mean   :2.286   Mean   :0.7143   Mean   :0.7143   Mean   :0.4286
 3rd Qu.:3.000   3rd Qu.:1.0000   3rd Qu.:1.0000   3rd Qu.:1.0000
 Max.   :4.000   Max.   :1.0000   Max.   :2.0000   Max.   :1.0000
> numSummary(rei73[,c("sex", "status", "time", "x")],
+   statistics=c("mean", "sd", "IQR", "quantiles", "cv", "skewness",
+   "kurtosis"), quantiles=c(0,.25,.5,.75,1), type="2")
            mean        sd IQR        cv   skewness   kurtosis 0% 25%
sex    0.4285714 0.5345225 1.0 1.2472191  0.3741657 -2.8000000  0 0.0
status 0.7142857 0.4879500 0.5 0.6831301 -1.2296341 -0.8400000  0 0.5
time   2.2857143 1.1126973 1.5 0.4868051  0.2488755 -0.9443787  1 1.5
x      0.7142857 0.7559289 1.0 1.0583005  0.5952940 -0.3500000  0 0.0
       50% 75% 100% n
sex      0   1    1 7
status   1   1    1 7
time     2   3    4 7
x        1   1    2 7
```

手順 3　グラフ化（図 7.18）

```
  > with(rei73, indexplot(time, type='h', id.method='identify', id.n=2,
labels=rownames(rei73), ylab="時間", main="故障に関するインデックスプロット"))
[1] "1" "3"
```

[モデルの設定と解析]

(1) 関数 survreg の適用

● ワイブル分布を仮定して解析する.

```
> attach(rei73)
> rei73.reg1<-survreg(Surv(time)~1.,data=rei73,dist="weibull")
> summary(rei73.reg1)
Call:
survreg(formula = Surv(time) ~ 1, data = rei73, dist = "weibull")
            Value Std. Error    z        p
(Intercept) 0.951      0.165  5.77 7.70e-09
Log(scale) -0.884      0.304 -2.91 3.64e-03

Scale= 0.413

Weibull distribution
Loglik(model)= -9.9   Loglik(intercept only)= -9.9
```

```
Number of Newton-Raphson Iterations: 6
n= 7
> rei73.reg2<-survreg(Surv(time)~.,data=rei73,dist="weibull")
> summary(rei73.reg2)
Call:
survreg(formula = Surv(time) ~ ., data = rei73, dist = "weibull")
            Value Std. Error      z       p
(Intercept)  1.026      0.479  2.144 0.03202
status       0.152      0.437  0.347 0.72894  #これは入れないほうがよいだろう
x           -0.175      0.183 -0.954 0.33999
sex         -0.165      0.401 -0.412 0.68002
Log(scale)  -0.992      0.329 -3.019 0.00253

Scale= 0.371

Weibull distribution
Loglik(model)= -9.3   Loglik(intercept only)= -9.9
Chisq= 1.05 on 3 degrees of freedom, p= 0.79
Number of Newton-Raphson Iterations: 7
n= 7
```

(2) 関数 survfit の適用

- 分布を仮定しないで解析する.

```
#survfit の適用
> rei73.fit<-survfit(Surv(time)~1.,data=rei73)
> summary(rei73.fit)
Call: survfit(formula = Surv(time) ~ 1, data = rei73)

 time n.risk n.event survival std.err lower 95% CI upper 95% CI
    1      7       2    0.714   0.171       0.4471        1.000
    2      5       2    0.429   0.187       0.1822        1.000
    3      3       2    0.143   0.132       0.0233        0.877
    4      1       1    0.000     NaN           NA           NA
> rei73.fit
Call: survfit(formula = Surv(time) ~ 1, data = rei73)

records   n.max n.start  events  median 0.95LCL 0.95UCL
      7       7       7       7       2       1      NA

> plot(rei73.fit,conf.int=T,mark.t=F,xlab="時間",ylab="生存率",main="生存時間の曲
線のグラフ")
> lines(survfit(Surv(time)~1.,data=rei73,conf.type="plain"),mark.t=F,
+ conf.int=T,lty=3,col=3)
> lines(survfit(Surv(time)~1.,data=rei73,conf.type="log-log"),mark.t=F,
+ conf.int=T,lty=4,col=4)
> legend(locator(1),c("log","plain","log-log"),lty=c(1,3,4),col=c(1,3,4))
# 生存関数の推定（90%信頼区間）
> rei73.fit1<-survfit(Surv(time)~1.,conf.int=.9,data=rei73)
> rei73.fh<-survfit(Surv(time)~1.,conf.int=.9,data=rei73,
+ type="fleming-harrington")
> rei73.fh2<-survfit(Surv(time)~1.,conf.int=.9,data=rei73,type="fh2")
```

```
> plot(rei73.fit1,conf.int=F,mark.t=F,xlab="時間",ylab="生存率",main="生存時間の曲
線のグラフ")
> lines(rei73.fh,lty=2)
> lines(rei73.fh2,lty=3,col=2)
> legend(locator(1),lty=1:3,legend=c("Kaplan-meier","fleming-harrington","fh2"))
# 検定（ログランク検定）
> survdiff(Surv(time)~status,data=rei73)
Call:
survdiff(formula = Surv(time) ~ status, data = rei73)

         N Observed Expected (O-E)^2/E (O-E)^2/V
status=0 2        2     1.64    0.0800     0.163
status=1 5        5     5.36    0.0244     0.163

 Chisq= 0.2  on 1 degrees of freedom, p= 0.686
```

p 値が 0.686 と大きく，2 群（未故障群と故障群）の生存関数に違いがあるとはいえない．

演習 7.3　(1) パッケージ MASS に付随しているデータ gehan について，ワイブル分布と仮定して生存確率を
推定せよ．

(2) パッケージ survival に付随しているデータ kidney について，対数正規分布を仮定して解析せよ．

（ヒント）survreg(Surv(time,status)~sex+disease,kidney,dist="lognormal")　　　　◁

7.4.3 　ノンパラメトリックモデル

　パッケージ survival には，ノンパラメトリック法による生存時間を当てはめる関数 survfit がある．
書式は survfit(formula, data, type=" ", ...) となる．これは例題 7.4 で適用される．

a.　区間分けされたデータからの推定

(1) 打ち切りデータのない場合の推定

(7.45) $$\widehat{R}(t_i) = 時点 t_i における残存数/総数 = N_i/N$$

(2) 打ち切りデータのある場合の推定

(7.46) $$R(t_i) = P(T > t_i) = P(T > t_0)P(T > t_1|T > t_0) \times \cdots \times P(T > t_i|T > t_{i-1})$$
$$= p_0 p_1 \cdots p_{i-1}$$

$$p_i = P(T > t_{i+1}|T > t_i)$$

(7.47) $$N_{i+1} = N_i - d_i - w_i$$

なお，N_i：区間 i の始めの残存数，w_i：区間 i における中途打ち切りとなった数，d_i：区間 i における
故障数である．

(7.48) $$R(t_i) = P(T > t_i) = P(T > t_0)P(T > t_1|T > t_0) \times \cdots \times P(T > t_i|T > t_{i-1})$$
$$= p_0 p_1 \cdots p_{i-1} = (1 - q_0)(1 - q_1) \cdots (1 - q_{i-1})$$

(7.49) $$\widehat{q}_i = \frac{d_i}{N_i - w_i/2}$$

(7.50) $$\widehat{R}(t_i) = (1 - \widehat{q}_0)(1 - \widehat{q}_1) \cdots (1 - \widehat{q}_{i-1})$$

(7.51) $$= \frac{N_1}{N_0}\frac{N_2}{N_1} \cdots \frac{N_i}{N_{i-1}} = \frac{N_i}{N_0}$$

b. 区間分けされてないデータからの推定

(1) 完全データ，定時・定数打ち切りデータの場合

不信頼度の推定としては，以下の 3 つの推定量が普通用いられる.

① 試料平均（累積試料ランク法） $\dfrac{r}{N}$

② メディアンランク法 $\dfrac{r - 0.3}{n + 0.4}$

③ 平均ランク法 $\dfrac{r}{n + 1}$

(2) ランダム打ち切りデータの推定

① カプラン・マイアー（Kaplan–Meier）法

$$(7.52) \qquad \widehat{q}_i = \frac{d_i}{N_i}$$

$$(7.53) \qquad \widehat{R}(t_i) = \left(1 - \frac{d_1}{N_1}\right)\left(1 - \frac{d_2}{N_2}\right)\cdots\left(1 - \frac{d_i}{N_i}\right) = \prod_{t_i < t}\left(1 - \frac{d_i}{N_i}\right)$$

もとの故障分布が連続であれば，区間の細分化から各故障点においてはたかだか 1 個の故障が観測され，$d_i = 1$ となるので，

$$(7.54) \qquad \widehat{R}(t_i) = \left(1 - \frac{1}{N_1}\right)\left(1 - \frac{1}{N_2}\right)\cdots\left(1 - \frac{1}{N_i}\right)$$

$$(7.55) \qquad \widehat{V(\widehat{R}(t_i))} = \{\widehat{R}(t_i)\}^2 \sum_{j=1}^{i} \frac{\widehat{q}_j}{\widehat{p}_j N_j} \qquad (\widehat{p}_j = 1 - \widehat{q}_j)$$

② 累積ハザード法

$$(7.56) \qquad R(t) = \exp\left\{-\int_0^t \lambda(x)dx\right\}$$

$$(7.57) \qquad \widehat{q}_i = \frac{d_i}{N_i}$$

$$(7.58) \qquad \widehat{H}(t_i) = -\ln\widehat{R}(t_i) = -\ln\left\{\left(1 - \frac{1}{N_1}\right)\left(1 - \frac{1}{N_2}\right)\cdots\left(1 - \frac{1}{N_i}\right)\right\}$$

N_i が十分大のとき，$\ln\left(1 - \dfrac{1}{N_i}\right) \doteqdot -\dfrac{1}{N_i}$ なので，

$$(7.59) \qquad \widehat{H}(t_i) = \frac{1}{N_1} + \frac{1}{N_2} + \cdots + \frac{1}{N_i}$$

$$(7.60) \qquad \widehat{V(H(t_i))} = \sum_{j=1}^{i} \frac{1}{(N_j - 1)N_j}$$

$$(7.61) \qquad \widehat{H}(t_i) = -\ln\widehat{R}(t_i) = -\ln\left\{\left(1 - \frac{1}{N_1}\right)\left(1 - \frac{1}{N_2}\right)\cdots\left(1 - \frac{1}{N_i}\right)\right\}$$
$$= \frac{1}{N_1} + \frac{1}{N_2} + \cdots + \frac{1}{N_i}$$

i 番目の故障時点 t_i を確率変数とするときには，

$$(7.62) \qquad E(\widehat{H}(t_i)) = \frac{1}{N_1} + \frac{1}{N_2} + \cdots + \frac{1}{N_i}$$

③ 平均故障順位法（ジョンソン法）

故障データのみについて平均故障順位を求める.

$$(7.63) \qquad \text{平均故障順位} = \text{その前の平均故障順位} + \text{故障順位の増分 } \Delta$$

$$(7.64) \qquad \Delta = \frac{(n+1) - \text{その前の平均故障順位}}{1 + \text{現在の打ち切りデータの組より後にくるデータ数}}$$

$$(7.65) \qquad \widetilde{F}(t) = \frac{\text{平均故障順位} - 0.3}{n + 0.4}$$

$$(7.66) \qquad \widetilde{R}(t) = 1 - \widetilde{F}(t)$$

例題 7.4

ある電機会社では，ある電子部品を開発・生産している．このたび，耐久性をさらに高めた新型の製品を開発した．そこで，製品の寿命を推定するため試作品 14 個について，10 個 ($r=10$) のスイッチが故障するまで on-off 寿命試験を行った．結果を表 7.4 に示す．

以下の設問に答えよ．

(1) ワイブル型累積ハザード紙を用いて，メディアンランク法により，形状パラメータ (m) と尺度パラメータ (η) を推定せよ．そして，寿命分布が指数分布とみなせるか検討せよ．また平均寿命（MTTF）を推定せよ．
(2) 故障率を点推定し，次に信頼率 90% の信頼区間を構成せよ．
(3) (1) で使用したワイブル型累積ハザード紙より，10×10^7 回での信頼度 R を推定せよ．

表 7.4 加速寿命試験結果（−：未故障）

試作品 No.	1	2	3	4	5	6	7	8	9	10	11	12
故障時間	75	−	83	90	−	40	100	62	80	−	77	96

[予備解析]

手順 1 データの読み込み

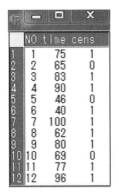

図 7.19 例題 7.4 のデータ表示

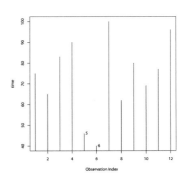

図 7.20 故障時間のインデックスプロット

【データ】▶【データのインポート】▶【テキストファイルまたはクリップボード，URL から...】を選択し，ダイアログボックスで，フィールドの区切り記号としてカンマにチェックをいれて，OK を左クリックする．フォルダからファイル（rei74.csv）を指定後，開く(O) を左クリックする．そしてデータセットを表示 をクリックすると，図 7.19 のようにデータが表示される．

```
> rei74 <- read.table("rei74.csv", header=TRUE,
 sep=",", na.strings="NA", dec=".", strip.white=TRUE)
> showData(rei74, placement='-20+200', font=getRcmdr('logFont'),
 maxwidth=80, maxheight=30)
> library(survival)      #パッケージ survival の利用
```

手順 2 基本統計量の計算

```
> summary(rei74)
       NO             time            cens
 Min.   : 1.00   Min.   : 40.00   Min.   :0.00
 1st Qu.: 3.75   1st Qu.: 64.25   1st Qu.:0.75
 Median : 6.50   Median : 76.00   Median :1.00
```

7.4 寿命分布に基づく推定と検定　　　　107

```
 Mean   : 6.50   Mean   : 73.58   Mean   :0.75
 3rd Qu.: 9.25   3rd Qu.: 84.75   3rd Qu.:1.00
 Max.   :12.00   Max.   :100.00   Max.   :1.00
> numSummary(rei74[,"time"], statistics=c("mean", "sd", "IQR",
+   "quantiles", "cv", "skewness", "kurtosis"), quantiles=c(0,.25,.5,
+   .75,1), type="2")
     mean       sd  IQR        cv   skewness   kurtosis 0%    25% 50%
 73.58333 18.41668 20.5 0.2502834 -0.4519878 -0.3396452 40 64.25  76
   75% 100%  n
 84.75  100 12
```

手順 3　グラフ化

グラフからインデックスプロットを選択して作成する.

```
> with(rei74, indexplot(time, type='h', id.method='y', id.n=2,
+   labels=rownames(rei74)))      #図 7.20
6 5
6 5
```

　以下，単純にノンパラメトリック法ではないが，ワイブル分布を順位データを利用して推定する方法
を利用した結果を述べ，比較を考えよう.

[モデルの設定と解析]

手順 1　ワイブル型累積ハザード紙の利用

```
> attach(rei74)
> names(rei74)
[1] "NO"   "time" "cens"
> t<-time   #故障時間
> t
 [1]  75  65  83  90  46  40 100  62  80  69  77  96
> d<-cens   #打ち切りと故障（0：打ち切り，1：故障)
> d
 [1] 1 0 1 1 0 1 1 1 1 0 1 1
> rt<-rank(t)
> u<-numeric(30)   #数値変数の配列 u をとる
> u<-t*d
> u
 [1]  75   0  83  90   0  40 100  62  80   0  77  96
> ru<-rt*d
> ru             #利用する順位データ
 [1]  6  0  9 10  0  1 12  3  8  0  7 11
> k<-rev(sort(ru))
> k              #利用する逆順位データ
 [1] 12 11 10 9 8 7 6 3 1 0 0 0
> h<-numeric(30)
> j=1
> for (i in 1:30) {if( k[i] != 0 ) { h[i]=1/k[i];j=j+1}}
> m=j-1
> h
 [1] 0.08333333 0.09090909 0.10000000 0.11111111 0.12500000 0.14285714 0.16666667
 [8] 0.33333333 1.00000000 0.00000000 0.00000000 0.00000000 0.00000000 0.00000000
[15] 0.00000000 0.00000000 0.00000000 0.00000000 0.00000000 0.00000000 0.00000000
```

```
[22] 0.00000000 0.00000000 0.00000000 0.00000000 0.00000000 0.00000000 0.00000000
[29] 0.00000000 0.00000000
> H<-numeric(m)
> S=0
> for (i in 1:m){
+ S=S+h[i]
+ H[i]=S
+ }
> H
[1] 0.08333333 0.17424242 0.27424242 0.38535354 0.51035354 0.65321068 0.81987734
[8] 1.15321068 2.15321068
> k=1
> for (i in 1:30){if(u[i] != 0) {u[k]=u[i];k=k+1}}
> n=k-1
> n
[1] 9
> w<-numeric(n)
> for (i in 1:n){w[i]=u[i]}
> ws<-sort(w)
> x<-log(ws)
> y<-log(H)
> plot(x,y,xlab="lnt",ylab="lnH(t)",main="累積ハザード紙へのプロット")  #図 7.21
> rei74.lm2<-lm(y~x)
> summary(rei74.lm2)
Call:
lm(formula = y ~ x)

Residuals:
     Min      1Q   Median      3Q      Max
-0.49741 -0.24483 -0.00889  0.11753  0.60612

Coefficients:
            Estimate Std. Error t value Pr(>|t|)
(Intercept) -15.1614     2.0362  -7.446 0.000144 ***
x             3.3272     0.4697   7.084 0.000196 ***
---
Signif. codes:  0 '***' 0.001 '**' 0.01 '*' 0.05 '.' 0.1 ' ' 1

Residual standard error: 0.3706 on 7 degrees of freedom
Multiple R-squared:  0.8776,Adjusted R-squared:  0.8601
F-statistic: 50.19 on 1 and 7 DF,  p-value: 0.0001964
> abline(rei74.lm2,col=2)
```

手順 2 ワイブル分布の母数の推定

```
> #累積ハザードからのワイブル分布の母数の推定
> m=3.3272   #尺度母数
> b=-15.1614
> eta=exp(-b/m)   #scale parameter
> eta
[1] 95.27853
```

7.4 寿命分布に基づく推定と検定

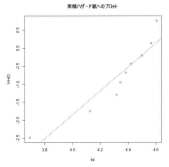

図 7.21 ワイブル型累積ハザード紙へのプロット

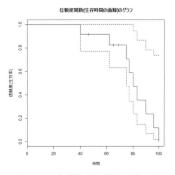

図 7.22 生存曲線と信頼区間の図

[分布を仮定して解析]
(1) 関数 survreg() の適用
ワイブル分布を仮定して解析する.

```
> attach(rei74)
> rei74.reg<-survreg(Surv(time,cens)~1,data=rei74,dist="weibull")
> summary(rei74.reg)
Call:
survreg(formula = Surv(time, cens) ~ 1, data = rei74, dist = "weibull")
            Value Std. Error    z         p
(Intercept)  4.45    0.0547  81.4  0.00e+00
Log(scale)  -1.82    0.2606  -7.0  2.56e-12

Scale= 0.161

Weibull distribution
Loglik(model)= -38.4   Loglik(intercept only)= -38.4
Number of Newton-Raphson Iterations: 8
n= 12
```

[分布を仮定しないで解析]
手順 1 推定と予測
点推定と区間推定

```
> rei74.fit<-survfit(Surv(time,cens)~1,data=rei74)
> summary(rei74.fit)
Call: survfit(formula = Surv(time, cens) ~ 1, data = rei74)

 time n.risk n.event survival std.err lower 95% CI upper 95% CI
   40     12       1    0.917  0.0798       0.7729        1.000
   62     10       1    0.825  0.1128       0.6311        1.000
   75      7       1    0.707  0.1458       0.4721        1.000
   77      6       1    0.589  0.1623       0.3435        1.000
   80      5       1    0.471  0.1672       0.2352        0.945
   83      4       1    0.354  0.1617       0.1443        0.867
   90      3       1    0.236  0.1445       0.0709        0.784
   96      2       1    0.118  0.1103       0.0188        0.738
  100      1       1    0.000     NaN           NA           NA
```

関数 survfit には, 信頼区間を推定する方法について次の 3 つのタイプを指定することができ

る．"plane"，"log"，"log-log"．

手順2 生存確率のグラフの表示

```
>plot(rei74.fit,conf.int=T,xlab="時間",ylab="信頼度（生存率）",main="信頼度関数（生
存時間の曲線）のグラフ")
  #図 7.22
> plot(rei74.fit,conf.int=T,mark.t=F,xlab="時間",ylab="信頼度（生存率）",main="信頼
度関数（生存時間の曲線）のグラフ")
> lines(survfit(Surv(time,cens)~1,data=rei74,conf.type="plain"),mark.t=F,
+ conf.int=T,lty=3,col=3)
> lines(survfit(Surv(time,cens)~1,data=rei74,conf.type="log-log"),mark.t=F,
+ conf.int=T,lty=4,col=4)
> legend(locator(1),c("log","plain","log-log"),lty=c(1,3,4),col=c(1,3,4)) #図 7.23
> rei74.fit1<-survfit(Surv(time,cens)~1,conf.int=.9,data=rei74)
> rei74.fh<-survfit(Surv(time,cens)~1,conf.int=.9,data=rei74,
+ type="fleming-harrington")
> rei74.fh2<-survfit(Surv(time,cens)~1,conf.int=.9,data=rei74,type="fh2")
> plot(rei74.fit1,conf.int=F,mark.t=F,xlab="時間",ylab="信頼度（生存率）",main="信
頼度関数（生存時間の曲線）のグラフ")
> lines(rei74.fh,lty=2)
> lines(rei74.fh2,lty=3,col=2)
> legend(locator(1),lty=1:3,legend=c("Kaplan-meier","fleming-harrington","fh2"))
  #図 7.24
```

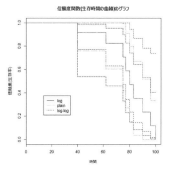 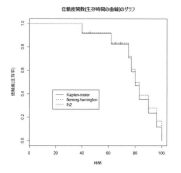

図 7.23 信頼度関数（生存曲線）と信頼区間の図   図 7.24 3手法による信頼度関数（推定）の図

手順3 検定

survdiff 関数の利用

survdiff(Suruy（時間）~説明変数，data) のように書く．このように生存関数を推定しグラフを表示した．

群ごとの生存曲線の間の差の検定には，ログ・ランク検定が用いられる（ゲーハン・ウィルコクソン検定）．なお，群ごとにイベントありとなしの場合を集計したクロス表の χ^2 値の検定統計量がログ・ランク検定である．

```
> library(survival)
> survdiff(Surv(time)~cens,data=rei74)   #survdiff 関数の利用
Call:
survdiff(formula = Surv(time) ~ cens, data = rei74)
        N Observed Expected (O-E)^2/E (O-E)^2/V
cens=0 3        3     1.07     3.482       4.5
```

```
 cens=1 9      9    10.93    0.341       4.5
  Chisq= 4.5  on 1 degrees of freedom, p= 0.0339
```

故障群と打ち切り群の生存曲線の違いは p 値が 0.0339 なので,有意水準 5%であるといえる.

演習 7.4 データ gehan(パッケージ MASS に付随している)について,カプラン・マイヤー推定を行ってみよう. ◁

7.4.4 セミパラメトリックモデル

パッケージ survival には,コックス比例ハザードモデルのパラメータを推定する関数 coxpht がある. coxph(formula, data, method, ...) のように書く.

個体 j についての共変量が $\boldsymbol{z}_j = (z_{1j}, \cdots, z_{pj})$ であるとき,故障時間 t における故障率 $\lambda(t; \boldsymbol{z})$ が

$$(7.67) \qquad \lambda(t; \boldsymbol{z}) = \lambda_0(t) \exp(\boldsymbol{z}\boldsymbol{\beta})$$

で与えられるとき,コックスの比例ハザードモデルという.

回帰母数 $\boldsymbol{\beta}$ の推定

$$(7.68) \qquad L(\boldsymbol{\beta}) = \prod_{i=1}^{n} \frac{\exp(\boldsymbol{z}_{(i)}\boldsymbol{\beta})}{\sum_{k \in R(t_{(i)})} \exp(\boldsymbol{z}_{(k)}\boldsymbol{\beta})}$$

を部分尤度(partial likelihood)と呼び,

$$(7.69) \qquad L_f(\boldsymbol{\beta}) = \prod_{i=1}^{n} \left[\lambda_0(t_{(i)}) \exp(\boldsymbol{z}_{(i)}\boldsymbol{\beta}) \exp\left\{ -\int_0^{t_{(i)}} \lambda_0(u) \exp(\boldsymbol{z}_{(k)}\boldsymbol{\beta}) du \right\} \right]$$

$$= \prod_{i=1}^{n} \frac{\exp(\boldsymbol{z}_{(i)}\boldsymbol{\beta})}{\sum_{k \in R(t_{(i)})} \exp(\boldsymbol{z}_{(k)}\boldsymbol{\beta})} \prod_{i=1}^{n} \left[\lambda_0(t_{(i)}) \sum_{k \in R(t_{(i)})} \exp(\boldsymbol{z}_{(i)}\boldsymbol{\beta}) \right.$$

$$\left. \times \exp\left\{ -\int_{t_{(i-1)}}^{t_{(i)}} \lambda_0(u) \sum_{k \in R(t_{(i)})} \exp(\boldsymbol{z}_{(k)}\boldsymbol{\beta}) du \right\} \right]$$

を全尤度(full likelihood)という.部分尤度が最大となる $\boldsymbol{\beta}$ を求める方法を部分尤度法という.式を最大にする $\boldsymbol{\beta}$ を最尤推定量と呼ぶことにすると,ある正則条件のもとで,$\widehat{\boldsymbol{\beta}}$ は漸近的に多変量正規分布 $N(\boldsymbol{\beta}, \boldsymbol{\Sigma})$ に従う.なお,

$$(7.70) \qquad \boldsymbol{\Sigma} = I(\widehat{\boldsymbol{\beta}})^{-1}$$

で,

$$(7.71) \qquad I_{pq}(\widehat{\boldsymbol{\beta}}) = -\frac{\partial^2 \ln L(\boldsymbol{\beta})}{\partial \beta_p \partial \beta_q \sum_{i=1}^{n} C_{pqi}(\boldsymbol{\beta})}$$

① 区間分けされたデータからの推定

$$(7.72) \qquad H(t) = \int_0^t \lambda(x) dx$$

を累積ハザード関数という.

─── 例題 7.5 ───

パッケージ survival に付随した生存データ cancer について,コックスの比例ハザードモデルを仮定して解析せよ.

[予備解析]

手順 1　データの読み込み

【データ】▶【パッケージ内のデータ】▶【アタッチされたパッケージからデータセットを読み込む...】を選択し,パッケージから survival を指定し,データセットから cancer を指定して,OK を左クリックすると,読み込まれる.そして,基本統計量を求め,グラフを描く.

```
> library(survival);library(MASS)   #ライブラリ
```

112　　　　　　　　　　　　　　　　7. 生存時間分析

```
> data(cancer, package="survival")
> cancer
    inst time status age sex ph.ecog ph.karno pat.karno meal.cal wt.loss
1      3  306      2  74   1       1       90       100     1175      NA
2      3  455      2  68   1       0       90        90     1225      15
3      3 1010      1  56   1       0       90        90       NA      15
4      5  210      2  57   1       1       90        60     1150      11
5      1  883      2  60   1       0      100        90       NA       0
6     12 1022      1  74   1       1       50        80      513       0
       ~
227    6  174      1  66   1       1       90       100     1075       1
228   22  177      1  58   2       1       80        90     1060       0
```

手順2 データの要約

```
> summary(cancer)
      inst            time           status           age
 Min.   : 1.00   Min.   :   5.0   Min.   :1.000   Min.   :39.00
 1st Qu.: 3.00   1st Qu.: 166.8   1st Qu.:1.000   1st Qu.:56.00
 Median :11.00   Median : 255.5   Median :2.000   Median :63.00
 Mean   :11.09   Mean   : 305.2   Mean   :1.724   Mean   :62.45
 3rd Qu.:16.00   3rd Qu.: 396.5   3rd Qu.:2.000   3rd Qu.:69.00
 Max.   :33.00   Max.   :1022.0   Max.   :2.000   Max.   :82.00
 NA's   :1
      sex            ph.ecog          ph.karno         pat.karno
 Min.   :1.000   Min.   :0.0000   Min.   : 50.00   Min.   : 30.00
 1st Qu.:1.000   1st Qu.:0.0000   1st Qu.: 75.00   1st Qu.: 70.00
 Median :1.000   Median :1.0000   Median : 80.00   Median : 80.00
 Mean   :1.395   Mean   :0.9515   Mean   : 81.94   Mean   : 79.96
 3rd Qu.:2.000   3rd Qu.:1.0000   3rd Qu.: 90.00   3rd Qu.: 90.00
 Max.   :2.000   Max.   :3.0000   Max.   :100.00   Max.   :100.00
                 NA's   :1        NA's   :1        NA's   :3
    meal.cal         wt.loss
 Min.   :  96.0   Min.   :-24.000
 1st Qu.: 635.0   1st Qu.:  0.000
 Median : 975.0   Median :  7.000
 Mean   : 928.8   Mean   :  9.832
 3rd Qu.:1150.0   3rd Qu.: 15.750
 Max.   :2600.0   Max.   : 68.000
 NA's   :47       NA's   :14
```

[モデルの設定と解析]

手順1 コックスの比例ハザードモデルの適用

関数 coxph() を適用する.

```
> names(cancer)
 [1] "inst"     "time"     "status"   "age"      "sex"      "ph.ecog"
 [7] "ph.karno" "pat.karno" "meal.cal" "wt.loss"
> cancer.cox<-coxph(Surv(time,status)~sex+age+ph.karno+pat.karno,
data=cancer)   #coxph の適用
> summary(cancer.cox)
Call:
```

7.4 寿命分布に基づく推定と検定 113

```
coxph(formula = Surv(time, status) ~ sex + age + ph.karno + pat.karno,
   data = cancer)

  n= 224, number of events= 161
   (4 observations deleted due to missingness)

              coef exp(coef)  se(coef)       z Pr(>|z|)
sex      -0.508150  0.601608  0.169298  -3.002  0.00269 **
age       0.010658  1.010715  0.009530   1.118  0.26345
ph.karno -0.004552  0.995459  0.006972  -0.653  0.51382
pat.karno -0.016793 0.983347  0.006509  -2.580  0.00988 **
---
Signif. codes:  0 '***' 0.001 '**' 0.01 '*' 0.05 '.' 0.1 ' ' 1

          exp(coef) exp(-coef) lower .95 upper .95
sex          0.6016     1.6622    0.4317    0.8383
age          1.0107     0.9894    0.9920    1.0298
ph.karno     0.9955     1.0046    0.9819    1.0092
pat.karno    0.9833     1.0169    0.9709    0.9960


Concordance= 0.644  (se = 0.026 )
Rsquare= 0.102   (max possible= 0.999 )
Likelihood ratio test= 24.18  on 4 df,   p=7.341e-05
Wald test       = 23.76  on 4 df,   p=8.936e-05
Score (logrank) test = 24.35  on 4 df,   p=6.808e-05
```

sec, age, ph.karno, pat.karno を説明変数としたコックス比例ハザードモデルの解析結果が出力され
ていて，sex と pat.karno が生存時間に有意に効いていることがわかる.

手順2 survfit 関数の適用

```
> cancer.fit<-survfit(cancer.cox)
> summary(cancer.fit)
Call: survfit(formula = cancer.cox)

 time n.risk n.event survival std.err lower 95% CI upper 95% CI
    5    224       1   0.9959 0.00409       0.9879        1.000
   11    223       2   0.9877 0.00706       0.9740        1.000
   12    221       1   0.9836 0.00814       0.9678        1.000
   13    220       2   0.9754 0.00996       0.9561        0.995
   15    218       1   0.9713 0.01075       0.9504        0.993
          :
  814      7       1   0.0709 0.02390       0.0366        0.137
  883      4       1   0.0557 0.02322       0.0246        0.126
```

このようにコックスのモデルをあてはめたときの生存時間の推定結果が表示される.

手順3 生存確率に関するグラフの描画

```
> plot(cancer.fit,xlab="時間",ylab="生存率",main="生存時間の曲線のグラフ") #図 7.25
> abline(h=0,v=0,lty=1,col=2)
> scatter.smooth(residuals(cancer.cox))   #図 7.26
> abline(h=0,v=0,lty=1,col=2)
```

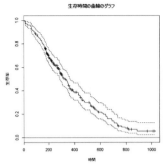 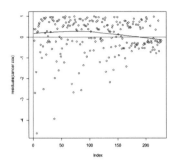

図 **7.25** 生存曲線と信頼区間の図　　　　図 **7.26** 残差に関するプロット

図 7.25 にみられるように時間の変化に対し生存確率の推定値・信頼区間の推移がみてとれる．また残差の様子が図 7.26 のように個体により異なることがわかる．

演習 7.5 kidney（パッケージ survival に付随している）について，コックスの比例ハザードモデルを当てはめて解析せよ． ◁

8

潜在構造分析法

8.1 潜在構造分析とは

　各質問項目（属性）の値が 1 または 0 の値をとる 2 値データに関して，その潜在的なモデルを仮定して構造を数量的に解釈する分析法で，ラザースフェルド（P.F. Lasersfeld）によって提案された方法を**潜在構造分析**（latent structure analysis）という.

　潜在的な変量が離散的な場合の**潜在クラス分析**（latent class analysis）と連続的である**項目応答（反応）理論**（item response theory：IRT）などが含まれる. 以下ではこれら代表的な 2 つの分析について考えよう.

8.2 潜在クラス分析

　英語，数学，国語の各科目について潜在的に好きな子供のクラスと嫌いな子供のクラスに分かれていて，その確率をいくつかの質問項目によって推定したい場合を考える. また，製品を買うとき潜在的に合理性で買うタイプの人と情緒的に買うタイプに分かれていると思われるとき，その割合を推定したい場合がある. 他に，野球のあるチームの潜在的なファンの割合，潜在的な和食党か洋食党かの割合，いくつかの検査からある病気であるかどうかを知りたいなど，質問項目で直接にはわからない場合どのようにモデルをたてて推定すればよいだろうか.

　ある潜在的に存在する変量 X によりクラスが m 個に分けられているとき，この X を**潜在変量**（latent variable）という. そこで，X は離散的な値 $t(=1, \cdots, m)$ をとる. つまり

$$(8.1) \qquad P(X = t) = w_t (\geqq 0) \quad (t = 1, \cdots, m)$$
$$\sum_{t=1}^{m} w_t = 1$$

そして，i 個体（サンプル）が j 項目に正の反応をするとき 1 をとり，負の反応をするとき 0 をとる確率変数を Y_{ij} $(i = 1, \cdots, n; j = 1, \cdots, p)$ とする. ここで Y_{ij} は i には依存せず，j に依存する確率変数とする. データの一覧表としては表 8.1 のようになる. また，クラス t に属す条件のもとで項目 j に正反応する確率を π_{jt} で表す. そこで，j 項目に正反応する確率はあるクラスに属すとき，そのクラスに属すもとで j 項目に正反応する確率を全クラスについて足し合わせればよいので

$$(8.2) \qquad p_j = P(Y_{ij} = 1) = \sum_{t=1}^{m} P(Y_{ij} = 1 | X = t) P(X = t) = \sum_{t=1}^{m} \pi_{jt} w_t$$

である. さらに，$\boldsymbol{w} = (w_1, w_2, \cdots, w_t)^{\mathrm{T}}$，$\boldsymbol{\pi} = (\pi_{11}, \pi_{21}, \cdots, \pi_{p1}, \pi_{22}, \cdots, \pi_{pm})^{\mathrm{T}}$ というベクトル表記をする. すると上の式より，p_j は $\boldsymbol{w}$ と $\boldsymbol{\pi}$ の関数なので $p_j(\boldsymbol{w}, \boldsymbol{\pi})$ のように書ける.

　さらに，クラス t のもとで j 項目と k 項目に同時に正反応する確率は，**局所独立性**（local independence）のもとで以下のようになる. ここでクラスが定まったもとでの変数の独立性を局所独立性という. 以下の式変形からもわかる.

$$(8.3) \qquad p_{jk} = P(Y_{ij}=1, Y_{ik}=1) = \sum_{t=1}^{m} P(Y_{ij}=1, Y_{ik}=1|X=t)P(X=t)$$

$$= \sum_{t=1}^{m} P(Y_{ij}=1|X=t)P(Y_{ik}=1|X=t)P(X=t) \qquad (局所独立性)$$

$$= \sum_{t=1}^{m} w_t \pi_{jt} \pi_{kt} = p_{jk}(\boldsymbol{w}, \boldsymbol{\pi})$$

同様に，局所独立性のもと

$$(8.4) \qquad p_{jk\ell} = \sum_{t=1}^{m} w_t \pi_{jt} \pi_{kt} \pi_{\ell t} = p_{jk\ell}(\boldsymbol{w}, \boldsymbol{\pi})$$

が成立する．以下同様である．

さらに，n 人（個体数，サンプル数）のうち

- j 項目に正反応する人数を n_j 人，
- j,k 項目に同時に正反応する人数を n_{jk} 人
- j,k,ℓ 項目に同時に正反応する人数を $n_{jk\ell}$ 人

とすると

データから反応確率は以下のように推定される．

$$(8.5) \qquad \widehat{p_j} = \frac{n_j}{n}, \quad \widehat{p_{jk}} = \frac{n_{jk}}{n} \quad (j \neq k), \quad \widehat{p_{jk\ell}} = \frac{n_{jk\ell}}{n} \quad (j \neq k \neq \ell \neq j), \cdots$$

そして，これらの推定値から，$w_t, \pi_{jt}, \cdots$ を推定することが問題となる．これらを潜在パラメータ
(latent parameter) という．表 8.2 のように母数が与えられる．

表 8.1 データ表

個体＼質問項目	1	$\cdots$	j	$\cdots$	p	計
1	y_{11}	$\cdots$	y_{1j}	$\cdots$	y_{1p}	$y_{1\cdot}$
$\vdots$	$\vdots$		$\vdots$		$\vdots$	$\vdots$
i	y_{i1}	$\cdots$	y_{ij}	$\cdots$	y_{ip}	$y_{i\cdot}$
$\vdots$	$\vdots$		$\vdots$		$\vdots$	$\vdots$
n	y_{n1}	$\cdots$	y_{nj}	$\cdots$	y_{np}	$y_{n\cdot}$
計	$y_{\cdot 1}$	$\cdots$	$y_{\cdot j}$	$\cdots$	$y_{\cdot p}$	$y_{\cdot\cdot} = N$

表 8.2 母数表

クラス	クラス確率	質問項目				
		1	$\cdots$	j	$\cdots$	p
1	w_1	π_{11}	$\cdots$	π_{j1}	$\cdots$	π_{p1}
$\vdots$	$\vdots$	$\vdots$		$\vdots$		$\vdots$
t	w_t	π_{1t}	$\cdots$	π_{jt}	$\cdots$	π_{pt}
$\vdots$	$\vdots$	$\vdots$		$\vdots$		$\vdots$
m	w_m	π_{1m}	$\cdots$	π_{jm}	$\cdots$	π_{pm}
計	$w_{\cdot} = 1$	$\pi_{\cdot 1}$	$\cdots$	$\pi_{\cdot j}$	$\cdots$	$\pi_{\cdot p}$

演習 8.1 クラスの数が 2 $(m=2)$ で質問項目数が 3 $(p=3)$ の場合，表 8.3 に与えられる母数を各項目に反応
する人数から推定せよ． $\triangleleft$

表 8.3 母数表

クラス	クラス確率	質問項目		
		1	2	3
1	w_1	π_{11}	π_{21}	π_{31}
2	w_2	π_{12}	π_{22}	π_{32}
計	$w_{\cdot} = 1$			

（ヒント）$\widehat{p_j} = \pi_{j1}w_1 + \pi_{j2}w_2$ $(j=1,2,3)$，$\widehat{p_{jk}} = \pi_{j1}\pi_{k1}w_1 + \pi_{j2}\pi_{k2}w_2$ $(1 \leq j \neq k \leq 3)$，
$\widehat{p_{jk\ell}} = \pi_{j1}\pi_{k1}\pi_{\ell 1}w_1 + \pi_{j2}\pi_{k2}\pi_{\ell 2}w_2$ から $\pi_{jk\ell}, w_j$ について解く．

潜在パラメータの推定方法としては，

(1) **行列解法** グリーン（Green），ギブソン（Gibson），アンダーソン（Anderson）などの提案によ
る方法で，母数に関して成立する式，制約条件の式などにデータを代入した方程式を母数につい
て解くことで推定量を求める方法である．

(2) **最尤法** マックヒュー（McHugh）による方法で，得られたデータについて尤度を最大化するよ
うに母数の推定量を構成する方法である．

(3) **EM アルゴリズムによる方法** 欠測値があるような場合にも適用できる方法である.

(4) **（一般化）最小 2 乗法** 母数 $p_j(\boldsymbol{w}, \boldsymbol{\pi})$, $p_{jk}(\boldsymbol{w}, \boldsymbol{\pi})$, $p_{jk\ell}(\boldsymbol{w}, \boldsymbol{\pi})$, $\cdots$ と推定量 $\widehat{p_j}, \widehat{p_{jk}}, \widehat{p_{jk\ell}}, \cdots$ との離れぐあいを最小化するように母数を推定する方法である.

が考えられている. 以下で各方法について考えてみよう.

8.2.1 行 列 解 法

ここでは，アンダーソンによる方法をとりあげよう. 成立する式に $\widehat{p_j}, \widehat{p_{jk}}, \widehat{p_{jk\ell}}$ を代入して，

$$(8.6) \quad \begin{cases} \widehat{p_j} = \sum_{t=1}^{m} w_t \pi_{jt} & (j = 1, \cdots, p) \\ \widehat{p_{jk}} = \sum_{t=1}^{m} w_t \pi_{jt} \pi_{kt} & (1 \leqq j \neq k \leqq p) \\ \widehat{p_{jk\ell}} = \sum_{t=1}^{m} w_t \pi_{jt} \pi_{kt} \pi_{\ell t} & (1 \leqq j \neq k \neq \ell \neq j \leqq p) \end{cases}$$

を $\boldsymbol{w}, \boldsymbol{\pi}$ について解けばよい. より一般的に解くようにするため，以下のように行列への置き換えをする.

$$\Pi = \begin{pmatrix} 1 & \pi_{11} & \pi_{21} & \cdots & \pi_{p1} \\ 1 & \pi_{12} & \pi_{22} & \cdots & \pi_{p2} \\ \vdots & \vdots & \vdots & \ddots & \vdots \\ 1 & \pi_{1m} & \pi_{2m} & \cdots & \pi_{pm} \end{pmatrix}, \quad W = \mathrm{diag}(w_1, w_2, \cdots, w_m),$$

$$\Pi_1 = \begin{pmatrix} 1 & \pi_{11} & \pi_{21} & \cdots & \pi_{m-1,1} \\ 1 & \pi_{12} & \pi_{22} & \cdots & \pi_{m-1,2} \\ \vdots & \vdots & \vdots & \ddots & \vdots \\ 1 & \pi_{1m} & \pi_{2m} & \cdots & \pi_{m-1,m} \end{pmatrix}, \Pi_2 = \begin{pmatrix} 1 & \pi_{m1} & \pi_{m+1,1} & \cdots & \pi_{2m-2,1} \\ 1 & \pi_{m2} & \pi_{m+1,2} & \cdots & \pi_{2m-2,2} \\ \vdots & \vdots & \vdots & \ddots & \vdots \\ 1 & \pi_{mm} & \pi_{m+1,m} & \cdots & \pi_{2m-2,m} \end{pmatrix}$$

ただし，$p > 2m - 2$ が成立する. さらに $D_q = \mathrm{diag}(\pi_{q1}, \pi_{q2}, \cdots, \pi_{qm})$ $(q = 2m-1, \cdots, p)$ とし，

$$P = \begin{pmatrix} p_q & p_{mq} & p_{m+1,q} & \cdots & p_{2m-2,q} \\ p_{1q} & p_{1mq} & p_{1m+1,q} & \cdots & p_{1,2m-2,q} \\ \vdots & \vdots & \vdots & \ddots & \vdots \\ p_{m-1,q} & p_{m-1,m,q} & p_{m-1,m+1,q} & \cdots & p_{m-1,2m-2,q} \end{pmatrix}$$

とおき，対応する要素の添え字 q を除いて

$$P^* = \begin{pmatrix} 1 & p_m & p_{m+1} & \cdots & p_{2m-2} \\ p_1 & p_{1m} & p_{1m+1} & \cdots & p_{1,2m-2} \\ \vdots & \vdots & \vdots & \ddots & \vdots \\ p_{m-1} & p_{m-1,m} & p_{m-1,m+1} & \cdots & p_{m-1,2m-2} \end{pmatrix}$$

とおく. このとき $\Pi_1^{\mathrm{T}} W D_q \Pi_2$ は

$$\begin{pmatrix} \sum_{t=1}^{m} w_t \pi_{qt} & \sum_{t=1}^{m} w_t \pi_{qt} \pi_{mt} & \cdots & \sum_{t=1}^{m} w_t \pi_{qt} \pi_{2m-2,t} \\ \sum_{t=1}^{m} w_t \pi_{1t} \pi_{qt} & \sum_{t=1}^{m} w_t \pi_{1t} \pi_{qt} \pi_{m,t} & \cdots & \sum_{t=1}^{m} w_t \pi_{1t} \pi_{qt} \pi_{2m-2,t} \\ \vdots & \vdots & \ddots & \vdots \\ \sum_{t=1}^{m} w_t \pi_{m-1,t} \pi_{qt} & \sum_{t=1}^{m} w_t \pi_{m-1,t} \pi_{qt} \pi_{m,t} & \cdots & \sum_{t=1}^{m} w_t \pi_{m-1,t} \pi_{qt} \pi_{2m-2,t} \end{pmatrix}$$

である. また，$\Pi_1^{\mathrm{T}} W \Pi_2$ は上の行列で対応する要素の π_{qt} を除いたものとなる. つまり

$$\begin{pmatrix} \sum_{t=1}^{m} w_t & \sum_{t=1}^{m} w_t \pi_{mt} & \cdots & \sum_{t=1}^{m} w_t \pi_{2m-2,t} \\ \sum_{t=1}^{m} w_t \pi_{1t} & \sum_{t=1}^{m} w_t \pi_{1t}\pi_{m,t} & \cdots & \sum_{t=1}^{m} w_t \pi_{1t}\pi_{2m-2,t} \\ \vdots & \vdots & \ddots & \vdots \\ \sum_{t=1}^{m} w_t \pi_{m-1,t} & \sum_{t=1}^{m} w_t \pi_{m-1,t}\pi_{m,t} & \cdots & \sum_{t=1}^{m} w_t \pi_{m-1,t}\pi_{2m-2,t} \end{pmatrix}$$

である．そこで，これらの行列を用いると式 (8.6) の方程式は

$$(8.7) \qquad P = \Pi_1^{\mathrm{T}} W D_q \Pi_2, \quad P^* = \Pi_1^{\mathrm{T}} W \Pi_2$$

とかける．そこで

$$(8.8) \qquad P - \lambda P^* = \Pi_1^{\mathrm{T}} W (D_q - \lambda I) \Pi_2$$

が成立する．また $|\Pi_1^{\mathrm{T}} W (D_q - \lambda I)\Pi_2| = |\Pi_1^{\mathrm{T}}||W||D_q - \lambda I||\Pi_2|$ だから Π_1, W, Π_2 がいずれも正則なときには $|D_q - \lambda I| = 0$ の根と $|P - \lambda P^*| = 0$ の根が一致する．

いま $|D_q - \lambda I| = 0$ の根は $D_q - \lambda I = \mathrm{diag}(\pi_{q1} - \lambda, \cdots, \pi_{qm} - \lambda)$ より $\lambda_q = \pi_{qt}$ $(t = 1, \cdots, m)$ である．そこでこの根は $|P - \lambda P^*| = 0$ の根でもあるので λ_j に対応するベクトル $\boldsymbol{x}_j (\neq \boldsymbol{0})$ が存在して $P\boldsymbol{x}_j = \lambda_j P^* \boldsymbol{x}_j$ が成立する．これは P^* が正則なときには $(PP^{*-1} - \lambda I)P^*\boldsymbol{x} = \boldsymbol{0}$ という固有値問題を解くことと同じである．$\lambda_1, \cdots, \lambda_m$ がすべて異なっていれば対応するベクトル $\boldsymbol{x}_1, \cdots, \boldsymbol{x}_m$ は1次独立で $X = (\boldsymbol{x}_1, \cdots, \boldsymbol{x}_m)$, $\Lambda = \mathrm{diag}(\lambda_1, \cdots, \lambda_m) = D_q$ とおけば

$$(8.9) \qquad PX = P^* X \Lambda$$

が成立する．この式 (8.9) に，式 (8.7) の $P = \Pi_1^{\mathrm{T}} W D_q \Pi_2$, $P^* = \Pi_1^{\mathrm{T}} W \Pi_2$, $\Lambda = D_q$ を代入すれば

$$(8.10) \qquad \Pi_1^{\mathrm{T}} W D_q \Pi_2 \Pi_2^{-1} = \Pi_1^{\mathrm{T}} W \Pi_2 \Pi_2^{-1} D_q$$

より $X = \Pi_2^{-1}$ が1つの解であることがわかる．

そこで一般の解は $X = \Pi_2^{-1} E_x (E_x: 対角行列)$ である．この式から E_x の対角要素は X^{-1} の第1列目の対応する行の要素の逆数である．また $\Pi_2 = E_x X^{-1}$ により Π_2 が求まる．

次に同様に転置した行列について

$$(8.11) \qquad P^{\mathrm{T}} - \mu P^{*T} = \Pi_2^{\mathrm{T}} (D_q - \mu I) W \Pi_1$$

が成立する．そこで $P^{\mathrm{T}} P^{*T-1}$ の固有値を μ_j, 固有ベクトルを $\boldsymbol{w}_j$ と求める．そして，$\boldsymbol{y}_j = P^{*T-1} \boldsymbol{w}_j$ とし，$Y = (\boldsymbol{y}_1, \cdots, \boldsymbol{y}_m)$ とおく．E_y と Y^{-1} を求め，$\Pi_1 = E_y Y^{-1}$ が導かれる．

そこで，式 (8.7) の $P^* = \Pi_1^{\mathrm{T}} W \Pi_2$ より $W = \Pi_1^{\mathrm{T}-1} P^* \Pi_2^{-1}$ と W が求まる．

以上の過程をまとめると以下のようになる．

$$P, P^* \implies \Lambda (= D_q) \implies X, E_x, Y, E_y \implies \Pi_1, \Pi_2 \implies W$$

── 例題 8.1 ──

ある地区のある商品の買い方のパターンとして潜在的に衝動型と合理型（非衝動型）の2パターンがあると考えられ，その割合を推定するため，以下のようなアンケート調査を行った．10 人の人に以下の質問項目について（はい，いいえ）で回答してもらった．「1. あなたはお店で所持金がなくても欲しいと思えば何とかして買いますか．2. 前もって置く場所を決めて買いますか．3. 他の同様な品物と比較してから買いますか．」そこで，表 8.4 のような結果が得られた．なお，1 がはいを表す．割合を推定し，考察も行え．

手順 1　モデルの設定

衝動型，合理型（非衝動型）のクラスの割合をそれぞれ w_1, w_2 とし，衝動型の人で質問項目 1,2,3 のそれぞれに正反応する確率を $\pi_{11}, \pi_{21}, \pi_{31}$ とする．同様に合理型の人が質問項目 1,2,3 に正反応する確率

8.2 潜在クラス分析

表 8.4 データ表

質問項目 / 個体	1	2	3
1	0	1	1
2	0	0	1
3	0	1	1
4	1	0	1
5	0	1	1
6	1	0	0
7	1	1	1
8	1	1	0
9	0	0	1
10	1	0	0
計	n_1	n_2	n_3

をそれぞれ $\pi_{12}, \pi_{22}, \pi_{32}$ とする. このとき母数表が表 8.5 のようになり, 制約条件として $1 = w_1 + w_2$, $p_j = w_1\pi_{j1} + w_2\pi_{j2}$, $p_{jk} = w_1\pi_{j1}\pi_{k1} + w_2\pi_{j2}\pi_{k2}$ $(j, k = 1, 2, 3)$ が成立する.

手順 2 母数（潜在確率など）の推定

$$\widehat{p_1} = n_1/n = 5/10 = 0.5, \quad \widehat{p_2} = n_2/n = 0.5, \widehat{p_3} = n_3/n = 0.7,$$

$$\widehat{p_{12}} = n_{12}/n = 0.2, \quad \widehat{p_{13}} = n_{13}/n = 0.2, \widehat{p_{23}} = 0.4, \quad \widehat{p_{123}} = 0.1$$

から方程式

$$1 = w_1 + w_2, \quad \widehat{p_1} = w_1\pi_{11} + w_2\pi_{12}, \quad \widehat{p_2} = w_1\pi_{21} + w_2\pi_{22}, \quad \widehat{p_3} = w_1\pi_{31} + w_2\pi_{32},$$

$$\widehat{p_{12}} = w_1\pi_{11}\pi_{21} + w_2\pi_{12}\pi_{22}, \quad \widehat{p_{13}} = w_1\pi_{11}\pi_{31} + w_2\pi_{12}\pi_{32}, \quad \widehat{p_{23}} = w_1\pi_{21}\pi_{31} + w_2\pi_{22}\pi_{32},$$

$$\widehat{p_{123}} = w_1\pi_{11}\pi_{21}\pi_{31} + w_2\pi_{12}\pi_{22}\pi_{32}$$

を $\boldsymbol{w}, \boldsymbol{\pi}$ について解けばよい.

行列による解法では, まず以下のようにおく.

$$\Pi_1 = \begin{pmatrix} 1 & \pi_{11} \\ 1 & \pi_{21} \end{pmatrix}, \quad \Pi_2 = \begin{pmatrix} 1 & \pi_{12} \\ 1 & \pi_{22} \end{pmatrix}, W = \begin{pmatrix} w_1 & 0 \\ 0 & w_2 \end{pmatrix}, D_3 = \begin{pmatrix} \pi_{31} & 0 \\ 0 & \pi_{32} \end{pmatrix}, P =$$

$$\begin{pmatrix} \widehat{p_3} & \widehat{p_{23}} \\ \widehat{p_{13}} & \widehat{p_{123}} \end{pmatrix} = \begin{pmatrix} 0.7 & 0.4 \\ 0.2 & 0.1 \end{pmatrix}, P^* = \begin{pmatrix} 1 & \widehat{p_2} \\ \widehat{p_1} & \widehat{p_{12}} \end{pmatrix} = \begin{pmatrix} 1 & 0.5 \\ 0.5 & 0.2 \end{pmatrix}$$

次に, $(P - \lambda P^*)\boldsymbol{x} = \boldsymbol{0}$ は P^* が正則なとき $(PP^{*-1} - \lambda I)\boldsymbol{v} = \boldsymbol{0}$ と変形できる. ただし, $\boldsymbol{v} = P^*\boldsymbol{x}$ である. そこで, 行列 PP^{*-1} の固有値問題となる.

$PP^{*-1} = \begin{pmatrix} 1.2 & -1 \\ 0.2 & 0 \end{pmatrix}$ の固有値は $\lambda_1 = 1, \lambda_2 = 0.2$ で, 対応する固有ベクトルは $\boldsymbol{v}_1 = (0.9806, 0.1961)^{\mathrm{T}}, \boldsymbol{v}_2 = (0.7071, 0.7071)^{\mathrm{T}}$ だから

$$X = P^{*-1}(\boldsymbol{v}_1, \boldsymbol{v}_2) = (\boldsymbol{x}_1, \boldsymbol{x}_2) = \begin{pmatrix} -1.9612 & 4.2426 \\ 5.8835 & -7.0711 \end{pmatrix}$$ である. また, $D_3 = diag(\pi_{31}, \pi_{32}) = (\lambda_1, \lambda_2) = (1, 0.2)$ である.

そこで, $X^{-1} = \begin{pmatrix} 0.6374 & 0.3824 \\ 0.5303 & 0.1768 \end{pmatrix}$ より, $E_x = \begin{pmatrix} 1/0.6374 & 0 \\ 0 & 1/0.5303 \end{pmatrix} = \begin{pmatrix} 1.5689 & 0 \\ 0 & 1.8857 \end{pmatrix}$ である. よって $\Pi_2 = E_x X^{-1} = \begin{pmatrix} 1 & 0.6000 \\ 1 & 0.3334 \end{pmatrix}$ と求まる.

次に, $(P^{\mathrm{T}} - \mu P^*)\boldsymbol{y} = \boldsymbol{0}$ を変形して $(P^{\mathrm{T}}P^{*\mathrm{T}-1} - \mu I)P^*\boldsymbol{y} = \boldsymbol{0}$ より $P^{\mathrm{T}}P^{*\mathrm{T}-1} = \begin{pmatrix} -0.8 & 3 \\ -0.6 & 2 \end{pmatrix}$ の固有値 $\mu_1 = 1, \mu_2 = 0.2$ に対応する固有ベクトルは $\boldsymbol{w}_1 = (-0.8575, -0.5145)^{\mathrm{T}}, \boldsymbol{w}_2 = (-0.9487, -0.3162)^{\mathrm{T}}$ である. そこで $Y = P^{*\mathrm{T}-1}(\boldsymbol{w}_1, \boldsymbol{w}_2) = (\boldsymbol{y}_1, \boldsymbol{y}_2) = \begin{pmatrix} -1.7150 & 0.6325 \\ 1.7150 & -3.1623 \end{pmatrix}$

より, $Y^{-1} = \begin{pmatrix} -0.7289 & -0.1458 \\ -0.3953 & -0.3953 \end{pmatrix}$ だから, $E_y = \begin{pmatrix} 1/(-1.0.7298) & 0 \\ 0 & 1/(-0.3953) \end{pmatrix} = \begin{pmatrix} -1.3719 & 0 \\ 0 & -2.5297 \end{pmatrix}$ から, $\Pi_1 = E_y Y^{-1} = \begin{pmatrix} 1 & 0.2000 \\ 1 & 1 \end{pmatrix}$ と求まる.

ゆえに, $W = \Pi_1^{T-1} P^* \Pi_2^{-1} = \begin{pmatrix} 0.6250 & 0 \\ 0 & 0.3750 \end{pmatrix}$ となる. 以上の結果を表にまとめると表 8.6 のようになる.

<table>
<tr><td colspan="5" align="center">表 8.5 母数表</td></tr>
<tr><td rowspan="2">クラス</td><td rowspan="2">クラス確率</td><td colspan="3">質問項目</td></tr>
<tr><td>1</td><td>2</td><td>3</td></tr>
<tr><td>1</td><td>w_1</td><td>π_{11}</td><td>π_{21}</td><td>π_{31}</td></tr>
<tr><td>2</td><td>w_2</td><td>π_{12}</td><td>π_{22}</td><td>π_{32}</td></tr>
<tr><td>計</td><td>$w. = 1$</td><td></td><td></td><td></td></tr>
</table>

<table>
<tr><td colspan="5" align="center">表 8.6 母数の推定値</td></tr>
<tr><td rowspan="2">クラス</td><td rowspan="2">クラス確率</td><td colspan="3">質問項目</td></tr>
<tr><td>1</td><td>2</td><td>3</td></tr>
<tr><td>1</td><td>0.6250</td><td>0.2</td><td>1</td><td>1</td></tr>
<tr><td>2</td><td>0.3750</td><td>0.6</td><td>0.3334</td><td>0.2</td></tr>
<tr><td>計</td><td>$w. = 1$</td><td></td><td></td><td></td></tr>
</table>

手順 3 解釈と適合性の吟味

クラス確率の推定から, 衝動型の購入タイプの割合が 6 割で, 合理型のタイプの人が 4 割と推定される. また質問項目の 2 と 3 は衝動型の購入タイプの人は必ず「はい」と答える項目であると推定され, また合理型の反応確率と大きく違う項目であることがわかる.

補 8.1 $|P - \lambda P^*| = \begin{vmatrix} 0.7 - \lambda & 0.4 - 0.5 \\ 0.2 - 0.5 & 0.1 - 0.2 \times \lambda \end{vmatrix} = 0.2\lambda^2 - 0.24\lambda + 0.04 = 0$ を解いて 固有値 $\lambda_1 = 1, \lambda_2 = 0.2$ と求め, 対応して固有ベクトル x_1, x_2 を求めてもよいが, ここでは対象とする行列を決めてその行列の固有値, 固有ベクトルを求める方法をとった. ◁

演習 8.2 ある地区で家電製品を買うとき, 潜在的に好きな (買いたい) メーカーがある割合がいくらか調べるため以下のようなアンケート調査を行った. 8 人の人に以下の質問項目について (はい, いいえ) で回答してもらった.

「1. あなたは買う家電製品のメーカーをチェックしますか. 2. 持っている家電製品は同一メーカーのものが多いですか. 3. 家電製品のメーカー名でブランドになっているメーカーがありますか. 表 8.7 のような結果が得られた. なお, 1 が「はい」を表す. 潜在的に買いたいメーカーのある割合を推定してみよ. ◁

演習 8.3 各自, そのクラスに属すかどうかを直接は質問できない場合や直接検査でそのクラスに属すかわからない場合, 潜在的なクラスに関する質問項目を考えアンケート調査, 検査などにより潜在的なクラスの割合を推定してみよ. ◁

<table>
<tr><td colspan="4" align="center">表 8.7 アンケートデータ</td></tr>
<tr><td>個体 \ 質問項目</td><td>1</td><td>2</td><td>3</td></tr>
<tr><td>1</td><td>0</td><td>1</td><td>1</td></tr>
<tr><td>2</td><td>0</td><td>0</td><td>1</td></tr>
<tr><td>3</td><td>0</td><td>1</td><td>1</td></tr>
<tr><td>4</td><td>1</td><td>0</td><td>1</td></tr>
<tr><td>5</td><td>0</td><td>1</td><td>1</td></tr>
<tr><td>6</td><td>1</td><td>0</td><td>0</td></tr>
<tr><td>7</td><td>1</td><td>1</td><td>1</td></tr>
<tr><td>8</td><td>1</td><td>1</td><td>0</td></tr>
<tr><td>計</td><td>n_1</td><td>n_2</td><td>n_3</td></tr>
</table>

8.2.2 最 尤 法

$i (= 1, \cdots, n)$ 番の人が $j (= 1, \cdots, p)$ 番の質問項目に対し, y_{ij} の反応をするとき, データ $\boldsymbol{y}_i = (y_{i1}, \cdots, y_{ip})^{\mathrm{T}}$ が得られる同時確率 $g(\boldsymbol{y}_i)$ は

$$(8.12) \quad g(\boldsymbol{y}_i) = P(Y_{i1} = y_{i1}, \cdots, Y_{ip} = y_{ip})$$

$$= \sum_{t=1}^m P(X = t) P(Y_{i1} = y_{i1}|X = t) \times \cdots \times P(Y_{ip} = y_{ip}|X = t)$$

$$= \sum_{t=1}^m w_t \pi_{1t}^{y_{i1}} (1 - \pi_{1t})^{1-y_{i1}} \times \cdots \times \pi_{pt}^{y_{ip}} (1 - \pi_{pt})^{1-y_{ip}}$$

$$= \sum_{t=1}^m w_t \prod_{j=1}^p \pi_{jt}^{y_{ij}} (1 - \pi_{jt})^{1-y_{ij}}$$

$$= \sum_{t=1}^m w_t g_t(\boldsymbol{y}_i) \quad \left(\text{ただし}, \ g_t(\boldsymbol{y}_i) = \prod_{j=1}^p \pi_{jt}^{y_{ij}} (1 - \pi_{jt})^{1-y_{ij}} \right)$$

で与えられる.

そこで, n 人についての同時確率は

$$(8.13) \qquad \prod_{i=1}^n \left\{ \sum_{t=1}^m w_t g_t(\boldsymbol{y}_i) \right\}$$

となる. 式 (8.13) をパラメータ $(\boldsymbol{w}, \boldsymbol{\pi})$ について制約条件 $\sum w_t = 1$ のもとで, 最大化するように推定量を構成する. 実際以下で具体的に求めよう. 式 (8.13) の対数をとり, ラグランジュの未定乗数 λ を用い制約条件を考慮した関数 Q を式 (8.14) のようにおく.

$$(8.14) \qquad Q = \sum_{i=1}^n \ln \left\{ \sum_{t=1}^m w_t g_t(\boldsymbol{y}) \right\} - \lambda \left(\sum_{t=1}^m w_t - 1 \right)$$

次に, パラメータ $(\boldsymbol{w}, \boldsymbol{\pi})$ について微分し $\boldsymbol{0}$ とおいた方程式を求めると式 (8.15) のようになる.

$$(8.15) \qquad \begin{cases} \dfrac{\partial Q}{\partial w_t} = \sum_i \dfrac{\prod_{j=1}^p \pi_{jt}^{y_{ij}} (1 - \pi_{jt})^{1-y_{ij}}}{g(\boldsymbol{y}_i)} - \lambda = 0 \\[3mm] \dfrac{\partial Q}{\partial \pi_{jt}} = \sum_i w_t \dfrac{\dfrac{\partial g_t(\boldsymbol{y}_i)}{\partial \pi_{jt}}}{g(\boldsymbol{y}_i)} = 0 \end{cases}$$

なお, 式 (8.15) の下側の式で

$$\frac{\partial g_t(\boldsymbol{y}_i)}{\partial \pi_{jt}} = \frac{\partial}{\partial \pi_{jt}} \exp \left\{ \sum_{j=1}^p y_{ij} \log \pi_{jt} + (1 - y_{ij}) \log(1 - \pi_{jt}) \right\}$$

$$= g_t(\boldsymbol{y}_i) \left\{ y_{ij}/\pi_{jt} - (1 - y_{ij})/(1 - \pi_{jt}) \right\} = \frac{(y_{ij} - \pi_{jt}) g_t(\boldsymbol{y}_i)}{\pi_{jt}(1 - \pi_{jt})}$$

であるので

$$\frac{\partial Q}{\partial \pi_{jt}} = \frac{w_t}{\pi_{jt}(1 - \pi_{jt})} \sum_i \frac{(y_{ij} - \pi_{jt}) g_t(\boldsymbol{y}_i)}{\pi_{jt}(1 - \pi_{jt})}$$

である. また, 式 (8.15) の上側の式より

$$\sum_i \frac{g_t(\boldsymbol{y}_i)}{g(\boldsymbol{y}_i)} = \lambda$$

であり, 両辺に w_t をかけると

$$\sum_i \frac{w_t g_t(\boldsymbol{y}_i)}{g(\boldsymbol{y}_i)} = \sum_i P(X = t|\boldsymbol{y}_i) = w_t \lambda$$

である. 上式を t について和をとると $\lambda = n$ が導かれ,

$$(8.16) \qquad w_t = \sum_i \frac{P(X = t|\boldsymbol{y}_i)}{n}$$

である. 次に, 式 (8.15) の下側の式より

$$\sum_i \frac{y_{ij} g_t(\boldsymbol{y}_i)}{g(\boldsymbol{y}_i)} = \sum_i \frac{\pi_{jt} g_t(\boldsymbol{y}_i)}{g(\boldsymbol{y}_i)}$$

上式の両辺に w_t をかけて

$$(8.17) \qquad \pi_{jt} = \frac{\sum_i y_{ij} P(X = t|\boldsymbol{y}_i)}{\sum_i P(X = t|\boldsymbol{y}_i)}$$

が導かれる. そこで $P(X = t|\boldsymbol{y}_i)$ に初期値を与えることで反復的に w_t, π_{jt} を求めることができる. 手順としてまとめると以下のようになる.

122   8. 潜在構造分析法

手順 1 $P(X = t|\boldsymbol{y}_i)$ に初期値を与える.

手順 2 式 (8.16), (8.17) から w_t, π_{jt} を求める.

手順 3 $P(X = t|\boldsymbol{y}_i)$ を推定し手順2へ進む.

このように手順2と3を繰り返し,w_t, π_{jt} が安定してくれば反復を停止してそのときの値を推定値とする.

(参考) 例題 8.1 について,最尤法により推定した結果(R を利用)を載せておこう.

```
> m <- read.table("rei81.csv", header=TRUE,
+   sep=",", na.strings="NA", dec=".", strip.white=TRUE)
> colnames(m)<-NULL
> y<-as.matrix(m)    #行列に変換
> y   #y の表示
      [,1] [,2] [,3]
 [1,]    0    1    1
 [2,]    0    0    1
 [3,]    0    1    1
 [4,]    1    0    1
 [5,]    0    1    1
 [6,]    1    0    0
 [7,]    1    1    1
 [8,]    1    1    0
 [9,]    0    0    1
[10,]    1    0    0
```

クラス数 $m = 2$,質問数 $p = 3$,サンプル数 $n = 10$ の場合で,尤度は,

$$(8.18) \qquad L = \prod_{i=1}^{10} \left\{ \sum_{t=1}^{2} w_t g_t(\boldsymbol{y}_i) \right\}$$

で,その対数をとった対数尤度は,

$$(8.19) \qquad LL = \sum_{i=1}^{10} \log\{ w_1 g_1(\boldsymbol{y}_i) + (1 - w_1) g_2(\boldsymbol{y}_i) \}$$

である.なお,

$$(8.20) \qquad g_t(\boldsymbol{y}_i) = \prod_{j=1}^{3} \pi_{jt}^{y_{ij}} (1 - \pi_{jt})^{1-y_{ij}}$$
$$= \pi_{1t}^{y_{i1}} (1 - \pi_{1t})^{1-y_{i1}} \pi_{2t}^{y_{i2}} (1 - \pi_{2t})^{1-y_{i2}} \pi_{3t}^{y_{i3}} (1 - \pi_{3t})^{1-y_{i3}}$$

である.

式 (8.19) を最大化する $w_1 \pi$ を以下に求めよう.

● 対数尤度関数 kan

```
> kan=function(x){    #対数尤度関数の定義
+ LL=0
+ for (i in 1:nrow(y)){
+ L1=1
+ L2=1
+  for (j in 1:ncol(y)){
+   L1<-L1*x[j]^y[i,j]*(1-x[j])^(1-y[i,j])
+    k=3+j
+   L2<-L2*x[k]^y[i,j]*(1-x[k])^(1-y[i,j])
+   }
+ LL<-LL+log(x[7]*L1+(1-x[7])*L2)
+ }
+ return(-LL)
+ }
```

8.2 潜在クラス分析

```
> #初期値
> x=c(0.5,0.5,0.5,0.5,0.5,0.5,0.5)
> kai<-optim(x,kan,method="BFGS",hessian=TRUE)      #最小化の関数 optim の利用
# method は他に, "SANN","Nelder-Mead"がある
#推定値
> kai
$par
[1] 0.5 0.5 0.7 0.5 0.5 0.7 0.5

$value
[1] 19.97159

$counts
function gradient
      13        5

$convergence
[1] 0

$message
NULL

$hessian
             [,1]          [,2]          [,3]          [,4]
[1,]  1.000002e+01  2.000004e+00  7.142880e+00  1.000002e+01
[2,]  2.000004e+00  1.000002e+01 -2.380960e+00 -2.000004e+00
[3,]  7.142880e+00 -2.380960e+00  1.190481e+01 -7.142880e+00
[4,]  1.000002e+01 -2.000004e+00 -7.142880e+00  1.000002e+01
[5,] -2.000004e+00  1.000002e+01  2.380960e+00  2.000004e+00
[6,] -7.142880e+00  2.380960e+00  1.190481e+01  7.142880e+00
[7,]  5.915268e-07 -5.151435e-07  2.371436e-05 -5.915268e-07
             [,5]          [,6]          [,7]
[1,] -2.000004e+00 -7.142880e+00  5.915268e-07
[2,]  1.000002e+01  2.380960e+00 -5.151435e-07
[3,]  2.380960e+00  1.190481e+01  2.371436e-05
[4,]  2.000004e+00  7.142880e+00 -5.915268e-07
[5,]  1.000002e+01 -2.380960e+00  5.151435e-07
[6,] -2.380960e+00  1.190481e+01 -2.371436e-05
[7,]  5.151435e-07 -2.371436e-05  0.000000e+00
> pai<-matrix(kai$par[1:6],2,byrow=T)   #最適値 (セルの確率)
> pai
     [,1] [,2] [,3]
[1,]  0.5  0.5  0.7
[2,]  0.5  0.5  0.7
> w<-kai$par[7]   #最適値 (クラス確率)
> w
[1] 0.5
```

例題 8.1 の結果と少し異なる.

演習 8.4 演習 8.2 のデータについて最尤法により潜在確率などを推定してみよ. ◁

8.2.3 EM アルゴリズムによる方法

潜在変数 z_{it} を，個体 i がクラス t に属すとき 1 をとり，その他では 0 をとる確率変数とする．$\boldsymbol{y}_i$ と z_{it} のどちらも得られるとき，完全データとして呼ぶことにする．このとき，対数尤度は，

$$(8.21) \qquad LL = \log L = \log \prod_{i=1}^{n} \prod_{t=1}^{m} \{w_t g_t(\boldsymbol{y}_i)\}^{z_{it}} = \sum_{i=1}^{n} \sum_{t=1}^{m} \{z_{it} \log g_t(\boldsymbol{y}_i) + z_{it} \log w_t\}$$

である．制約条件 $\sum_{t=1}^{m} w_t = 1$ のもとでの最大化より，ラグランジュの未定乗数法から

$$(8.22) \qquad w_t = \sum_{i=1}^{n} \frac{z_{it}}{n}, \qquad \pi_{jt} = \frac{\sum_{i=1}^{n} z_{it} y_{ij}}{\sum_{i=1}^{n} z_{it}}$$

が得られる．また，ベイズの定理を利用して

$$(8.23) \qquad z_{it} = \frac{w_t g_t(\boldsymbol{y}_i)}{\sum_{t=1}^{m} w_t g_t(\boldsymbol{y}_i)}$$

が成立し，これを z_{it} の更新に用いる．なお，例題 8.1 の場合対数尤度は，

$$(8.24) \qquad LL = \sum_{i=1}^{10} \{z_{i1} \log g_1(\boldsymbol{y}_i) + z_{i1} \log w_1\} + \{z_{i2} \log g_2(\boldsymbol{y}_i) + z_{i2} \log(1-w_1)\}$$

である．そこで以下のような手順が考えられる．里村 [A16] を参照．

手順 1 パラメータ w_t, π_{jt} に初期値を与える．

手順 2 完全データの期待値を求める（E-step）．

手順 3 完全データの対数尤度の期待値を最大にするパラメータを求める（M-step）．

手順 4 $\hat{z}_{it}$ を更新する．

手順 5 対数尤度を計算し，手順 2 へ進む．

このように手順 2〜5 を繰返し w_t, π_{jt} が安定してくれば反復を停止してそのときの値を推定値とする．例題 8.1 について，EM アルゴリズムにより推定した結果（R を利用）を載せておこう．

```
> LLZ=function(x,pai,p,w){
+       LLM=0
+       n=nrow(x)
+       for (i in 1:n){
+       LM1=1
+       LM2=1
+           for (j in 1:ncol(y)){
+           LM1=LM1*pai[1,j]^x[i,j]*(1-pai[1,j])^(1-x[i,j])
+           LM2=LM2*pai[2,j]^x[i,j]*(1-pai[2,j])^(1-x[i,j])
+           }
+           z[i]=(w*LM1)/(w*LM1+(1-w)*LM2)
+           LLM=LLM+log(w*LM1+(1-w)*LM2)
+       }
+       return(list(z=z,LLM=LLM))
+ }
```

```
>    #例題 8.1 のデータ

> pai0=matrix(0.5,2,3)    #すべて成分が 0.5 の 2 行 3 列の行列とする

> pai0
     [,1] [,2] [,3]
[1,]  0.5  0.5  0.5
[2,]  0.5  0.5  0.5

> w=0.5
> n=nrow(y)    #y の行数を n に代入
```

```
> z=matrix(0,n) #成分がすべて 0
> z
      [,1]
 [1,]    0
 [2,]    0
 [3,]    0
 [4,]    0
 [5,]    0
 [6,]    0
 [7,]    0
 [8,]    0
 [9,]    0
[10,]    0

> obs<-LLZ(y,pai0,3,w)   #データが y のときの尤度
> z<-obs$z  #そのときの z
> LLM0=obs$LLM

> while (abs(d) >= 10^(-10)){
+           pai1=apply(matrix(z,n,3)*y,2,sum)/sum(z)
+           pai2=apply(matrix(1-z,n,3)*y,2,sum)/sum(1-z)
+           pai=rbind(pai1,pai2)
+           w<-sum(z)/n
+
+           obs=LLZ(x,n,pai,w)
+           LLM=obs$LLM
+           z<-obs$z
+
+           d=LLM-LLM0   #変化量
+           LLM0=LLM
+           print(d)
+ }

> pai #セル確率
      [,1] [,2] [,3]
pai1 0.5  0.5  0.7
pai2 0.5  0.5  0.7

> w #クラス確率
[1] 0.5
```

このように最尤法と同じ結果が得られる.

演習 8.5 演習 8.2 のデータについて EM アルゴリズムにより潜在確率などを推定してみよ. ◁

8.2.4 （一般化）最小 2 乗法

ベクトル表現で $\widehat{\boldsymbol{p}} = (\widehat{p_1}, \cdots, \widehat{p_m}, \widehat{p_{11}}, \cdots, \widehat{p_{pm}}, \widehat{p_{111}}, \cdots, \widehat{p_{ppm}})^{\mathrm{T}}$ とし, $\boldsymbol{p}(\boldsymbol{w}, \boldsymbol{\pi}) = (p_1(\boldsymbol{w}, \boldsymbol{\pi}), \cdots, p_p(\boldsymbol{w}, \boldsymbol{\pi}), p_{12}(\boldsymbol{w}, \boldsymbol{\pi}), \cdots, p_{pp}(\boldsymbol{w}, \boldsymbol{\pi}), p_{123}(\boldsymbol{w}, \boldsymbol{\pi}), \cdots, p_{p-2,p-1,p}(\boldsymbol{w}, \boldsymbol{\pi}))^{\mathrm{T}}$ とおくとき,

$$(8.25) \qquad (\widehat{\boldsymbol{p}} - \boldsymbol{p}(\boldsymbol{w}, \boldsymbol{\pi}))^{\mathrm{T}} \Sigma^{-1} (\widehat{\boldsymbol{p}} - \boldsymbol{p}(\boldsymbol{w}, \boldsymbol{\pi}))$$

を最小化するように $\boldsymbol{w}$, $\boldsymbol{\pi}$ を推定する. ここに Σ は重み行列で分散の推定量などを代入する. 最小化する場合も, 普通反復計算を利用して求める.

また検定問題として

$$
\begin{cases}
H_0: w_t = \dfrac{1}{m} & (t = 1, \cdots, m) \\
H_1: w_t \neq \dfrac{1}{m} & (\text{少なくとも 1 つの } t \text{ について})
\end{cases}
$$

$$
\begin{cases}
H_0: \pi_{1t} = \cdots = \pi_{pt} \left(= \dfrac{1}{2} \right) & (t = 1, \cdots, m) \\
H_1: \pi_{jt} \neq \pi_{kt} & (\text{少なくとも 1 つの組 } (j,k) \text{ について})
\end{cases}
$$

$$
\begin{cases}
H_0: \pi_{1t} = \cdots = \pi_{pt} \left(= \dfrac{1}{2} \right) & (t = 1, \cdots, m) \\
H_1: \pi_{1t} \leqq \pi_{2t} \leqq \cdots \leqq \pi_{pt} & (\text{少なくとも 1 つの } j \text{ について } \lneqq)
\end{cases}
$$

などの検定も考えられる。しかし，解の不安定性の解決が課題とされている。

8.3 項目応答理論（IRT）

潜在変量で能力を表す量を θ とする。そして，「その能力が特定されたもと各質問項目への反応は互いに独立である」という局所独立性の仮定を離散型の潜在クラス分析の場合と同様に仮定する。いま p 個の質問（テスト）項目があり，j 項目に正答すれば 1 をとり，誤答すれば 0 をとる確率変数を Y_j で表すと，得点は $\sum_{j=1}^{p} Y_j$ で表される。また，能力 θ の人が項目 j に正答する確率を $P_j(\theta)$ で表すとすると，p 項目について反応が，$y_1, \cdots, y_p$ である確率 $g(\boldsymbol{y}|\theta)$ は

$$
(8.26) \quad g(\boldsymbol{y}|\theta) = P(Y_1 = y_1, \cdots, Y_p = y_p|\theta) = P(Y_1 = y_1|\theta) \times \cdots \times P(Y_p = y_p|\theta)
$$

$$
= \prod_{j=1}^{p} P_j(\theta)^{y_j} Q_j(\theta)^{1-y_j} \quad \left(Q_j(\theta) = 1 - P_j(\theta) \right)
$$

と書かれる。そこで，i 番の人の能力が θ_i のとき，反応が $(y_{i1}, \cdots, y_{ip})$ である n 人の反応データが得られる確率は

$$
(8.27) \quad P(Y_{ij} = y_{ij} : i = 1, \cdots, n; j = 1, \cdots, p|\theta_i : i = 1, \cdots, n)
$$

$$
= \prod_{i=1}^{n} g(\boldsymbol{y}_i|\theta_i) = \prod_{i=1}^{n} \prod_{j=1}^{p} P_j(\theta_i)^{y_{ij}} Q_j(\theta_i)^{1-y_{ij}}
$$

で与えられる。この場合，母数 θ_i がサンプル数に依存して増えるため制約条件を考えるなど，工夫する必要がある。

そして，能力 θ の人が j 項目に正答する確率として，以下のようなモデルが考えられている。なお，θ を横軸に，縦軸に正答確率をとり，$P_j(\theta)$ を描いた曲線を**項目特性曲線**（item characteristic curve）と呼んでいる。

項目特性の関数としては，おもに累積正規分布関数を用いるプロビット型とロジスティック分布関数を用いるロジスティック型が使われている。以下で各タイプ（型）についてみよう。

8.3.1 プロビット（probit）型

まず，$\Phi(x)$ を標準正規分布の累積分布関数で

$$
\Phi(x) = \int_{-\infty}^{x} \frac{1}{\sqrt{2\pi}} e^{-\frac{t^2}{2}} dt
$$

とする。そして，パラメータ（母数）の個数により，以下のように分けられる。

a. 1 パラメータ正規累積モデル

$$
(8.28) \quad P_j(\theta) = \Phi(\theta - b_j)
$$

と位置母数 b_j に依存して正答確率が定まるモデルで，b_j が大きいほど正答確率が下がる。

b. 2パラメータ正規累積モデル

$$(8.29) \qquad P_j(\theta) = \Phi\big(a_j(\theta - b_j)\big)$$

で与えられる．ここに母数 a_j は大きければ正答か誤答のいずれかに偏りやすくなり，Y_j の分散も大きくなる．そこで項目の識別力を表すとみなせる．また b_j は大きくなれば項目 j に関する正答確率が減少するため，項目の正答困難度を表す母数とみなせる．

c. 3パラメータ正規累積モデル

偶然，当て推量により正答する確率を考慮した母数 c_j をいれたモデルである．c_j を当て推量の母数（guessing parameter または pseudo-chance level parameter）という．

$$(8.30) \qquad P_j(\theta) = c_j + (1 - c_j)\Phi\big(a_j(\theta - b_j)\big)$$

と正答確率が与えられるモデルである．

8.3.2 ロジスティック（**logistic**）型

パラメータの個数により，さらに次のように分かれる．

a. 1母数ロジスティックモデル（ラッシュモデル）

ラッシュ（Rasch）によるモデルで以下のように書かれる．

$$(8.31) \qquad P_j(\theta) = \frac{1}{1 + exp\big(-D(\theta - b_j)\big)} \qquad (D = -1.7 : 定数)$$

と書かれる．

b. 2母数ロジスティックモデル

バーンバウム（Birnbaum）によるモデルで以下のように書かれる．

$$(8.32) \qquad P_j(\theta) = \frac{1}{1 + exp\big(-Da_j(\theta - b_j)\big)}$$

c. 3母数ロジスティックモデル

プロビットモデルと同様，当て推量により正答する確率を考慮した母数 c_j をいれたモデルである．以下のように書かれる．

$$(8.33) \qquad P_j(\theta) = c_j + \frac{1 - c_j}{1 + exp\big(-Da_j(\theta - b_j)\big)}$$

ここに，a_j, b_j, c_j などは**項目母数**といわれ，θ は**能力母数**といわれる．

なお，0と1以外にも値をとる多値の場合のモデルとして以下がある．

d. 多項ロジスティックモデル

能力 θ の人が j 項目の k カテゴリーに反応する確率が

$$(8.34) \qquad P_{jk}(\theta) = \frac{\exp(b_{jk} + a_{jk}\theta)}{\displaystyle\sum_{k=1}^{q} \exp(b_{jk} + a_{jk}\theta)}$$

で与えられる．

8.3.3 具体的な推定

前節のように母数としては能力母数 θ と項目母数 $\boldsymbol{a} = (a, b, c)^{\mathrm{T}}$ があり，これらの組 $(\theta, \boldsymbol{a}^{\mathrm{T}})^{\mathrm{T}}$ をいかに推定するかが問題となる．以下では正答確率が $P_j(\theta) = P(\theta, \boldsymbol{a}_j)$ と書かれ，関数形 P が既知である場合を考える．関数としてはプロビットかロジスティックを念頭に置いている．ただし，$\boldsymbol{a}_j = (a_j, b_j, c_j)^{\mathrm{T}} (j = 1, \cdots, p)$ である．そこで母数の組の未知か既知かの場合分けに応じて推定方法が分けられる．どちらも既知の場合は推定を考える必要がないため次のような場合に分けて考える．

(1) （能力母数，項目母数）＝（未知，既知）の場合

  ① 最尤法，② ベイズ推定 などの方法がある．

(2) （能力母数，項目母数）＝（既知，未知）の場合

  ① 最尤法，② 周辺最尤法 などの方法がある．

(3) （能力母数，項目母数）＝（未知，未知）の場合

  ① 同時最尤推定 ② 周辺最尤法 ③ 条件付き最尤法 ④ ベイズ推定 などの方法が考えられている．

以上の場合の代表的な推定法について考えてみよう．

a. 最 尤 法

（能力母数, 項目母数）＝（未知, 既知）の場合について考えてみよう. 母数 θ についての尤度を最大化する最尤法が用いられる. つまり, 能力 θ の人が p 項目について反応が $y_1, \cdots, y_p$ である確率が式 (8.19) であり, この式を能力母数の関数とみて対数をとったものを $L(\theta)$（対数尤度関数）で表すと

$$(8.35) \qquad L(\theta) = \sum_{j=1}^{p} y_j \ln P_j(\theta) + (1 - y_j) \ln \big(1 - P_j(\theta)\big)$$

である. これを θ で微分して 0 とおいて θ について解けばよい. これは普通, 陽に θ について解けないのでニュートン法が用いられる. その反復式は

$$(8.36) \qquad \theta^{(k+1)} = \theta^{(k)} - \Big(\frac{\partial^2 L(\theta^{(k)})}{\partial \theta^2}\Big)^{-1} \frac{\partial L(\theta^{(k)})}{\partial \theta}$$

で与えられる. ここに

$$(8.37) \qquad \frac{\partial L(\theta)}{\partial \theta} = \sum_j \frac{\partial P_j}{\partial \theta} \frac{y_j - P_j}{P_j(1 - P_j)} = 0$$

$$(8.38) \qquad \frac{\partial^2 L(\theta)}{\partial \theta^2} = \sum_j \frac{\partial^2 P_j}{\partial \theta^2} \frac{y_j - P_j}{P_j(1 - P_j)} + \sum_j \Big(\frac{\partial P_j}{\partial \theta}\Big)^2 \frac{P_j(3P_j - 2) + y_j(1 - 2P_j)}{P_j^2(1 - P_j)^2}$$

$$（ただし, P_j = P_j(\theta) = P(\theta, \boldsymbol{a}_j) \quad (\boldsymbol{a}_j: 既知) である.）$$

b. ベイズ推定法

（能力母数, 項目母数）＝（未知, 既知）の場合について考えてみよう. 反応パターン y_j $(j = 1, \cdots, p)$ $(\boldsymbol{y} = (y_1, \cdots, y_p)^{\mathrm{T}})$ と能力母数 θ の同時分布を $g(\boldsymbol{y}, \theta)$, θ の事前分布（prior distribution）を $h(\theta)$ とするとき, データ $\boldsymbol{y}$ が得られたもとでの θ の事後確率分布は

$$(8.39) \qquad g(\theta|\boldsymbol{y}) = \frac{g(\boldsymbol{y}, \theta)}{\int g(\boldsymbol{y}, \theta) d\theta} = \frac{g(\boldsymbol{y}|\theta) h(\theta)}{\int g(\boldsymbol{y}|\theta) h(\theta) d\theta}$$

$$（ただし, g(\boldsymbol{y}|\theta) h(\theta) = \prod_{j=1}^{p} P_j(\theta)^{y_j} Q_j(\theta)^{1-y_j} h(\theta) である.）$$

で与えられる. このとき, θ のベイズ推定量 $\widetilde{\theta}$ は条件付き期待値

$$(8.40) \qquad \widetilde{\theta} = E[\widehat{\theta}|\boldsymbol{y}] = \int \theta g(\theta|\boldsymbol{y}) d\theta$$

で与えられる.

c. 周辺尤度最大化（EM アルゴリズムなど）

（項目母数, 能力母数）＝（未知, 未知）の場合について考えよう. $\boldsymbol{y}$ の項目母数 $\boldsymbol{a}$ を与えたもとでの条件付き分布は, θ の分布を $h(\theta|\boldsymbol{a})$ とすれば

$$(8.41) \qquad g(\boldsymbol{y}|\boldsymbol{a}) = \int g(\boldsymbol{y}, \theta|\boldsymbol{a}) h(\theta|\boldsymbol{a}) d\theta$$

である. いま, 反応パターンが $\boldsymbol{y}_k$ である個数が n_k $(k = 1, \cdots, 2^p)$ であるとする. そこで $n = \sum_k n_k$ である. このときデータ $\boldsymbol{y}_i (i = 1, \cdots, n)$ が得られる確率は

$$(8.42) \qquad \prod_{i=1}^{n} g(\boldsymbol{y}_i|\boldsymbol{a}) = \prod_{k=1}^{2^p} g(\boldsymbol{y}_k|\boldsymbol{a})^{n_k} = \prod_k \Big(\int g(\boldsymbol{y}_k, \theta|\boldsymbol{a}) h(\theta|\boldsymbol{a}) d\theta\Big)^{n_k}$$

である. この式は項目反応の周辺分布になっているので**周辺尤度関数**（marginal likelihood function）といわれる. 上の周辺尤度（積分を含む尤度関数）を最大にする母数が解析的に求まらないとき数値的に求める方法が EM アルゴリズムである. そして EM アルゴリズムは以下の E ステップと M ステップを繰返して周辺尤度を最大化する母数を数値的に求める方法である.

E ステップ

母数のある推定値が $\boldsymbol{a}^{(0)}$ のとき, データ $\boldsymbol{y}$ が得られたもとでの θ の条件付き分布は

$$(8.43) \qquad h(\theta|\boldsymbol{y}, \boldsymbol{a}^{(0)}) = \frac{g(\boldsymbol{y}, \theta|\boldsymbol{a}^{(0)})}{\int g(\boldsymbol{y}, \theta|\boldsymbol{a}^{(0)}) d\theta} = \frac{g(\boldsymbol{y}|\theta, \boldsymbol{a}^{(0)}) h(\theta|\boldsymbol{a}^{(0)})}{\int g(\boldsymbol{y}|\theta, \boldsymbol{a}^{(0)}) h(\theta|\boldsymbol{a}^{(0)}) d\theta}$$

朝倉書店〈統計・情報関連書〉ご案内

時系列分析ハンドブック

北川源四郎・田中勝人・川﨑能典 監訳
T.S.Rao ほか編
A5判 788頁 定価（本体18000円＋税）（12211-4）

"Time Series Analysis : Methods and Application" (Elsevier) の全訳。時系列分析の様々な理論的側面を23の章によりレビューするハンドブック。〔内容〕ブートストラップ法／線形性検定／非線形時系列／マルコフスイッチング／頑健推定／関数時系列／共分散行列推定／分位点回帰／生物統計への応用／計数時系列／非定常時系列／時空間時系列／連続時間時系列／スペクトル法・ウェーブレット法／Rによる時系列分析／他"

社会調査ハンドブック（新装版）

林知己夫 編
A5判 776頁 定価（本体17000円＋税）（12225-1）

マーケティング，選挙，世論，インターネット。社会調査のニーズはますます高まっている。本書は理論・方法から各種の具体例まで，社会調査のすべてを集大成。調査の「現場」に豊富な経験をもつ執筆者陣が，ユーザーに向けて実用的に解説。〔内容〕社会調査の目的／対象の決定／データ獲得法／各種の調査法／調査のデザイン／質問・質問票の作り方／調査の実施／データの質の検討／分析に入る前に／分析／データの共同利用／報告書／実際の調査例／付録：基礎データの獲得法／他

機械学習 —データを読み解くアルゴリズムの技法—

竹村彰通 監訳
A5判 392頁 定価（本体6200円＋税）（12218-3）

機械学習の主要なアルゴリズムを取り上げ，特徴量・タスク・モデルに着目して論理的基礎から実装までを平易に紹介。〔内容〕二値分類／教師なし学習／木モデル／ルールモデル／線形モデル／距離ベースモデル／確率モデル／特徴量／他

心理学実験プログラミング —Python/PsychoPyによる実験作成・データ処理—

十河宏行 著
A5判 192頁 定価（本体3000円＋税）（12891-8）

Python(PsychoPy) で心理学実験の作成やデータ処理を実践。コツやノウハウも紹介。〔内容〕準備（プログラミングの基礎など）／実験の作成（刺激の作成，計測）／データ処理（整理，音声，画像）／付録（セットアップ，機器制御）

演習でまなぶ 情報処理の基礎

鶴田陽和 編著
A5判 208頁 定価（本体3000円＋税）（12222-0）

パソコンの基本的な使い方を中心に計算機・Webの仕組みまで，手を動かしながら理解。学部初年級向け教科書。〔内容〕コンピュータ入門／電子メール／ワープロ／表計算／プレゼン／HTML／ネットワーク／データ表現／VBA入門／他

市場分析のための統計学入門

清水千弘 著
A5判 160頁 定価（本体2500円＋税）（12215-2）

住宅価格や物価指数の例を用いて，経済と市場を読み解くための統計学の基礎をやさしく学ぶ。〔内容〕統計分析とデータ／経済市場の変動を捉える／経済指標のばらつきを知る／相関関係を測定する／因果関係を測定する／回帰分析の実際／他

生物・農学系のための 統計学 —大学での基礎学修から研究論文まで—

平田昌彦 編著
A5判 228頁 定価（本体3600円＋税）（12223-7）

大学の講義での学修から，研究論文まで使える統計学テキスト。〔内容〕調査の方法／変数の種類・尺度／データ分布／確率分布／推定・検定／相関・単回帰／非正規変量／実験計画法／ノンパラメトリック手法／多変量解析／各種練習問題

すべての医療系学生・研究者に贈る 独習統計学応用編24講 —分割表・回帰分析・ロジスティック回帰—

鶴田陽和 著
A5判 248頁 定価（本体3500円＋税）（12217-6）

好評の「独習」テキスト待望の続編。統計学基礎，分割表，回帰分析，ロジスティック回帰の四部構成。前者同様とくに初学者がつまずきやすい点を明解に解説する。豊富な事例と演習問題，計算機の実行で理解を深める。再入門にも好適。

シリーズ〈統計解析スタンダード〉

国友直人・竹村彰通・岩崎 学 著

応用をめざす 数理統計学

国友直人著
A5判 232頁 定価（本体3500円+税）（12851-2）

数理統計学の基礎を体系的に解説。理論と応用の橋渡しをめざす。「確率空間と確率分布」「数理統計の基礎」「数理統計の展開」の三部構成のもと、確率論、統計理論、応用局面での理論的・手法的トピックを丁寧に講じる。演習問題付。

ノンパラメトリック法

村上秀俊著
A5判 192頁 定価（本体3400円+税）（12852-9）

ウィルコクソンの順位和検定をはじめとする種々の基礎的手法を、例示を交えつつ、ポイントを押さえて体系的に解説する。〔内容〕順序統計量の基礎／適合度検定／1標本検定／多標本検定問題／漸近相対効率／2変量検定／付表

マーケティングの統計モデル

佐藤忠彦著
A5判 192頁 定価（本体3200円+税）（12853-6）

効果的なマーケティングのための統計的モデリングとその活用法を解説。理論と実践をつなぐ書。分析例はRスクリプトで実行可能。〔内容〕統計モデルの基本／消費者の市場反応／消費者の選択行動／新商品の生存期間／消費者態度の形成／他

実験計画法と分散分析

三輪哲久著
A5判 228頁 定価（本体3600円+税）（12854-3）

有効な研究開発に必須の手法である実験計画法を体系的に解説。現実的な例題、理論的な解説、解析の実行から構成。学習・実務の両面に役立つ決定版。〔内容〕実験計画法／実験の配置／一元（二元）配置実験／分割法実験／直交表実験／他

経 時 デ ー タ 解 析

船渡川伊久子・船渡川隆著
A5判 192頁 定価（本体3400円+税）（12855-0）

医学分野、とくに臨床試験や疫学研究への適用を念頭に経時データ解析を解説。〔内容〕基本統計モデル／線形混合・非線形混合・自己回帰線形混合効果モデル／介入前後の2時点データ／無作為抽出と繰り返し横断調査／離散型反応の解析／他

ベイズ計算統計学

古澄英男著
A5判 208頁 定価（本体3400円+税）（12856-7）

マルコフ連鎖モンテカルロ法の解説を中心にベイズ統計の基礎から応用まで標準的内容を丁寧に解説。〔内容〕ベイズ統計学基礎／モンテカルロ法／MCMC／ベイズモデルへの応用（線形回帰、プロビット、分位点回帰、一般化線形ほか）／他

統 計 的 因 果 推 論

岩崎 学著
A5判 216頁 定価（本体3600円+税）（12857-4）

医学，工学をはじめあらゆる科学研究や意思決定の基盤となる因果推論の基礎を解説。〔内容〕統計的因果推論とは／群間比較の統計数理／統計的因果推論の枠組み／傾向スコア／マッチング／層別／操作変数法／ケースコントロール研究／他

経済時系列と季節調整法

高岡 慎著
A5判 192頁 定価（本体3400円+税）（12858-1）

官庁統計など経済時系列データで問題となる季節変動の調整法を変動の要因・性質等の基礎から解説。〔内容〕季節性の要因／定常過程の性質／周期性／時系列の分解と季節調節／X12-ARMA／TRAMO-SEATS／状態空間モデル／事例／他

欠測データの統計解析

阿部貴行著
A5判 200頁 定価（本体3400円+税）（12859-8）

あらゆる分野の統計解析で直面する欠測データへの対処法を欠測のメカニズムも含めて基礎から解説。〔内容〕欠測データと解析の枠組み／CC解析とAC解析／尤度に基づく統計解析／多重補完法／反復測定データの統計解析／MNARの統計手法

一 般 化 線 形 モ デ ル

汪 金芳著
A5判 224頁 定価（本体3600円+税）（12860-4）

標準的理論からベイズ的拡張、応用までコンパクトに解説する入門的テキスト。多様な実データのRによる詳しい解析例を示す実践志向の書。〔内容〕概要／線形モデル／ロジスティック回帰モデル／対数線形モデル／ベイズの拡張／事例／他

Rで学ぶ実験計画法

長畑秀和 著
B5判 224頁 定価（本体3800円+税）（12216-9）

実験条件の変え方や，結果の解析手法を，R（Rコマンダー）を用いた実践を通して身につける。独習には最適に対応。〔内容〕実験計画法への導入／分散分析／直交表による方法／乱塊法／分割法／付録：R入門

シリーズ〈多変量データの統計科学〉1 多変量データ解析

杉山高一・藤越康祝・小椋 透 著
A5判 240頁 定価（本体3800円+税）（12801-7）

「シグマ記号さえ使わずに平易に多変量解析を解説する」という方針で書かれた'83年刊のロングセラー入門書に，因子分析，正準相関分析の2章および数理の補足を加えて全面的に改訂。主成分分析，判別分析，重回帰分析を含め基礎を確立。

シリーズ〈多変量データの統計科学〉2 多変量データの分類 －判別分析・クラスター分析－

佐藤義治 著
A5判 192頁 定価（本体3400円+税）（12802-4）

代表的なデータ分類手法である判別分析とクラスター分析の数理を詳説，具体例へ適用。〔内容〕判別分析（判別規則，多変量正規母集団，質的データ，非線形判別）／クラスター分析（階層的・非階層的，ファジィ，多変量正規混合モデル）他

ビジネスマンがはじめて学ぶ ベイズ統計学 －ExcelからRへステップアップ帰－

朝野 彦 編著
A5判 228頁 定価（本体3200円+税）（12221-3）

統計学の話題, 初学者視点の解説。ExcelからR（Rstan）への自然な展開を特長とする待望の実践的入門書。〔内容〕確率分布早わかり／ベイズの定理／ナイーブベイズ／事前分布／ノームの更新／MCMC／階層ベイズ／空間統計モデル／他

実践ベイズモデリング －解析技法と認知モデル－

豊田秀樹 編著
A5判 224頁 定価（本体3200円+税）（12220-6）

姉妹書『基礎からのベイズ統計学』からの展開。正規分布以外の確率分布やリンク関数等の解析手法を紹介，モデルを簡潔に視覚化するプレート表現を導入し，より実践的なベイズモデリングへ。分析例多数。特に心理統計への応用が充実。

はじめての統計データ分析 －ベイズ的〈ポストp値時代〉の統計学－

豊田秀樹 著
A5判 212頁 定価（本体2600円+税）（12214-5）

統計学への入門の最初からベイズ流で講義する画期的な初級テキスト。有意性検定によらない統計的推測法を高校文系程度の数学で理解。〔内容〕データの記述／MCMCと正規分布／2群の差（独立・対応あり）／実験計画／比率とクロス表／他

基礎からのベイズ統計学

豊田秀樹 編著
A5判 248頁 定価（本体3200円+税）（12212-1）

高次積分にハミルトニアンモンテカルロ法（HMC）を利用した画期的初級向けテキスト。ギブスサンプリング等を用いる従来の方法より非専門家に扱いやすく，かつ従来は求められなかった確率計算も可能とする方法論による実践的入門。

統計ライブラリー セミパラメトリック推測と経験過程

久保木久孝・鈴木 武 著
A5判 240頁 定価（本体3700円+税）（12836-9）

本理論は近年発展が著しく理論の体系化が進められている。本書では，モデルを分析するための数理と推測理論を詳述し，適用までを平易に解説する。〔内容〕パラメトリックモデル／セミパラメトリックモデル／経験課程／推測理論／有効推定

統計ライブラリー ライフスタイル改善の実践と評価 －生活習慣病発症・重症化の予防に向けて－

山岡和枝・安達美佐・渡辺満利子・丹後俊郎 著
A5判 232頁 定価（本体3700円+税）（12835-2）

食事・生活習慣をベースとした糖尿病患者へのライフスタイル改善の効果的実践を計るための方法や手順をまとめたもの。調査票の作成，プログラムの実践，効果の評価，まとめ方，データの収集から解析に必要な統計手法までを実践的に解説。

統計ライブラリー 回帰診断

蓑谷千凰彦 著
A5判 264頁 定価（本体4500円+税）（12838-3）

回帰分析で導かれたモデルを揺さぶり，その適切さ・頑健さを評価。モデルの緻密化を図る。〔内容〕線形回帰モデルと最小2乗法／回帰診断／影響分析／外れ値への対処：削除と頑健回帰推定／微小影響分析／ロジットモデルの回帰診断

統計ライブラリー 頑健回帰推定

蓑谷千凰彦 著
A5判 192頁 定価（本体3600円+税）（12837-6）

最小2乗法よりも外れ値の影響を受けにくい頑健回帰推定の標準的な方法論を事例研究に適用・比較しつつ基礎から解説。〔内容〕最小2乗と頑健推定／再下降 ψ 関数／頑健回帰推定（LMS, LTS, BIE, 3段階S推定，τ 推定，MM推定ほか）

統計ライブラリー 線形回帰分析

蓑谷千凰彦 著
A5判 360頁 定価（本体5500円+税）（12834-5）

幅広い分野で汎用される線形回帰分析法を徹底的に解説。医療・経済・工学・ORなど多様な分析事例を豊富に紹介。学生はもちろん実務者の独習にも最適。〔内容〕単純回帰モデル／重回帰モデル／定式化テスト／不均一分散／自己相関／他

統計ライブラリー 高次元データ分析の方法 －Rによる統計的モデリングとモデル統合－

安道知寛 著
A5判 208頁 定価（本体3500円+税）（12833-8）

大規模データ分析への応用を念頭に，統計的モデリングとモデル統合の考え方を丁寧に解説。Rによる実行例を多数含む実践的内容。〔内容〕統計的モデリング（基礎／高次元データ／超高次元データ）／モデル統合法（基礎／高次元データ）

医学統計学シリーズ
データ統計解析の実務家向けの「信頼でき，真に役に立つ」シリーズ

1. 統計学のセンス —デザインする視点・データを見る目—
丹後俊郎著
A5判 152頁 定価(本体3200円+税) (12751-5)

データを見る目を磨き，センスある研究を遂行するために必要不可欠な統計学の素養とは何かを説く。〔内容〕統計学的推測の意味／研究デザイン／統計解析以前のデータを見る目／平均値の比較／頻度の比較／イベント発生までの時間の比較

2. 統計モデル入門
丹後俊郎著
A5判 256頁 定価(本体4000円+税) (12752-2)

統計モデルの基礎につき，具体的事例を通して解説。〔内容〕トピックスI～IV／Bootstrap／モデルの比較／測定誤差のある線形モデル／一般化線形モデル／ノンパラメトリック回帰モデル／ベイズ推測／Marcov Chain Monte Carlo法／他

3. Cox比例ハザードモデル
中村 剛著
A5判 144頁 定価(本体3400円+税) (12753-9)

生存予測に適用する本手法を実際の例を用いながら丁寧に解説する。〔内容〕生存時間データ解析とは／KM曲線とログランク検定／Cox比例ハザードモデルの目的／比例ハザード性の検証と拡張／モデル不適合の影響と対策／部分尤度と全尤度

4. 新版 メタ・アナリシス入門 —エビデンスの統合をめざす統計手法—
丹後俊郎著
A5判 280頁 定価(本体4600円+税) (12760-7)

好評の旧版に大幅加筆。〔内容〕歴史と関連分野／基礎／手法／Heterogeniety／Publication bias／診断検査とROC曲線／外国臨床データの外挿／多変量メタ・アナリシス／ネットワーク・メタ・アナリシス／統計理論

5. 無作為化比較試験 —デザインと統計解析—
丹後俊郎著
A5判 216頁 定価(本体3800円+税) (12755-3)

〔内容〕RCTの原理／無作為割り付けの方法／目標症例数／経時的繰り返し測定の評価／臨床的同等性／非劣性試験／グループ逐次デザイン／複数のエンドポイントの評価／ブリッジング試験／群内・群間変動に係わるRCTのデザイン

6. 医薬開発のための 臨床試験の計画と解析
上坂浩之著
A5判 276頁 定価(本体4800円+税) (12756-0)

医薬品の開発の実際から倫理，法規制，ガイドラインまで包括的に解説。〔内容〕臨床試験計画／無作為化対照試験／解析計画と結果の報告／用量反応関係／臨床薬理試験／臨床用量の試験デザイン／用量反応試験／無作為化並行試験／非劣性試験／他

7. 空間疫学への招待 —疾病地図と疾病集積性を中心として—
丹後俊郎・横山徹爾・高橋邦彦著
A5判 240頁 定価(本体4500円+税) (12757-7)

「場所」の分類変数によって疾病頻度を明らかにし，当該疾病の原因を追及する手法を詳細にまとめた書。〔内容〕疫学研究の基礎／代表的な保健指標／疾病地図／疾病集積性／疾病集積性の検定／症候サーベイランス／統計ソフトウェア／付録

8. 統計解析の英語表現 —学会発表，論文作成へ向けて—
丹後俊郎・Taeko Becque著
A5判 200頁 定価(本体3400円+税) (12758-4)

発表・投稿に必要な統計解析に関連した英語表現の事例を，専門学術雑誌に掲載された代表的な論文から選び，その表現を真似ることから説き起こす。適切な評価を得られるためには，の視点で簡潔に言自引しながら解説を施したものである。

9. ベイジアン統計解析の実際 —WinBUGSを利用して—
丹後俊郎・Taeko Becque著
A5判 276頁 定価(本体4800円+税) (12759-1)

生物統計学，医学統計学の領域を対象とし，多くの事例とともにベイジアンのアプローチの実際を紹介。豊富な応用例では，→例→コード化→解説→結果という統一した構成。〔内容〕ベイジアン推測／マルコフ連鎖モンテカルロ法／WinBUGS／他

10. 経時的繰り返し測定デザイン —治療効果を評価する混合効果モデルとその周辺—
丹後俊郎著
A5判 260頁 定価(本体4500円+税) (12880-2)

治療への反応の個人差に関する統計モデルを習得すると共に，治療効果の評価にあたっての重要性を理解するための書〔内容〕動物実験データの解析分散分析モデル／混合効果モデルの基礎／臨床試験への混合効果モデル／潜在クラスモデル／他

ISBN は 978-4-254- を省略

(表示価格は2017年11月現在)

朝倉書店
〒162-8707 東京都新宿区新小川町6-29
電話 直通(03) 3260-7631　FAX(03) 3260-0180
http://www.asakura.co.jp　eigyo@asakura.co.jp

04-17

次に，式 (8.37) の対数の期待値は

$$(8.44) \quad E[\ln g] = \sum_i \int \ln g(\boldsymbol{y}_i, \theta | \boldsymbol{a}) h(\theta | \boldsymbol{y}_i, \boldsymbol{a}^{(0)}) d\theta = \sum_k n_k \int \ln g(\boldsymbol{y}_k, \theta | \boldsymbol{a}) h(\theta | \boldsymbol{y}_k, \boldsymbol{a}^{(0)}) d\theta$$

M ステップ

$E[\ln g]$ を最大化する母数 $\boldsymbol{a}$ を $\boldsymbol{a}^{(1)}$ とする．つまり，$\partial E[\ln g]/\partial \boldsymbol{a} = \boldsymbol{0}$ の解を $\boldsymbol{a}^{(1)}$ とする．

なお，質問項目のよさを測る意味で項目情報量，テスト情報量として以下のフィッシャー情報量が利用されている．

$$(8.45) \qquad I_j(\theta) = \frac{\left(\dfrac{dP_j(\theta)}{d\theta} \right)^2}{P_j(\theta) Q_j(\theta)}$$

母数に関する検定も色々考えられる．例えば帰無仮説として，$a_1 = \cdots = a_p$ である項目ごとの識別力が変わらないような仮説の検定，$b_1 = \cdots = b_p$ のような項目ごとの困難度に差がない仮説などに対しての検定法も考えられよう．

適合度の視点から，項目の適合性，項目応答パターンの適合性，モデルの適合性などが調べられている．そのための物差しとして χ^2 統計量，AIC（赤池の情報量規準）などが利用されている．

── 例題 8.2 ──

数学の小テストで 5 問を 8 人に解答してもらったところ表 8.8 のような成績結果が得られた．正解は○印で，不正解は×で示してある．このデータに関し，2 母数ロジスティックモデルを仮定して能力，困難母数を推定し，考察せよ．

表 8.8　成績データ表

項目 被験者	1	2	3	4	5	正答数
	質問項目					正答数
1	○	×	○	○	○	4
2	○	○	○	×	○	4
3	○	○	○	○	×	4
4	×	○	○	×	×	2
5	○	×	×	○	×	2
6	○	×	○	×	×	3
7	○	○	×	×	×	2
8	○	×	×	×	×	1
正答者数	7	4	5	3	3	

解

手順 1　モデルの設定

被験者 i の人の能力 θ_i，j 項目の問題の識別度を a_j，問題の困難度を b_j とする．データ y_{ij} が表 8.8 の○，×にそれぞれ対応して 1，0 の値をとる．なお，i, j は表の行と列の位置に対応している．また $\boldsymbol{\theta} = (\theta_1, \cdots, \theta_8)^{\mathrm{T}}$ とおく．このとき対数尤度は，

$$L(\boldsymbol{\theta}) = \sum_{i=1}^8 \sum_{j=1}^5 y_{ij} \ln P_j(\theta_i) + (1 - y_{ij}) \ln(1 - P_j(\theta_i)), \quad (\ln P_j(\theta_i) = -\ln\{1 + \exp(-Da_j(\theta_i - b_j))\})$$

である．

手順 2　母数の推定値を求める．

識別度の母数 a_j と問題の困難度の母数 b_j が既知の場合には，尤度を能力母数について微分し，反復計算の式を求める．プログラムを作成するか，既成のソフトなどを利用する．

ニュートン法の反復式は，尤度の 1 階，2 階微分がそれぞれ式 (8.30)，(8.31) から，以下のように計算される．

$$\frac{\partial L(\boldsymbol{\theta})}{\partial \theta_i} = \sum_j \frac{\partial P_j(\theta_i)}{\partial \theta_i} \frac{y_{ij} - P_j(\theta_i)}{P_j(\theta_i)(1 - P_j(\theta_i))} = 0 \qquad (i = 1, \cdots, 8)$$

$$\frac{\partial^2 L(\boldsymbol{\theta})}{\partial \theta_i^2} = \sum_j \frac{\partial^2 P_j}{\partial \theta^2} \frac{y_{ij} - P_j}{P_j(1 - P_j)} + \sum_j \left(\frac{\partial P_j}{\partial \theta} \right)^2 \frac{P_j(3P_j - 2) + y_{ij}(1 - 2P_j)}{P_j^2(1 - P_j)^2}$$

であり，

$$\frac{\partial P_j(\theta_i)}{\partial \theta_i} = \frac{Da_j \exp(-Da_j(\theta_i - b_j))}{(1 + \exp(-Da_j(\theta_i - b_j)))^2}$$

$$\frac{\partial^2 P_j(\theta_i)}{\partial \theta_i^2} = \frac{D^2 a_j^2 \exp(-Da_j(\theta_i - b_j))(-1 + 2\exp(-Da_j(\theta_i - b_j)))}{(1 + \exp(-Da_j(\theta_i - b_j)))^3}, \quad \frac{\partial^2 P_j(\theta_i)}{\partial \theta_i \theta_j} = 0 \quad (i \neq j)$$

と計算される．

これらの式を用いて，ニュートン法により反復する．ただし，$D = -1.7$ である．

識別度の母数 a_j と問題の困難度の母数 b_j が未知の場合には，EMアルゴリズムなどにより母数を推定する．これもプログラムソフトを利用すればよいだろう．

手順3 得られた推定値に関する検討

項目，モデルなどの適合性もあわせて検証する． □

[予備解析]

手順1 データの読み込み

【データ】▶【データのインポート】▶【テキストファイルまたはクリップボード，URLから...】を選択し，ダイアログボックスで，フィールドの区切り記号としてカンマにチェックをいれて，[OK] を左クリックする．フォルダからファイルを指定後，[開く(O)] を左クリックする．そして [データセットを表示] をクリックすると，図8.1のようにデータが表示される．

図 8.1 データの表示

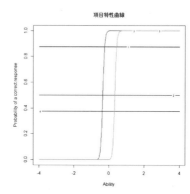

図 8.2 項目特性曲線

```
> library(irtoys)    #パッケージirtoysの利用
> rei82 <- read.table("C:/Rでデータ解析/datadsci/8syon/rei82.csv", header=TRUE,
 sep=",", na.strings="NA", dec=".", strip.white=TRUE)
```

[解析]

手順1 モデルの設定（2母数ロジスティックモデル）と母数の推定（特性値の推定）

```
> rei82.est<- est(rei82, model="2PL", engine="ltm")   #関数est()の利用
> rei82.est
$est
           [,1]            [,2] [,3]
V1  2.663811e-05 -7.304986e+04    0
V2 -1.551942e-05 -4.410027e-05    0
V3  1.963862e+01 -3.427611e-01    0
V4  2.464922e-07  2.072381e+06    0
V5  2.039168e+01  3.428897e-01    0
$se
           [,1]            [,2] [,3]
[1,]   1.1776845  3.229572e+09    0
```

8.3 項目応答理論（IRT）

```
[2,]      0.8650758  4.556272e+04    0
[3,]   1207.8308695  2.919812e-01    0
[4,]      0.8751480  7.357800e+12    0
[5,]   1568.1407145  3.395291e-01    0
> mlebme(resp=rei82,ip=rei82.est$est,method="ML")   #関数 mlebme() の利用
              est            sem n    #最尤推定値 標準誤差 項目数
[1,]    3.9999228   85177.39423 5
[2,]    0.9074947      15.51031 5
[3,]   -3.9999228   85173.56171 5
[4,]   -3.9999228   85173.56171 5
[5,]   -0.9290061      16.10342 5
[6,]    3.9999228   85177.39423 5
[7,]   -3.9999228   85173.56171 5
[8,]   -0.9290070      16.10358 5
```

手順 2　母数と項目特性曲線のグラフ表示

```
> plot(rei82.est$est[,1:2],type="n",xlab="a",ylab="b")   #図 8.3
> text(rei82.est$est[,1],rei82.est$est[,2],paste(1:nrow(rei82.est$est)))
> values.icc<-irf(rei82.est$est)
> plot(values.icc,label=TRUE,co=NA,main="項目特性曲線")   #図 8.4
```

手順 3　（テスト）特性のグラフ表示

```
> plot(trf(rei82.est$est))    #特性曲線のプロット　図 8.5
> plot(tif(rei82.est$est))    #情報関数のプロット　図 8.6
```

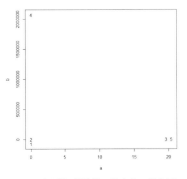

図 8.3　（母数）特性値の推定値の散布図

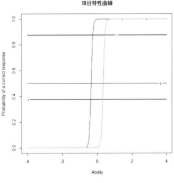

図 8.4　項目特性曲線

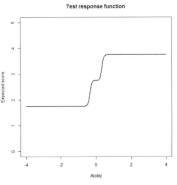

図 8.5　テスト特性曲線

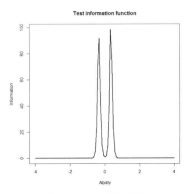

図 8.6　テスト情報関数

```
> rasch(rei82,constraint=cbind(6,1))
Call:
rasch(data = rei82, constraint = cbind(6, 1))
Coefficients:
Dffclt.V1  Dffclt.V2  Dffclt.V3  Dffclt.V4  Dffclt.V5      Dscrmn
   -2.238      0.000     -0.603      0.603      0.603       1.000
Log.Lik: -24.782
```

（**参考**） 等化（equating）は，2つの尺度に関していずれか一方の尺度に，他方の尺度の原点の位置や目盛の幅を揃えることをいう．

演習 8.6 例題 8.2 のデータについて，2 パラメータ正規累積モデルを仮定して解析せよ．　　　　　◁

9

時 系 列 分 析

9.1 時系列分析とは

　各時点で同一の対象から採取して得られる，時間に依存したデータである時系列データの種々の構造を研究することを**時系列分析**（time series analysis）という．例えば，毎年の経済成長率の変化をみたい場合や将来の物価を予測したい場合，年次ごとの海外旅行者数の推移を知りたい場合，給与の年次ごとの変化を知りたいといった場合などに扱う．

　このように時間に依存して変化するデータを扱う状況は多く，変動する要因をさぐりその傾向などの特性を調べるのが時系列分析の目的である．

　変動要因と考えられているものには，経済時系列データではおもに以下のようなものがある．

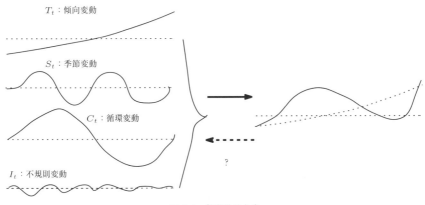

図 9.1　各変動の合成

9.1.1 傾 向 変 動

　$\{T_t\}$（trend variation）　長い期間におけるある傾向をもった変動で，トレンドや長期変動ともいわれる．例えば賃金，消費者物価などは長期にわたってはなだらかにある傾向をもって変化しており，このような変動にあたる．

9.1.2 季 節 変 動

　$\{S_t\}$（seasonal variation）　一定の周期をもち，規則的に繰り返す変動である．例えば，農産物の生産量などは1年を周期として繰り返し変動する量である．

9.1.3 循 環 変 動

　$\{C_t\}$（cyclical variation）　周期が正確には一定ではないが繰り返し現れる変動である．景気変動と

もいわれ，トレンドを中心にして上昇，下降の変動を繰り返すような変動である．

9.1.4 不 規 則 変 動

$\{I_t\}$（irregular variation）上記 3 つの型に入らない他の残差的な変動で，残差変動ともいわれる．おもに，突発的な原因による変化や原因を明確に規定できない誤差などの偶発的な変動である．

そこで，以下ではもとの時系列データ $\{y_t\}$ がこれらの変動で説明（決定）される場合を考えよう．つまり 4 変数の関数 f を用いて

$$(9.1) \qquad y_t = f(T_t, S_t, C_t, I_t)$$

と書かれるとする．特に関数 f が変数の和で書かれる場合を加法モデル（additive model）という．つまり

$$(9.2) \qquad y_t = T_t + S_t + C_t + I_t$$

と書かれる場合である．f が変数の積で書かれる場合には乗法モデル（multiplicative model）または比例モデルといわれる．つまり

$$(9.3) \qquad y_t = T_t S_t C_t I_t$$

と書かれる場合である．なお，両辺の対数をとったデータに関しては加法モデルと同等である．また，f が変数の和と積が混ざったかたちで書かれる場合を混合モデル（mixed model）という．例えば

$$(9.4) \qquad y_t = T_t S_t C_t + I_t$$

のように書かれる場合である．

ここで，各変動 T_t, S_t, C_t, I_t が図 9.1 の左側のようである場合にそれらを足すと（加法モデルの場合），右側のようになる．

逆に，$y_t = f(T_t, S_t, C_t, I_t)$ において，いずれも時刻 t を添え字としてもつので，普通には各変動を分けて推定できない．そこで次の節において，どのようにしてこれらの変動を抽出（推定）しているかについて考えてみよう．

9.2 変 動 の 解 析

9.2.1 傾向変動 T_t の推定

a. 移動平均法（moving average method）

データの構造を調べる記述的な方法として経済時系列データに対して，季節性（seasonality）と考えられる要素を修正する平滑化（smoothing）があり，代表的な平滑化の方法に以下で扱う移動平均法（moving average method），指数平滑化法などがある．

時点 t におけるデータの値を $\{x_t\}$ とし，これを $\{x_t; 1 \le t \le T\}$ と表すことにする．ここに T は時系列の長さ（length of time series）である．モデルを仮定するわけではなく経験的・記述的なものとして，傾向変動以外の変動を取り除くため，時点 t でのデータ $\{x_t\}$ の前後それぞれ k 個について以下のように算術平均をとり，新たに $\{y_t\}$ がつくれる．

$$(9.5) \qquad y_t = \frac{x_{t-k} + \cdots + x_t + \cdots + x_{t+k}}{2k+1}$$

これを一般化して重み $w_{-k}, \cdots, w_0, \cdots, w_k$ を用いて

$$(9.6) \qquad y_t = \sum_{i=-k}^{k} w_i x_{t+i} \quad (t = k+1, \cdots, T-k)$$

によって新しい時系列データ $\{y_t\}$ が構成でき，この時系列データを用いて解析するのである．ただし，重みについては

$$(9.7) \qquad \sum_{i=-k}^{k} w_i = 1, w_i \geqq 0$$

という条件を満たしている．

特に重みが等しい場合，つまり $w_i = 1/(2k+1)$ の場合を**単純移動平均**（single moving average）という．また，何回か繰り返し移動平均を行うことを**反復移動平均法**という．ここで平均化する項数は特別な規則はないが，奇数とすると平均化する項の中央に対応する項があり横軸の時点がとりやすい．偶数とするときは平均化する項の中央2項のうちのいずれか一方を時刻に対応させるなどする必要がある．また偶数個の平均化の場合，次のように両端を除いた $2k+1$ 個はそのまま加え，両端は $1/2$ の重みにして加えて $2k+2$ 個として平均化して新しい時系列データを構成する方法がとられる．

$$(9.8) \quad y_t = \frac{1}{2k+2}\left(\frac{x_{t-k-1}}{2} + \underbrace{x_{t-k} + \cdots + x_t + \cdots + x_{t+k}}_{=2k+1 \text{ 個}} + \frac{x_{t+k+1}}{2} \right)$$

―― 例題 9.1 ――――――――――――――――――――――――――――――
表 9.1 の完全失業率のデータについて移動平均法により折れ線グラフを描き，傾向変動について考察せよ．なお，平均化する項数を逐次増やして行ってみよ．（総務省統計局「平成 27 年労働力調査結果」 http://www.stat.go.jp/data/roudou/longtime/03roudou.htm/）

表 9.1　完全失業率（1957～2014 年）

年	1957	1958	1959	1960	1961	1962	1963	1964	1965	1966
失業率	1.9	2.1	2.2	1.7	1.4	1.3	1.3	1.1	1.2	1.3
年	1967	1968	1969	1970	1971	1972	1973	1974	1975	1976
失業率	1.3	1.2	1.1	1.1	1.2	1.4	1.3	1.4	1.9	2.0
年	1977	1978	1979	1980	1981	1982	1983	1984	1985	1986
失業率	2.0	2.2	2.1	2.0	2.2	2.4	2.6	2.7	2.6	2.8
年	1987	1988	1989	1990	1991	1992	1993	1994	1995	1996
失業率	2.8	2.5	2.3	2.1	2.1	2.2	2.5	2.9	3.2	3.4
年	1997	1998	1999	2000	2001	2002	2003	2004	2005	2006
失業率	3.4	4.1	4.7	4.7	5.0	5.4	5.3	4.7	4.4	4.1
年	2007	2008	2009	2010	2011	2012	2013	2014		
失業率	3.9	4.0	5.1	5.1	4.6	4.3	4.0	3.6		

[予備解析]
手順 1　データの読み込み

【データ】▶【データのインポート】▶【テキストファイルまたはクリップボード，URL から...】を選択し，ダイアログボックスで，フィールドの区切り記号としてカンマにチェックをいれて，OK を左クリックする．フォルダからファイルを指定後，開く (O) を左クリックする．そしてデータセットを表示をクリックすると，図 9.2 のようにデータが表示される．

図 9.2　データの表示　　　　図 9.3　アクティブデータセットの要約指定

手順 2 データの要約

図 9.3 のように，【統計量】▶【要約】▶【アクティブデータセット...】を選択すると，以下の結果が表示される．

```
> rei91 <- read.table("rei91.csv", header=TRUE,
sep=",", na.strings="NA", dec=".", strip.white=TRUE)
> summary(rei91)
       年              失業率
 Min.   :1957    Min.   :1.100
 1st Qu.:1971    1st Qu.:1.750
 Median :1986    Median :2.350
 Mean   :1986    Mean   :2.748
 3rd Qu.:2000    3rd Qu.:3.975
 Max.   :2014    Max.   :5.400
```

手順 3 グラフに表示する（データのプロット）．

```
> attach(rei91)    #変数を単独で扱えるようにする
> rei91.ts<-ts(失業率,start=1957,freq=1)   #図 9.4
> ts.plot(rei91.ts,type="o",col=2)
# または ts.plot(失業率,gpars=list(xlab="year",lty=1))
```

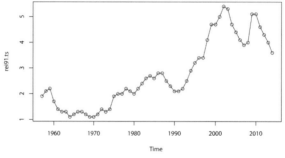

図 9.4 完全失業率の時系列グラフ

表 9.1 について時系列によるグラフを表示すると図 9.4 のようになる．この図から上昇する傾向がみられていたが，最近ややおさまった感じであることがわかる．

[解析]

手順 1 移動平均の計算とそのグラフ

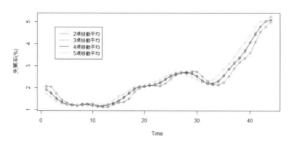

図 9.5 移動平均のグラフ（次数 2～5）

次に，もとのデータから移動平均を計算する関数 idouh() を作成し，そのデータについてグラフをプロットすると図 9.5 のようになる．図 9.5 のグラフから項数を増やすと次第に平滑化され，傾向変動が

明確化されることがわかる．ここでは，2項移動平均だと1年目から48年目までの移動平均をとるため48個，3項移動平均だと……，5項移動平均だと3年目から47年目，つまり45個についての移動平均をとって比較しているので，共通で最小な個数44で比較している．なお，最後のlocator(1)によりグラフでマウスをクリックした位置に凡例を追加できるようにしている．　　　　　□

● 移動平均の計算関数 idouh

```
idouh=function(x,m){ # x：データ m：移動平均の次数
    n=nrow(x);wa<-c();y<-c();a<-c()
    h=m%%2
    if (h==0) {
        te=n-m/2-1
        for (t in 2:te) {
                wa[t]=x[t-1,2]/2;t2=t+m-2
                for (j in t:t2) { wa[t]=wa[t]+x[j,2] }
                    wa[t]=wa[t]+x[t+m-1,2]/2
                    y[t]=wa[t]/m }
    } else {
        te=n-(m-1)/2-1
        for (t in 1:te) {
                wa[t]=0;t3=t+m-1
                for (j in t:t3) { wa[t]=wa[t]+x[j,2] }
                    y[t]=wa[t]/m     }
    }
    for (i in 1:te) {a[i]=x[i,1]}
    z=cbind(a,y)
    return(z)
}
```

```
> h2<-idouh(rei91,2)
> h3<-idouh(rei91,3)
> h4<-idouh(rei91,4)
> h5<-idouh(rei91,5)
> ts.plot(cbind(h2[2:45,2],h3[2:45,2],h4[2:45,2],h5[2:45,2])    #図 9.5
,ylab="失業率 (%)",type="o",col=2:5) #前から2〜45個について
> legend(locator(1),c("2項移動平均","3項移動平均"
,"4項移動平均","5項移動平均"),lty=c(1,1,1,1),col=c(2,3,4,5))
```

演習 9.1 表9.2の国内総生産（単位：10億円）のデータについて傾向変動を移動平均法を用いて検討せよ．賃金，家計消費額，出版点数などについても調べ，移動平均グラフを作成し考察せよ．（内閣府経済社会総合研究所国民経済計算部「国民経済計算年報」2014年版）　　　　　◁

表 9.2　国内総生産（単位：10億円，1994〜2014年）

年度	1994	1995	1996	1997	1998	1999
国内総生産	446779.9	455457.9	467345.6	474802.7	465291.7	464364.2
年度	2000	2001	2002	2003	2004	2005
国内総生産	474847.2	476535.1	477914.9	485968.3	497440.7	503921
年度	2006	2007	2008	2009	2010	2011
国内総生産	512451.9	523685.8	518230.9	489588.4	512364.2	510044.6
年度	2012	2013	2014			
国内総生産	518989.2	527362	527227.4			

b.　傾向線の当てはめ

例えば，テレビ普及率を年によって回帰するとき，$x_t = T_t + \varepsilon_t$ $(t = 1, \cdots, n)$ のようにデータが傾向変動と誤差の和として表される場合を考える．そこで S_t, C_t, I_t がないか，誤差項に含まれている場合と考えられる．T_t にランダムな変量も含まれたものと考えるのが妥当かもしれないが，ここでは誤差に分離されて含まれているとして T_t はランダムでないとする．さらに，この傾向変動が時刻 t の関数として表されるとし，代表的なものとして以下が考えられている．実際には横軸に時点，縦軸に x_t をとりデータを打点（プロット）し，当てはまりそうな曲線を予想してみることである．なお，傾向変動を時刻 t のグラフとみて傾向線と呼ぶ．そして，線形 $(y = a + bt)$，指数 $(y = ae^{bt})$，累乗 $(y = at^b)$，対数 $(y = a + b\log t)$，ロジスティック $(y = K/(1 + ae^{-bt}))$，ゴンペルツ $(y = Ka^{b^t})$ などの回帰がある．

(i)　時刻に関して一定の割合で傾向（長期）変動が変化している状況である．

(ii)　時 $T_t = \beta_0 + \beta_1 t + \beta_2 t^2$（2次回帰）

時刻に関して変動が減少から増加またはその逆に変化している状況である．さらに高次の多項式回帰も考えられる．

(iii)　$T_t = \beta_0 \beta_1^t (\leftrightarrow \log T_t = \log \beta_0 + t \log \beta_1)$（指数回帰）

等比的に変動が変化している場合で，対数をとった変動が一定の割合で変化している状況である．

(iv)　$T_t = \beta_0 + \dfrac{\beta_1}{1 + e^{-\alpha-\gamma t}}$（ロジスティック回帰）

$$\leftrightarrow \log \frac{\dfrac{T_t - \beta_0}{\beta_1}}{1 - \dfrac{T_t - \beta_0}{\beta_1}} = \alpha + \gamma t \quad \left(\frac{dT_t}{dt} = \beta_1 \gamma \frac{T_t - \beta_0}{\beta_1} \left(1 - \frac{T_t - \beta_0}{\beta_1} \right) \right)$$

変動の相対増加率の対数をとったものが一定の割合で変化している状況である．

そして，誤差には以下のような4つの仮定をする．

① $E[e_t e_{t'}] = 0 (t \neq t')$（無相関性）　② $E[e_t] = 0$（不偏性）

③ $Var[e_t] = \sigma^2$（等分散性）　　　　　④ $e_t \sim N(0, \sigma^2)$（正規性）

上記 (iv) の場合の α, γ も同時に推定する場合を除いて，これらのモデルは線形回帰モデルに変形できるので，母数の推定に最小2乗法が適用できる．

そこで，母数を増やし，一般化した線形の場合を考えよう．傾向変動 T_t が $1, a_{t1}, \cdots, a_{tp}$ の線形結合で書かれる場合，つまり

$$(9.9) \qquad T_t = \beta_0 + \beta_1 a_{t1} + \cdots + \beta_p a_{tp} = \boldsymbol{a}_t^{\mathrm{T}} \boldsymbol{\beta}$$

の場合について考える．ただし，$\boldsymbol{a}_t = (1, a_{t1}, \cdots, a_{tp})^{\mathrm{T}} (t = 1, \cdots, n)$，$\boldsymbol{\beta} = (\beta_0, \beta_1, \cdots, \beta_p)^{\mathrm{T}}$ である．これは行列表現では

$$(9.10) \qquad \boldsymbol{x} = A\boldsymbol{\beta} + \boldsymbol{\varepsilon}$$

となり，重回帰分析と同じモデルである．ただし，

$$\boldsymbol{x} = \begin{pmatrix} x_1 \\ x_2 \\ \vdots \\ x_n \end{pmatrix}, A = \begin{pmatrix} 1 & a_{11} & \cdots & a_{1p} \\ 1 & a_{21} & \cdots & a_{2p} \\ \vdots & \vdots & \ddots & \vdots \\ 1 & a_{n1} & \cdots & a_{np} \end{pmatrix}, \boldsymbol{\beta} = \begin{pmatrix} \beta_0 \\ \beta_1 \\ \vdots \\ \beta_p \end{pmatrix}, \boldsymbol{\varepsilon} = \begin{pmatrix} \varepsilon_1 \\ \varepsilon_2 \\ \vdots \\ \varepsilon_n \end{pmatrix}$$ である．そこで $\boldsymbol{\beta}$

の最小2乗推定量は $\widehat{\boldsymbol{\beta}} = (A^{\mathrm{T}}A)^{-1} A^{\mathrm{T}} \boldsymbol{x}$ で与えられる．(i) は $\boldsymbol{\beta} = (\beta_0, \beta_1)^{\mathrm{T}}$，$\boldsymbol{a}_t = (1, t)^{\mathrm{T}}$ とした場合であり，(ii) は $\boldsymbol{\beta} = (\beta_0, \beta_1, \beta_2)^{\mathrm{T}}$，$\boldsymbol{a}_t = (1, t, t^2)^{\mathrm{T}}$ とした場合である．また (iii) は y_t を $\log y_t$ とし，$\boldsymbol{\beta} = (\log \beta_0, \log \beta_1)^{\mathrm{T}}$，$\boldsymbol{a}_t = (1, t)^{\mathrm{T}}$ とする場合である．(iv) は α, γ が既知の場合には $\boldsymbol{\beta} = (\beta_0, \beta_1)^{\mathrm{T}}$，$\boldsymbol{a}_t = \left(1, 1/(1 + e^{-\alpha-\gamma t}) \right)^{\mathrm{T}}$ とした場合である．

また回帰母数などに関する区間推定・検定についても，誤差に正規性などの仮定をすれば従来の回帰分析と同様な手法が適用できる．

注 9.1 等分散でない場合には，重み w_t $(t = 1, \cdots, n)$ を用い，$W = \mathrm{diag}(w_1, \cdots, w_n)$ とおき，重み付き最小2乗推定量 $\widehat{\boldsymbol{\beta}} = (A^{\mathrm{T}}WA)^{-1} A^{\mathrm{T}}W\boldsymbol{x}$ を採用することが多い．　　　　　◁

9.2 変動の解析 139

例題 9.2

表 9.3 の海外旅行者数のデータについて傾向変動を回帰モデルを仮定して推定せよ．またそれを用いて次年度の海外旅行者数を予測せよ．（国土交通省「観光白書」平成 25 年版）

表 9.3 海外出国者数（単位：千人，1980～2013 年）

年	1980	1981	1982	1983	1984	1985	1986	1987
人数	3909333	4006388	4086138	4232246	4658833	4948366	5516193	6829338
年	1988	1989	1990	1991	1992	1993	1994	1995
人数	8426867	9662752	10997431	10633777	11790699	11933620	16802750	13578934
年	1996	1997	1998	1999	2000	2001	2002	2003
人数	15298125	16694769	15806218	16357572	17818590	16215657	16522804	13296330
年	2004	2005	2006	2007	2008	2009	2010	2011
人数	16831112	17403565	17534565	17294935	15987250	15445684	16637224	16994200
年	2012	2013						
人数	18490657	17472748						

[予備解析]

手順 1 データの読み込み

【データ】▶【データのインポート】▶【テキストファイルまたはクリップボード，URL から...】を選択し，ダイアログボックスで，フィールドの区切り記号としてカンマにチェックをいれて，[OK] を左クリックする．フォルダからファイルを指定後，[開く (O)] を左クリックする．【統計量】▶【要約】▶【アクティブデータセット】を選択すると，以下の結果が表示される．同様に，【統計量】▶【要約】▶【数値による要約...】を選択し，変数として海外出国者数を指定すると，以下の結果が表示される．

```
> rei92 <- read.table("rei92.csv", header=TRUE,
 sep=",",na.strings="NA", dec=".", strip.white=TRUE)
> summary(rei92)
       年          海外出国者数
 Min.   :1980   Min.   : 3909333
 1st Qu.:1988   1st Qu.: 8735838
 Median :1996   Median :15371904
 Mean   :1996   Mean   :12650461
 3rd Qu.:2005   3rd Qu.:16775755
 Max.   :2013   Max.   :18490657
> numSummary(rei92[,"海外出国者数"], statistics=c("mean", "sd", "IQR",
+   "quantiles", "cv", "skewness", "kurtosis"), quantiles=c(0,.25,.5,.75,1),
+   type="2")
    mean       sd      IQR       cv  skewness  kurtosis       0%      25%
12650461 5089211 8039917 0.4022945 -0.6810032 -1.129358 3909333 8735838
     50%      75%     100%   n
15371905 16775755 18490657 34
```

[モデルの設定と解析]

手順 1 データのプロットとモデルの仮定をする．

図 9.6 から原点を通る直線回帰，2 次回帰，指数回帰などが考えられる．そこで，(i) $x_t = \beta_0 + \beta_1 t + \varepsilon_t$，(ii) $x_t = \beta_0 + \beta_1 t + \beta_2 t^2 + \varepsilon_t$，(iii) $\log x_t = A + Bt + \varepsilon_t$ のモデルを以下で考えてみる．

```
> attach(rei92)
> rei92.ts<-ts(海外出国者数,start=1980,freq=1)
```

```
> summary(rei92.ts)
    Min.  1st Qu.   Median     Mean  3rd Qu.     Max.
 3909000  8736000 15370000 12650000 16780000 18490000
> ts.plot(rei92.ts,gpars=list(xlab="年度",ylab="人数"
 ,type="o",lty=1))    #図9.6
```

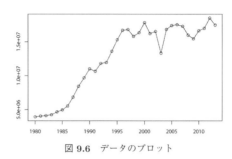

図 9.6 データのプロット

手順 2 回帰式の推定をする．

1980 年を $t=1$ として（$t=$ 年 -1979），補助表を作成して計算すると $\sum_{t=1}^{42} tx_t = 9911717$，$\sum_{t=1}^{42} t^2 = 25585$ と求まる．以下のいずれの場合も 5.1 節の最小 2 乗法による公式を使って回帰式を求めると以下のようになる．

((i)) $\widehat{\beta} = \dfrac{S_{tx}}{S_{tt}} = \dfrac{\sum_{t=1}^{42} tx_t - (\sum t)(\sum x_t)/42}{\sum_{t=1}^{42} t^2 - (\sum t)^2/42} = 492.7808$, $\widehat{\beta_0} = -2985.692$

である．また，寄与率は $R^2 = \dfrac{S_{tx}^2}{S_{tt}S_{xx}} = 0.9258444$ と求まる．

((i)) $\widehat{\beta_0} = \overline{x} - \widehat{\beta_1}\overline{t} - \widehat{\beta_2}\overline{t^2} = -1063.735$, $\widehat{\beta_1} = S^{11}S_{1y} + S^{12}S_{2y} = 230.696$, $\widehat{\beta_2} = S^{21}S_{1y} + S^{22}S_{2y} = 6.095$ また，寄与率は $R^2 = 0.9425$ である．((i)) $\widehat{A} = \left(\sum_{t=1}^{42} \log x_t\right)/42 - \widehat{B}\overline{t} = 5.943175$, $\widehat{B} = \dfrac{S_{t\log x_t}}{S_{tt}} = 0.109679$ また，寄与率は $R^2 = \dfrac{(S_{t\log x_t})^2}{S_{tt}S_{\log x_t \log x_t}} = 0.8706$ である．

① 単回帰モデル　次に R を利用して説明変数を 1 個とした単回帰モデルでの回帰式を求めるとき，以下のように入力する．

```
> nen1<-年-1979
> rei92.lm1<-lm(海外出国者数~nen1)
> summary(rei92.lm1)
Call:
lm(formula = 海外出国者数 ~ nen1)
Residuals:
     Min      1Q  Median      3Q     Max
-2994561 -2121389  132462 1349453 4275899
Coefficients:
            Estimate Std. Error t value Pr(>|t|)
(Intercept)  4544763     765918   5.934 1.31e-06 ***
nen1          463183      38177  12.133 1.64e-13 ***
---
Signif. codes:  0 '***' 0.001 '**' 0.01 '*' 0.05 '.' 0.1 ' ' 1
Residual standard error: 2184000 on 32 degrees of freedom
Multiple R-squared:  0.8214,Adjusted R-squared:  0.8158
F-statistic: 147.2 on 1 and 32 DF,  p-value: 1.64e-13
```

```
>par(mfrow=c(2,2))    #グラフ画面を 2 × 2 に分割する.
>plot(rei92.lm1)    #4 種の回帰診断の図を描く  図 9.7
```

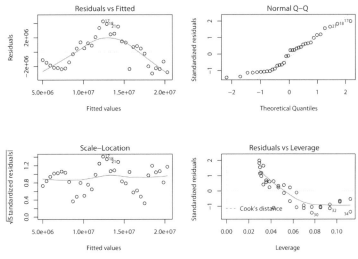

図 9.7 回帰診断の図

そこで推定される回帰式は，$x_t = -2985.69 + 492.78(t - 1963)$ である．

② 2 次回帰モデル 説明変数に 2 次式までいれた回帰式の場合を以下で求めてみよう．

```
> nen2<-nen1*nen1
> rei92.lm2<-lm(海外出国者数~nen1+nen2)
> summary(rei92.lm2)
Call:
lm(formula = 海外出国者数 ~ nen1 + nen2)
Residuals:
     Min       1Q    Median       3Q      Max
-3420103  -750981    15353    622809  2399839
Coefficients:
            Estimate Std. Error t value Pr(>|t|)
(Intercept)   440880     738479   0.597    0.555
nen1         1147163      97285  11.792 5.44e-13 ***
nen2          -19542       2696  -7.248 3.75e-08 ***
---
Signif. codes:  0 '***' 0.001 '**' 0.01 '*' 0.05 '.' 0.1 ' ' 1
Residual standard error: 1352000 on 31 degrees of freedom
Multiple R-squared:  0.9337,Adjusted R-squared:  0.9295
F-statistic: 218.4 on 2 and 31 DF,  p-value: < 2.2e-16
```

そこで推定される回帰式は，$x_t = -1063.735 + 230.696(t - 1963) + 6.095(t - 1963)^2$ である．

③ 対数回帰モデル 目的変数の対数をとった値について単回帰モデルを考えてみよう．

```
> rei92.lm3<-lm(log（海外出国者数）~nen1)
> summary(rei92.lm3)
Call:
lm(formula = log（海外出国者数） ~ nen1)
Residuals:
     Min       1Q    Median       3Q      Max
```

```
-0.34385 -0.26763  0.01281  0.24550  0.41547
Coefficients:
            Estimate Std. Error t value Pr(>|t|)
(Intercept) 15.413464   0.091067  169.25  < 2e-16 ***
nen1         0.047157   0.004539   10.39 8.84e-12 ***
---
Signif. codes:  0 '***' 0.001 '**' 0.01 '*' 0.05 '.' 0.1 ' ' 1
Residual standard error: 0.2597 on 32 degrees of freedom
Multiple R-squared:  0.7713,Adjusted R-squared:  0.7642
F-statistic: 107.9 on 1 and 32 DF,  p-value: 8.841e-12
```

そこで推定される回帰式は, $\log(x_t) = 5.943175 + 0.109679(t - 1963)$ である.

手順 4 検討をする.

寄与率も高くかなりフィットはよさそうだが, ややデータに指数的変化がありそうなので指数回帰なども検討してみるとよさそうである. 誤差が条件を満足する場合, 寄与率によれば 2 次回帰がこの中ではよさそうである. □

寄与率が上記 3 つのモデルの中で最もよい 2 次回帰モデルに基づいて, 次期のデータを予測してみよう.

```
> x0<-data.frame(nen1=35,nen2=35^2) #nen=35 のときを x0 に代入
> predict(rei92.lm2,x0,interval="c",level=0.95)  #c 信頼区間
      fit       lwr       upr
1 16652275  15146137  18158414
> predict(rei92.lm2,x0,interval="p",level=0.95)
      fit       lwr       upr
1 16652275  13510792  19793758
```

演習 9.2 演習 9.1 について単回帰モデルを適用し, そのモデルのもとで予測せよ. ◁

演習 9.3 以下表 9.4 の大卒男子の初任給のデータについて傾向線の当てはめを行ってみよ. (厚生労働省大臣官房統計情報部賃金福祉統計課「賃金構造基本統計調査報告」2014 年) ◁

表 9.4 大卒男子初任給 (単位:千円, 1976~2012 年)

年	1976	1977	1978	1979	1980	1981	1982	1983	1984	1985
初任給	87.6	95.3	99.9	103.7	108.7	115.0	119.1	124.1	128.7	133.5
年	1986	1987	1988	1989	1990	1991	1992	1993	1994	1995
初任給	138.4	142.7	149.0	155.6	162.9	172.3	180.1	181.9	184.5	184.0
年	1996	1997	1998	1999	2000	2001	2002	2003	2004	2005
初任給	183.6	186.2	186.3	188.7	187.4	188.6	188.8	192.5	189.5	189.3
年	2006	2007	2008	2009	2010	2011	2012			
初任給	190.8	191.4	194.6	194.9	193.5	197.9	196.5			

補 9.1 区分的に線形なモデルを当てはめる場合もある. 1 本の直線だけでなく 2 本以上の直線を折れ線として当てはめる手法をいう. ◁

補 9.2 傾向変動を除くための方法として, 以下の差分法がある.

例えば $x_t = \beta_0 + \beta_1 t + \beta_2 t^2$ のとき $\Delta x_t = x_t - x_{t-1} = \beta_0 + \beta_1 t + \beta_2 t^2 - (\beta_0 + \beta_1(t-1) + \beta_2(t-1)^2) = (\beta_1 - \beta_2) + 2\beta_2 t$ (1 階差分), $\Delta^2 x_t = \Delta x_t - \Delta x_{t-1} = 2\beta_2$ (2 階差分) であり, $\Delta^3 x_t = \Delta^2 x_t - \Delta^2 x_{t-1} = 0$(3 階差分) となるので傾向変動が除去される.

さらに, **指数平滑化法** (exponential average method) といって, 次のように前のデータに重み付けして次のデータを予測する方法もよくとられる.

$$\widehat{y}_t = \alpha y_{t-1} + (1-\alpha)\widehat{y}_{t-1}$$

◁

9.2.2 季節変動 S_t の推定

季節変動とは習慣的な区分の期間から生ずる周期的な変動のことで，例えば 1 年では JR を利用して移動する人は連休と盆および暮れに多いとか，海外旅行者もある時期に多いといった，毎年周期的におこる変動する量をいう．それに対し循環変動は周期があまり明確ではなく，好景気や不景気が繰返すような変動をいう．まず季節変動を除く方法として季節値を用いる固定季節値法などがある．また季節指数という指数について変動を求める連環比指数法などがある．

実際に季節変動を抽出（推定）するための手法として以下のような方法が考えられている．

a. 固定季節値法

1 年を M 期に分けて L 年間にわたって時系列データ x_t が得られるとする．i 年の j 期に対応する x_t を x_{ij} で表すとする．

$$(9.11) \qquad \overline{y}_{.j} = \frac{1}{L} \sum_{i=1}^{L} (x_{ij} - \overline{x}_{..}) = \frac{1}{L} \sum_{i=1}^{L} x_{ij} - \overline{x}_{..}$$

を j 期の固定季節値という．傾向変動 T_{ij} が与えられている場合には修正した

$$\overline{y}_{.j} = \frac{1}{L} \sum_{i=1}^{L} (x_{ij} - T_{ij}) = \frac{1}{L} \sum_{i=1}^{L} x_{ij} - T_{.j}$$

を用い，季節変動を修正したデータは $x_{ij} - \overline{y}_{.j}$ である．

9.2.3 連環比指数法

パーソンズが考案したもので，全期的にわたり対前期比率にデータを換算し，これに基づいて季節指数を求める方法である．

また，周期変動を見つけ出すためにスペクトル解析もよく利用される．

補 9.3 評価のためのさまざまな指数（Index）が考えられ，特に物価指数であるラスパイレス（Laspeyres）指数，パーシェ（Paasche）指数がよく用いられている．それらの幾何平均のフィッシャー（Fisher）指数，2 時点の平均化であるエッジワース（Edgeworth）指数もある．なお，対象とする品物 $j (= 1, \cdots, n)$ の時点 t での価格を p_{tj}，数量を q_{tj} とし，基準とする時点での価格と数量をそれぞれ p_{0j}, q_{0j} とするとき，時点 t でのラスパイレス指数とパーシェ指数はそれぞれ

$$(9.12) \qquad \frac{\displaystyle\sum_{j=1}^{n} p_{tj} q_{0j}}{\displaystyle\sum_{j=1}^{n} p_{0j} q_{0j}}, \qquad \frac{\displaystyle\sum_{j=1}^{n} p_{tj} q_{tj}}{\displaystyle\sum_{j=1}^{n} p_{0j} q_{tj}}$$

で与えられる．

指数には指数の全系列を通じて共通の時点を使用する**固定基準方式**と，毎期の指数についてその直前の期間を基準の時点とする**連鎖基準方式**がある．さらに直前期間を基準とする**連環指数**と，これを連乗して計算した指数の**連鎖指数**がある．また物価指数には総和指数，比率平均指数があり，数量指数には単純数量指数などがある．◁

例題 9.3

表 9.5 の倒産件数のデータに関して固定季節値法，連環比指数法により季節変動について検討せよ．（帝国データバンク　倒産集計）

[予備解析]

手順 1　データの読み込み

【データ】▶【データのインポート】▶【テキストファイルまたはクリップボード，URL から...】を選択し，ダイアログボックスで，フィールドの区切り記号としてカンマにチェックをいれて，OK を左クリックする．フォルダからファイルを指定後，開く (O) を左クリックする．そして データセットを表示 をクリックするとデータが表示される．

手順 2　データの時系列プロットをしてみる．

生のデータ（row data）を横軸に月，縦軸に倒産件数をとり各年ごとに折れ線を作成すると図 9.8 の

表 9.5 倒産件数 (2010～2014 年)

月＼年	2010	2011	2012	2013	2014
1 月	949	976	951	854	809
2 月	966	884	976	858	765
3 月	1148	1041	1040	836	744
4 月	962	956	884	906	858
5 月	879	964	1013	950	733
6 月	1085	1025	896	906	847
7 月	918	965	943	952	844
8 月	964	969	851	789	683
9 月	943	847	852	817	785
10 月	960	906	961	918	794
11 月	935	971	938	820	671
12 月	949	865	824	726	647

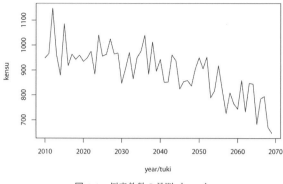

図 9.8 倒産件数の月別プロット

ようになる.

[解析]

手順 1 図 9.8 から周期的な変動がみられる.

● 後の成分を前の成分で割った比率を求める関数 henkan.hi

```
henkan.hi=function(x){   #後の成分を前の成分で割った比率を求める
 n=length(x);y=x[-n]
  for (i in 1:n-1){
    y[i]=x[i+1]/x[i]   }
 y}
```

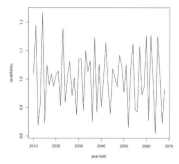

図 9.9 倒産件数の比に関する月別プロット

```
rei93 <- read.table("rei93.csv",
header=TRUE, sep=",", na.strings="NA", dec=".", strip.white=TRUE)
> names(rei93)
[1] "年月"     "倒産件数"
> attach(rei93)
> rei93.ts<-ts(倒産件数,start=2010/01,freq=1)
> ts.plot(rei93.ts,gpars=list(xlab="year/tuki",ylab="kensu",lty=1))
>ts.plot(rei93.ts,gpars=list(xlab="year/tuki",ylab="kensu",
lty=2,col=2))
touhi<-henkan.hi (倒産件数)
# 対前期比率のデータを計算し,touhi に代入する
touhi.ts<-ts(touhi,start=2010/01,freq=1)
# touhi に関して時系列解析する
ts.plot(touhi.ts,gpars=list(xlab="year/tuki",ylab="zenkihiritu",lty=1))
ts.plot(touhi.ts,gpars=list(xlab="year/tuki",ylab="zenkihiritu",lty=2,col=2))
```

9.2 変 動 の 解 析　　　145

図 9.9 より周期性がややありそうである.

演習 9.4 表 9.6 の交通事故死者数のデータの季節変動について検討せよ.（警察庁交通局）　　◁

表 9.6　交通事故死亡者数（2006～2013 年）

年 月	2006	2007	2008	2009	2010	2011	2012	2013
1 月	495	403	384	393	331	324	345	355
2 月	451	361	364	352	360	322	336	307
3 月	452	388	387	366	381	341	333	311
4 月	423	402	357	353	370	337	345	313
5 月	430	387	404	380	346	309	332	322
6 月	427	371	352	354	343	301	313	317
7 月	473	449	380	407	363	344	331	325
8 月	527	475	438	434	408	392	373	301
9 月	475	398	405	412	378	368	366	345
10 月	549	502	467	469	471	438	378	400
11 月	508	491	489	425	429	433	431	377
12 月	572	570	541	577	483	502	490	440

9.2.4　循環変動 C_t の検出

時点 t におけるデータ y_t と k 時点前のデータ y_{t-k} との相関係数を遅れ k の（標本）**自己相関係数**（k-th order sample autocorrelation coefficient）といい,以下で定義される.

$$(9.13) \qquad r(k) = \frac{\sum\limits_{t=k+1}^{T} (y_t - \overline{y})(y_{t-k} - \widetilde{y})}{\sqrt{\sum\limits_{t=k+1}^{T} (y_t - \overline{y})^2}\sqrt{\sum\limits_{t=1}^{T-k} (y_t - \widetilde{y})^2}}$$

$$= \frac{\sum\limits_{t=k+1}^{T} y_t y_{t-k} - \dfrac{1}{T-k}\sum\limits_{t=k+1}^{T} y_t \sum\limits_{t=k+1}^{T} y_{t-k}}{\sqrt{\sum\limits_{t=k+1}^{T} y_t^2 - \dfrac{1}{T-k}\left(\sum\limits_{t=k+1}^{T} y_t\right)^2}\sqrt{\sum\limits_{t=1}^{T-k} y_t^2 - \dfrac{1}{T-k}\left(\sum\limits_{t=1}^{T-k} y_t\right)^2}}$$

ただし,$\overline{y} = \dfrac{1}{T-k}\sum\limits_{t=k+1}^{T} y_t$,$\widetilde{y} = \dfrac{1}{T-k}\sum\limits_{t=1}^{T-k} y_t$ である.

そして,自己相関係数の系列

$$r(1), r(2), \cdots$$

を横軸に k,縦軸に $r(k)$ をとりプロットし,各点を線で結んだグラフを**コレログラム**（correlogram）という.この式から,コレログラムは残差系列の変動をみることができるとわかるが,もとの時系列データの変動の様子もみることができる.つまり,循環変動の推定に利用できる.また,この標本自己相関係数のグラフ（コレログラム）を描くことによって周期変動の周期 $T_1, \cdots, T_p$ を知ることができる.

$y_t = T_t C_t$ のときには $C_t = y_t/T_t$ によって循環変動が導かれる.月次系列の循環変動を分離する方法としては対前年同月比の系列を計算する.これによって季節変動が除去される.

さらに,以下のモデルに最小 2 乗法を適用して $(a_j, b_j)(j = 1, \cdots, p)$ の推定量が構成される.

$$(9.14) \qquad x_t = \overline{x} + \sum_{j=1}^{p}\left\{a_j \cos\left(\frac{2\pi t}{T_j}\right) + b_j \sin\left(\frac{2\pi t}{T_j}\right)\right\}$$

── 例題 9.4 ──

表 9.7 は,A 社の株価データである.このデータついて循環変動の推定,直線回帰,ダービン・ワトソン検定,コレログラムを描いて検討せよ.（Yahoo! ファイナンス）

表 9.7 A 社の株価（2011〜2014 年）

月＼年	2011	2012	2013	2014
1 月	1014	1005	1038	1289
2 月	1015	1032	1042	1163
3 月	964	1088	1215	1244
4 月	974	1044	1379	1181
5 月	937	950	1188	1227
6 月	968	992	1302	1246
7 月	971	944	1348	1163
8 月	961	900	1344	1124
9 月	1049	883	1351	1092
10 月	1036	871	1337	1094.5
11 月	1048	922	1378	1183
12 月	1057	987	1425	1213.5

[予備解析]

手順 1　データの読み込み

【データ】▶【データのインポート】▶【テキストファイルまたはクリップボード，URL から...】を選択し，ダイアログボックスで，フィールドの区切り記号としてカンマにチェックをいれて，OK を左クリックする．フォルダからファイルを指定後，開く (O) を左クリックする．そして データセットを表示 をクリックすると，データが表示される．

[解析]

手順 1　データのプロット

データをプロットすると図 9.10 のようになる．全体に増加傾向であり，上下変動の幅は少し小さくなってきている．

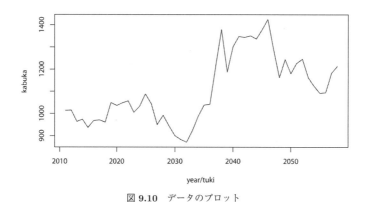

図 **9.10**　データのプロット

手順 2　自己相関係数を求める

表計算ソフトの相関係数を求める関数で範囲指定を逐次ずらして計算して，表 9.8 のように自己相関係数の表を作成する．

手順 3　コレログラムの作成

手順 2 で求めた自己相関係数を横軸に遅れ k，縦軸に自己相関係数 $r(k)$ をとり縦棒を描き，コレログラムを図 9.11 のように作成する．遅れが大きくなるにつれ相関が減少している．同様に自己偏回帰係数のグラフも作成される．　　□

```
rei94 <- read.table("rei94.csv",
  header=TRUE, sep=",", na.strings="NA", dec=".", strip.white=TRUE)
> summary(rei94)
       年月            株価
```

9.2 変動の解析

表 9.8 遅れ k の自己相関係数の表

k	1	2	3	4	5	6	7	8
$r(k)$	0.899	0.839	0.706	0.608	0.482	0.448	0.422	0.356
k	9	10	11	12	13	14	15	
$r(k)$	0.345	0.221	0.162	0.091	0.131	0.149	0.229	

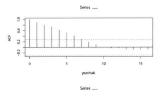

図 9.11 自己相関係数・自己偏回帰係数

```
2011 年 10 月: 1    Min.    : 871.0
2011 年 11 月: 1    1st Qu.: 983.8
2011 年 12 月: 1    Median :1053.0
2011 年 1 月 : 1    Mean   :1107.9
2011 年 2 月 : 1    3rd Qu.:1218.0
2011 年 3 月 : 1    Max.   :1425.0
(Other)      :42
> names(rei94)
[1] "年月" "株価"
> attach(rei94)
> rei94.ts<-ts(株価,start=2011/01,freq=1)
> ts.plot(rei94.ts,gpars=list(xlab="year/tuki",ylab="kabuka",lty=1))
> par(mfrow=c(2,1)) # 2 × 1 に分割 par(mfrow=c(2,1)) でもよい
> acf(株価,xlab="year/tuki") #自己相関係数    図 9.11
> pacf(株価,xlab="year/tuki") #自己偏回帰係数  図 9.11
> par(mfrow=c(1,1)) #1 × 1 に戻す par(op) でもよい
```

演習 9.5 以下の表 9.9 の 1000 人あたりの出生率, 死亡率, 婚姻率, 離婚率のデータについて解析せよ. (厚生労働省「平成 25 年 (2013) 人口動態統計 (確定数) の概況」http://www.mhlw.go.jp/toukei/saikin/hw/jinkou/kakutei13/index.html 第 2 表-1) ◁

表 9.9 出生率, 死亡率, 婚姻率, 離婚率 (千人あたり, 1990〜2013 年)

年度	出生率	死亡率	婚姻率	離婚率	年度	出生率	死亡率	婚姻率	離婚率
1990	10	6.7	5.9	1.28	2002	9.2	7.8	6	2.3
1991	9.9	6.7	6	1.37	2003	8.9	8	5.9	2.25
1992	9.8	6.9	6.1	1.45	2004	8.8	8.2	5.7	2.15
1993	9.6	7.1	6.4	1.52	2005	8.4	8.6	5.7	2.08
1994	10	7.1	6.3	1.57	2006	8.7	8.6	5.8	2.04
1995	9.6	7.4	6.4	1.6	2007	8.6	8.8	5.7	2.02
1996	9.7	7.2	6.4	1.66	2008	8.7	9.1	5.8	1.99
1997	9.5	7.3	6.2	1.78	2009	8.5	9.1	5.6	2.01
1998	9.6	7.5	6.3	1.94	2010	8.5	9.5	5.5	1.99
1999	9.4	7.8	6.1	2	2011	8.3	9.9	5.2	1.87
2000	9.5	7.7	6.4	2.1	2012	8.2	10	5.3	1.87
2001	9.3	7.7	6.4	2.27	2013	8.2	10.1	5.3	1.84

9.2.5 不規則変動 I_t の検討

残差変動 (系列) が無相関であるか否かを確かめるには, ダービン・ワトソン比を用いたり, コレログラムを使う方法がある.

線形回帰モデルの場合, 残差ベクトルは $e = x - A\hat{\beta}$ で定義される. そのとき以下で定義される 1 時

点遅れでの系列相関である d を用いる.

$$(9.15) \qquad d = \frac{\sum\limits_{t=2}^{T} \{e_t - e_{t-1}\}^2}{\sum\limits_{t=2}^{T} \{e_t\}^2}$$

回帰母数の個数 -1 である p と系列の長さ T から数表により d_L, d_U を求める. d の値と以下の規準で比較し判定する.

公式

(1) $d \leqq d_L \implies$ 系列は正の相関をもつ

$\quad d \geqq d_U \implies$ 系列は正の相関をもたない

(2) $4 - d \leqq d_L \implies$ 系列は負の相関をもつ

$\quad 4 - d \geqq d_U \implies$ 系列は負の相関をもたない

(3) $d \geqq d_U$ かつ $4 - d \geqq d_U \implies$ 系列は無相関である

(4) $d_L \leqq d \leqq d_U$ または $d_L \leqq 4 - d \leqq d_U \implies$ 系列はどちらともいえない

残差についての,遅れ k の自己相関係数は

$$(9.16) \qquad r(k) = \frac{\sum\limits_{t=k+1}^{T} e_t e_{t-k}}{\sqrt{\sum\limits_{t=k+1}^{T} e_t^2}\sqrt{\sum\limits_{t=1}^{T-k} e_t^2}}$$

で定義される.

T:十分大のときには $d \fallingdotseq 2\{1 - r(1)\}$ と近似されるので,$r(1) = -1$ のとき,$d \fallingdotseq 4$,$r(1) = 0$ のとき,$d \fallingdotseq 2$,$r(1) = 1$ のとき,$d \fallingdotseq 0$ である.以下の例題で残差について検討してみよう.

例題 9.5

表 9.10 の大型小売店年間販売額に関するデータについて直線回帰式を推定後,残差を求め無相関かどうか検定せよ.(経済産業省商業動態統計)

表 9.10 大型小売店年間販売額(単位:10 億円,1990〜2013 年)

年度 項目	百貨店	スーパー	年度 項目	百貨店	スーパー
1990	11616829	9485850	2002	9315090	12667659
1991	12164836	10079021	2003	9086493	12652576
1992	11773036	10273566	2004	8783159	12613663
1993	11173163	10226190	2005	8758686	12565422
1994	10947056	10767925	2006	8610817	12500985
1995	10929849	11514924	2007	8428727	12733557
1996	11284470	11937190	2008	7844233	12872378
1997	10864971	12303869	2009	7054429	12598587
1998	10541665	12591146	2010	6726734	12737304
1999	10249751	12839022	2011	6723082	12932685
2000	9899721	12622417	2012	6649328	12952689
2001	9576039	12714733	2013	6893038	13057880

[予備解析]

手順 1 データの読み込み

【データ】▶【データのインポート】▶【テキストファイルまたはクリップボード,URL から...】を選択し,ダイアログボックスで,フィールドの区切り記号としてカンマにチェックをいれて,$\boxed{\text{OK}}$ を左クリッ

クする．フォルダからファイルを指定後，開く (O) を左クリックする．そしてデータセットを表示をクリックすると，データが表示される．

```
> rei95 <- read.table("rei95.csv",
 header=TRUE, sep=",", na.strings="NA", dec=".", strip.white=TRUE)
> summary(rei95)
       年            百貨店           スーパー
 Min.   :1990   Min.   : 6649328   Min.   : 9485850
 1st Qu.:1996   1st Qu.: 8282604   1st Qu.:11831624
 Median :2002   Median : 9445564   Median :12606125
 Mean   :2002   Mean   : 9412300   Mean   :12093385
 3rd Qu.:2007   3rd Qu.:10934151   3rd Qu.:12734494
 Max.   :2013   Max.   :12164836   Max.   :13057880
> names(rei95)
[1] "年"      "百貨店"   "スーパー"
> attach(rei95)
 以下のオブジェクトはマスクされています (from rei94 (position 3)):
     年月
 以下のオブジェクトはマスクされています (from rei94 (position 4)):
     株価, 年月
> rei94.ts<-ts(株価,start=2011/01,freq=1)
> ts.plot(rei94.ts,gpars=list(xlab="year/tuki",ylab="kabuka",lty=1))
> par(mfrow=c(2,1)) # 2×1に分割 par(mfrow=c(2,1)) でもよい
> acf(株価,xlab="year/tuki")  # 自己相関係数    図9.11
> pacf(株価,xlab="year/tuki") # 自己偏回帰係数  図9.11
> par(mfrow=c(1,1)) # 1×1に戻す par(op)でもよい
```

[解析]

手順1 データの時系列をプロットする．

以下では特にスーパーの売上高について解析する．百貨店の場合は各自試みられたい．なお，スーパーと百貨店のデータをプロットすると図9.12のようになるので線形回帰モデルがよさそうである．

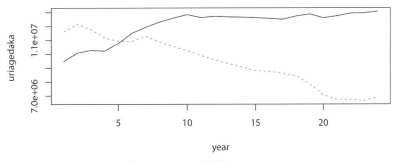

図 9.12 データの時系列プロット

手順2 回帰式を推定する．

モデル：$x_t = \beta_0 + \beta_1 t + \varepsilon_t$ について，補助表より
$\widehat{\beta_1} = S_{tx_t}/S_{tt} = 145046685/1150 = 126127.5522, \widehat{\beta_0} = \bar{x}_t - \widehat{\beta_1}\bar{t} = 12093384.92 - 126127.5522 \times 12.5 = 10516790.51$ と推定される．

手順3 残差を計算し，d を計算する．

表9.11の補助表のように残差 $e_t = x_t - \widehat{x_t}$ を計算し，さらに $e_t - e_{t-1}, e_t^2$ を計算する．そこで

9. 時系列分析

表 9.11 補助表

年度	t	x_t	t^2	tx_t	x_t^2	$\widehat{x_t}$
1990	1	9485850	1	9485850	8.99814×10^{13}	10642918.07
1991	2	10079021	4	20158042	1.01587×10^{14}	10769045.62
1992	3	10273566	9	30820698	1.05546×10^{14}	10895173.17
1993	4	10226190	16	40904760	1.04575×10^{14}	11021300.72
1994	5	10767925	25	53839625	1.15948×10^{14}	11147428.28
1995	6	11514924	36	69089544	1.32593×10^{14}	11273555.83
1996	7	11937190	49	83560330	1.42497×10^{14}	11399683.38
1997	8	12303869	64	98430952	1.51385×10^{14}	11525810.93
1998	9	12591146	81	113320314	1.58537×10^{14}	11651938.48
1999	10	12839022	100	128390220	1.6484×10^{14}	11778066.04
2000	11	12622417	121	138846587	1.59325×10^{14}	11904193.59
2001	12	12714733	144	152576796	1.61664×10^{14}	12030321.14
2002	13	12667659	169	164679567	1.6047×10^{14}	12156448.69
2003	14	12652576	196	177136064	1.60088×10^{14}	12282576.24
2004	15	12613663	225	189204945	1.59104×10^{14}	12408703.8
2005	16	12565422	256	201046752	1.5789×10^{14}	12534831.35
2006	17	12500985	289	212516745	1.56275×10^{14}	12660958.9
2007	18	12733557	324	229204026	1.62143×10^{14}	12787086.45
2008	19	12872378	361	244575182	1.65698×10^{14}	12913214.01
2009	20	12598587	400	251971740	1.58724×10^{14}	13039341.56
2010	21	12737304	441	267483384	1.62239×10^{14}	13165469.11
2011	22	12932685	484	284519070	1.67254×10^{14}	13291596.66
2012	23	12952689	529	297911847	1.67772×10^{14}	13417724.21
2013	24	13057880	576	313389120	1.70508×10^{14}	13543851.77
計	300	290241238	4900	3773062160	3.53665×10^{15}	290241238

年度	e_t	$e_t - e_{t-1}$	e_t^2	$(e_t - e_{t-1})^2$
1990	1157068.067			
1991	690024.6188	-467043.4478	4.76134×10^{11}	2.1813×10^{11}
1992	621607.171	-68417.44783	3.86395×10^{11}	4680947167
1993	795110.7232	173503.5522	6.32201×10^{11}	30103482617
1994	379503.2754	-415607.4478	1.44023×10^{11}	1.7273×10^{11}
1995	-241368.1725	-620871.4478	58258594678	3.85481×10^{11}
1996	-537506.6203	-296138.4478	2.88913×10^{11}	87697980281
1997	-778058.0681	-240551.4478	6.05374×10^{11}	57864999051
1998	-939207.5159	-161149.4478	8.82111×10^{11}	25969144535
1999	-1060955.964	-121748.4478	1.12563×10^{12}	14822684548
2000	-718223.4116	342732.5522	5.15845×10^{11}	1.17466×10^{11}
2001	-684411.8594	33811.55217	4.6842×10^{11}	1143221060
2002	-511210.3072	173201.5522	2.61336×10^{11}	29998777675
2003	-369999.7551	141210.5522	1.369×10^{11}	19940420045
2004	-204959.2029	165040.5522	42008274853	27238383862
2005	-30590.65072	174368.5522	935787911.8	30404391987
2006	159973.9014	190564.5522	25591649145	36314848545
2007	53529.45362	-106444.4478	2865402405	11330420473
2008	40836.0058	-12693.44783	1667579369	161123617.7
2009	440754.558	399918.5522	1.94265×10^{11}	1.59935×10^{11}
2010	428165.1101	-12589.44783	1.83325×10^{11}	158494196.6
2011	358911.6623	-69253.44783	1.28818×10^{11}	4796040036
2012	465035.2145	106123.5522	2.16258×10^{11}	11262208326
2013	485971.7667	20936.55217	2.36169×10^{11}	438339216.9
計	5.58794×10^{-9}	-671096.3	7.01344×10^{12}	1.44807×10^{12}

$$d = \frac{\sum_{t=2}^{T}(e_t - e_{t-1})^2}{\sum_{t=2}^{T} e_t^2} = \frac{1.44807 \times 10^{12}}{7.01344 \times 10^{12}} = 0.20647025$$

手順 4 d より判定する.

説明変数の個数は 1 で，$T = 24$ である．有意水準 $\alpha = 0.05$ で，数表にあるデータ数が近い $T = 24$ のときには $d_L = 1.08$, $d_U = 1.36$ で $d = 0.206 \leqq d_L$ より負の相関があるといえる．

```
> names(rei95)
[1] "年"      "百貨店"   "スーパー"
> attach(rei95)
> ts.plot(cbind(スーパー,百貨店),gpars=list(xlab="year",ylab="uriagedaka",
lty=c(1:2),col=c(1:2)))    #図9.13
> par(mfrow=c(3,2))   #3×2に分割 op<-par(mfrow=c(3,2)) でもよい
> acf（スーパー）   #自己相関係数
+  acf（百貨店）   #自己相関係数
+  pacf（スーパー）  #偏自己相関係数
+  pacf（百貨店）   #偏自己相関係数
+  ccf(スーパー,百貨店)  #交差相関係数
> par(mfrow=c(1,1))   #グラフの分割解除 前に対応して par(op) でもよい
```

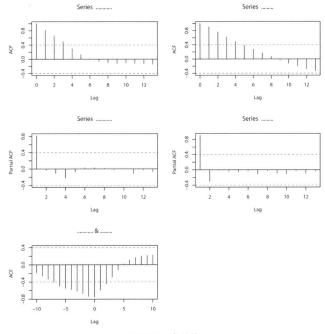

図 9.13　各係数

(参考)　以下では線形回帰モデルを適用してみよう．

```
> RegModel.2 <- lm(supa~t, data=Data)
> summary(RegModel.2)
Call:
lm(formula = supa ~ t, data = Data)
Residuals:
     Min      1Q   Median      3Q     Max
-1157068  -446825   -47183  517784 1060956
Coefficients:
           Estimate Std. Error t value Pr(>|t|)
(Intercept) 10516791     259617  40.509  < 2e-16 ***
t             126128      18169   6.942 5.72e-07 ***
```

```
Signif. codes:  0 '***' 0.001 '**' 0.01 '*' 0.05 '.' 0.1 ' ' 1
Residual standard error: 616200 on 22 degrees of freedom
Multiple R-squared:  0.6866,Adjusted R-squared:  0.6723
F-statistic: 48.19 on 1 and 22 DF,  p-value: 5.719e-07
```

演習 9.6 次の表 9.12 の高校卒業者の進学率・就職率それぞれの時系列データについて無相関かどうか検定せよ.
（文科省「学校基本調査」年次統計） ◁

表 **9.12** 進学率・就職率（単位：%, 1990～2014 年）

年度	進学率	就職率	年度	進学率	就職率
1990	30.6	81	2003	44.6	55.1
1991	31.7	81.3	2004	45.3	55.8
1992	32.7	79.9	2005	47.3	59.7
1993	34.5	76.2	2006	49.4	63.7
1994	36.1	70.5	2007	51.2	67.6
1995	37.6	67.1	2008	52.9	69.9
1996	39.0	65.9	2009	53.9	68.4
1997	40.7	66.6	2010	54.3	60.8
1998	42.5	65.6	2011	53.9	61.6
1999	44.2	60.1	2012	53.6	63.9
2000	45.1	55.8	2013	53.2	67.3
2001	45.1	57.3	2014	53.9	69.8
2002	44.9	56.9			

9.3　確率過程との関連

次に，時系列解析でよく利用されるモデルを考えよう.

ある構造をもった確率変数の列 $\{y_t; t = 1, 2, \cdots\}$ を確率過程（stochastic process）という. また, $\{y_s\}$ と $\{y_t\}$ の自己共分散（autocovariance）を

$$Cov[y_t, y_s] = E[(y_t - E[y_t])(y_s - E[y_s])]$$

とすれば，$Cov[y_t, y_s]$ が時間差 $t - s$ だけの関数であるとき，確率過程 $\{y_t\}$ は定常的（stationary）であるという. 確率過程 $\{y_t; t = 0, \pm 1, \pm 2, \cdots\}$ が

(i) $E[y_t] = \mu$ と時間に平均が依存しない

(ii) $Cov[y_t, y_s] = E[(y_t - \mu)(y_s - \mu)]$ が時間差 $t - s$ だけの関数となる

の (i), (ii) が成立するとき，確率過程 $\{y_t\}$ を弱定常過程（weakly stationary process）という. また

(iii) 任意の r と任意の時間列 $t_1 < t_2 < \cdots < t_r$ に対して確率変数の組 $y_{t_1}, y_{t_2}, \cdots, y_{t_r}$ の同時分布が，時点 s だけ移動した $y_{t_1+s}, y_{t_2+s}, \cdots, y_{t_r+s}$ の分布に等しい

とき，$\{y_t\}$ を強定常過程（strongly stationary process）という.

9.4　代表的な時系列モデル

時系列データはとる値の次元による分類で，1 次元の場合 **1 変量時系列モデル**といい，多次元の値をとる場合に**多変量時系列モデル**という. またその構造の面から次のような時系列のモデルがある.

a. 自己回帰モデル

現時点での値が p 期前までの値 $y_{t-1}, \cdots, y_{t-p}$ と誤差 ε_t および定数 μ で決まるモデルで以下のように書かれる.

(9.17) $$y_t = \mu + \phi_1 y_{t-1} + \cdots + \phi_p y_{t-p} + \varepsilon_t$$

で誤差項 $\{\varepsilon_t\}$ は平均が 0 で分散が一定かつ互いに独立で同一の分布に従う. そこで，$E[\varepsilon_t] = 0$,

$Var[\varepsilon_t] = \sigma^2$ である.

これを **p 次の自己回帰モデル**（p-th order autoregressive model）といい，AR(p) と表される.

b. 移動平均モデル

現時点での値が q 期前までの誤差の線形結合と定数との和で，次のように書かれる.

$$(9.18) \qquad y_t = \mu + \varepsilon_t + \theta_1 \varepsilon_{t-1} + \cdots + \theta_q \varepsilon_{t-q}$$

そして，$E[\varepsilon_t] = 0, Var[\varepsilon_t] = \sigma^2$ である. これを，**q 次の移動平均モデル**（q-th order moving average model）といい，MA(q) で表される.

c. 自己回帰移動平均モデル

自己回帰モデルと移動平均モデルを合わせたモデルで以下のように書かれる.

$$(9.19) \qquad y_t = \mu + \phi_1 y_{t-1} + \cdots + \phi_p y_{t-p} + \varepsilon_t + \theta_1 \varepsilon_{t-1} + \cdots + \theta_q \varepsilon_{t-q}$$

これを自己回帰移動平均モデル（autoregressive moving average model）といい，ARMA(p,q) と表される.

d. 自己回帰和分移動平均モデル

原系列 $\{X_t\}$ に対して，d 回差分をとった系列 $\{\Delta^d X_t\}$ が定常時系列であり，ARMA(p,q) とみられる場合，原系列 $\{X_t\}$ を自己回帰和分移動平均モデル（autoregressive integrated moving average model）であるといい，ARIMA(p,d,q) モデルと表す.

原系列 $\{X_t\}$ に対して，$\Delta X_t = X_t - X_{t-1}$ による 1 階差分をとった系列 $\{\Delta X_t\}$ が定常時系列とみなせる場合，原系列 $\{X_t\}$ は和分次数 1 といわれ，$X \sim I(1)$ と記述する. 1 階差分ではまだ定常とみなせないような場合，さらに差分をとった $\Delta^2 X_t = \Delta(\Delta X_t) = \Delta(X_t - X_{t-1}) = \Delta X_t - \Delta X_{t-1} = X_t - 2X_{t-1} + X_{t-2}$ による 2 階差分が定常であるとき，和分次数が 2 の時系列であり，$X \sim I(2)$ と記述する. 以下同様にして d 階差分をとった系列 $\{\Delta^d X_t\}$ がはじめて定常とみなせるとき，和分次数が d といい，$X \sim I(d)$ と表す. 次数の決定に関して以下の大切な性質がある.

- MA(q) モデルでは $\{\rho_1, \rho_2, \cdots, \rho_q\}$ までは非ゼロで，ρ_{q+1} 以降はゼロとなる. また，任意次数の AR モデルの ACF は徐々に減衰する.
- AR(p) モデルの PACF は，$\{\phi_{11}, \phi_{22}, \cdots, \phi_{pp}\}$ までは非ゼロで，ϕ_{p+1p+1} 以降はゼロとなる. また，任意次数の MA モデルの PACF は徐々に減衰する.

k 次の自己相関係数（auto-correlation function：ACF）は

$$\rho_k = \frac{E(X_t X_{t-k})}{\sqrt{V(X_t)V(X_{t-k})}}$$

で定義され，

k 次の偏自己相関係数（partial auto-correlation function：PACF）ϕ_{kk} は

$$\text{AR}(k) \text{ モデル}：X_t = a_t X_{t-1} + a_2 X_{t-2} + \cdots + a_k X_{t-k} + \varepsilon_t$$

の係数 a_k により，$\phi_{kk} = a_k$ で定義され，$\underline{X_t}$ と $X_1, \cdots, X_{t-(k-1)}$ の影響を取り除いたもとでの $\underline{X_{t-k}}$ との相関係数である.

和分次数の決定に関しては，単位根検定，ディッキー・フラー（DF）検定，2 変数に関係した場合には共和分検定などがある.

さらにモデル選択の考えから，情報量規準として AIC 最小化規準（AIC(p,q)），ベイズ情報量規準（bayesian information criterion：BIC）などがある.

ただし，$\text{AIC}(p,q) = \log \widehat{\sigma^2} + \dfrac{2(p+q)}{n}$，$\text{BIC}(p,q) = \log \widehat{\sigma^2} + \dfrac{2(p+q)\log n}{n}$.

— 例題 9.6 —

以下の表 9.13 は，日経平均株価データ（日経平均株価とは東証一部の 225 銘柄の「株価」の平均を算出したもの）である. このデータについて，ARIMA モデルを当てはめて次数を AIC 最小化規準により定め，その後次期のデータを予測せよ.（http://www3.nikkei.co.jp/nkave/data/month4.cfm）

154 　　　　　　　　　　　　　　　9. 時 系 列 分 析

表 9.13　日経平均株価 (2011〜2014 年)

年 / 月	2011	2012	2013	2014
1 月	10237.92	8802.51	11138.66	14914.53
2 月	10624.09	9723.24	11559.36	14841.07
3 月	9755.1	10083.56	12397.91	14827.83
4 月	9849.74	9520.89	13860.86	14304.11
5 月	9693.73	8542.73	13774.54	14632.38
6 月	9816.09	9006.78	13677.32	15162.1
7 月	9833.03	8695.06	13668.32	15620.77
8 月	8955.2	8839.91	13388.86	15424.59
9 月	8700.29	8870.16	14455.8	16173.52
10 月	8988.39	8928.29	14327.94	16413.76
11 月	8434.61	9446.01	15661.87	17459.85
12 月	8455.35	10395.18	16291.31	17450.77

[予備解析]

手順 1　データの読み込み

【データ】▶【データのインポート】▶【テキストファイルまたはクリップボード, URL から...】を選択し, ダイアログボックスで, フィールドの区切り記号としてカンマにチェックをいれて, OK を左クリックする. フォルダからファイルを指定後, 開く (O) を左クリックする. そして データセットを表示 をクリックすると, データが表示される.

```
> rei96 <- read.table("rei96.csv",
header=TRUE, sep=",", na.strings="NA", dec=".", strip.white=TRUE)
> summary(rei96)
      年月          平均株価
 2011 年 10 月: 1   Min.   : 8435
 2011 年 11 月: 1   1st Qu.: 9336
 2011 年 12 月: 1   Median :10881
 2011 年 1 月 : 1   Mean   :11992
 2011 年 2 月 : 1   3rd Qu.:14681
 2011 年 3 月 : 1   Max.   :17460
 (Other)   :42
```

[解析]

手順 1　データをプロットする.

　データをプロットすると図 9.14 のようになる. 全体に増加傾向であり, 上下変動の幅は少し小さくなってきている. 自己相関係数を横軸に遅れ k, 縦軸に自己相関係数 $r(k)$ をとったグラフが図 9.14 の上から 2 番目 (コレログラム) である. 遅れが大きくなるにつれ相関が減少している. また PACF (図 9.14 の上から 3 番目) より, 自己回帰の場合の次数は 1 次であると予想される.

```
> names(rei96)
[1] "年月"        "平均株価"
> attach(rei96)
> rei96.ts<-ts(平均株価,freq=1)
> par(mfrow=c(3,1))   #グラフ画面を 3 行 1 列に分割する.
> ts.plot(rei96.ts,gpars=list(xlab="year/tuki",ylab="日経平均"
 ,type="o",lty=1))   #定常であるかをみる.
> acf(平均株価,xlab="year/tuki")   #MA(q) の q の予測  自己相関係数
> pacf(平均株価,xlab="year/tuki")   #AR(p) の p の予測  自己偏回帰係数
> par(mfrow=c(1,1))   #グラフ画面を 1 行 1 列に戻す.
```

9.4 代表的な時系列モデル

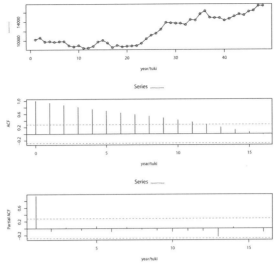

図 9.14 データのプロット，ACF（コレログラム），PACF

PACF のグラフから自己回帰の次数が 1 ($p=1$) と推定される．しかし，定常性が成立していないようなので，1 回階差をとって時系列プロットしてみる．

```
> nikei1<-diff（平均株価）   #平均株価の1回階差をとり nikei1 に代入する．
> par(mfrow=c(3,1))
> ts.plot(nikei1)
> acf(nikei1)
> pacf(nikei1)
> par(mfrow=c(1,1))
```

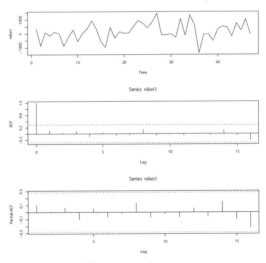

図 9.15 1 回階差のデータのプロット，ACF，PACF

図 9.15 から，1 回階差をとったデータについては定常性が成立しそうである．
手順3 検討（モデルへの適合と診断，予測）をする．

最適な (p,d,q) を AIC 最小化により求める関数 jisud() を作成し，適用してみる．

● 最適な次数を AIC により求める関数 jisud
```
> jisud=function(x,l,m,n){ # x：データ   l：自己回帰での次数の最大値
```

```
+  # m：階差をとる最大階数　n：移動平均での次数の最大値
+  p<-c();d<-c();q<-c();aicm<-c()
+  x.ari<-arima(x,order=c(0,1,0))
+  maic<-x.ari$aic
+  for (i in 1:l) {
+    for (j in 1:m) {
+      for (k in 0:n) {
+        fit<-arima(x,order=c(i,j,k))
+        p<-append(p,i);d<-append(d,j);q<-append(q,k)
+        ;aicm<-append(aicm,fit$aic)
+        if (fit$aic<maic){maic<-fit$aic;p0<-i;d0<-j;q0<-k}
+      }
+    }
+  }
+  kai=rbind(p,d,q,aicm)
+  saiteki=c(p0,d0,q0,maic)
+  kai1=rbind(kai,saiteki)
+  kai1
+ }
```

```
> jisud(平均株価,3,3,3)    #AIC 最小化規準で次数を求める.
          [,1]     [,2]     [,3]     [,4]     [,5]     [,6]     [,7]     [,8]
p        1.000   1.0000   1.0000   1.0000   1.0000   1.0000   1.0000   1.0000
d        1.000   1.0000   1.0000   1.0000   2.0000   2.0000   2.0000   2.0000
q        0.000   1.0000   2.0000   3.0000   0.0000   1.0000   2.0000   3.0000
aicm   739.304 741.3373 742.4838 744.2967 738.7398 727.6674 729.3941 731.3924
saiteki  1.000   3.0000   2.0000 722.1796   1.0000   3.0000   2.0000 722.1796
          [,9]    [,10]    [,11]    [,12]    [,13]    [,14]    [,15]    [,16]
p        1.0000   1.000   1.0000   1.0000   2.000   2.0000   2.0000   2.0000
d        3.0000   3.000   3.0000   3.0000   1.000   1.0000   1.0000   1.0000
q        0.0000   1.000   2.0000   3.0000   0.000   1.0000   2.0000   3.0000
aicm   759.2813 730.332 722.1796 723.9459 741.148 743.3039 744.1822 746.2948
saiteki  1.0000   3.000   2.0000 722.1796   1.000   3.0000   2.0000 722.1796
          [,17]    [,18]    [,19]    [,20]    [,21]    [,22]    [,23]    [,24]
p        2.0000   2.0000   2.0000   2.0000   2.0000   2.0000   2.0000   2.0000
d        2.0000   2.0000   2.0000   2.0000   3.0000   3.0000   3.0000   3.0000
q        0.0000   1.0000   2.0000   3.0000   0.0000   1.0000   2.0000   3.0000
aicm   734.8351 729.6658 731.3916 733.3667 745.6754 727.1082 724.1717 725.9406
saiteki  1.0000   3.0000   2.0000 722.1796   1.0000   3.0000   2.0000 722.1796
          [,25]    [,26]    [,27]    [,28]    [,29]   [,30]    [,31]    [,32]
p        3.0000   3.0000   3.0000   3.0000   3.0000   3.00   3.0000   3.0000
d        1.0000   1.0000   1.0000   1.0000   2.0000   2.00   2.0000   2.0000
q        0.0000   1.0000   2.0000   3.0000   0.0000   1.00   2.0000   3.0000
aicm   742.5766 744.0748 745.6022 746.9278 736.1135 731.42 732.8975 731.8823
saiteki  1.0000   3.0000   2.0000 722.1796   1.0000   3.00   2.0000 722.1796
          [,33]    [,34]    [,35]    [,36]
p        3.0000   3.0000   3.0000   3.0000
d        3.0000   3.0000   3.0000   3.0000
q        0.0000   1.0000   2.0000   3.0000
aicm   743.9685 728.5994 725.8637 728.1214
saiteki  1.0000   3.0000   2.0000 722.1796
```

```
> nikei.arm<-arima(平均株価,order=c(1,3,2),method="ML")    #最適な解は 722.1796
> nikei.arm
Call:
arima(x = 平均株価, order = c(1, 3, 2), method = "ML")
Coefficients:
         ar1      ma1     ma2
      0.0817  -1.9488  0.9489
s.e.  0.1787   0.4657  0.4493
sigma^2 estimated as 361146:  log likelihood = -357.09,  aic = 722.18
> tsdiag(nikei.arm)   #図 9.16  モデルの診断図
> nikei.pr<-predict(nikei.arm,n.head=1)    #次の予測値
> nikei.pr
$pred
Time Series:
Start = 49
End = 49
Frequency = 1
[1] 17802.25
$se
Time Series:
Start = 49
End = 49
Frequency = 1
[1] 615.2297
```

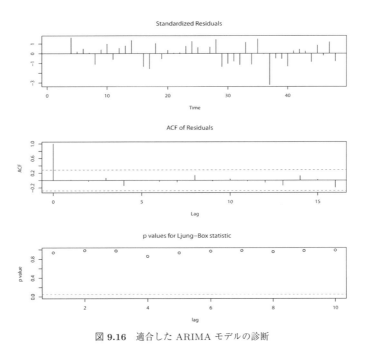

図 9.16　適合した ARIMA モデルの診断

そこで，次数は $p=1$, $d=3$, $q=2$ と推定される．モデルの診断は tsdiag() 関数により行う．図 9.15 のようであり，残差に関して問題はなさそうである．また，モデルのもとでの予測は predict() 関数を用いて行う．1 期先を予測すると 17398.92 であることがわかる．なお，実際の 2015 年 1 月の日経平均株価の終値は 17674.392 であった．

なお，回帰モデルは上下に変動しているためなかなか当てはめることが難しいのでここでは行わない.

□

演習 9.7 例題 9.1，例題 9.2 について ARIMA モデルを適合し，次数を定めそのモデルのもとで次期の値を予測せよ. ◁

演習 9.8 演習 9.5 のデータ（1000 人あたりの出生率，死亡率，婚姻率，離婚率のデータ）について解析せよ. ◁

9.5 時系列分析における補足

- ラグ処理

  lag(x,k=n)：データの時間を k だけ遅らせた時系列データを表示する.

- 差分

  diff(x,lag=k)：時間を k だけ遅らせたデータとの 1 回差分をとる.

  lag を省略すると 1 つ後のデータとの差分をとる.

- 自己共分散，自己相関，偏相関，相互相関

  acf, pacf, ccf

- スペクトル分析

  時系列における自己共分散 C_k のフーリエ変換が可能であるとき，

  $$p(f) = \sum_{-\infty}^{+\infty} C_k e^{-2\pi i k f} = C_0 + 2 \sum_{k=1}^{+\infty} C_k \cos 2\pi k f$$

をパワースペクトル密度関数またはスペクトルという．ここで C_k を標本共分散 $\widehat{C}_k$ で定義した

  $$p_j = \widehat{C}_0 + 2 \sum_{k=1}^{+\infty} \widehat{C}_k \cos 2\pi k f$$

をピリオドグラムといい，

  spec.pgram：ピリオドグラムを用いてスペクトル密度関数を求める

  spec.pgram(x,spans=c(p,q))

  specrum(x,method="ar")：spec.pgram と spec.ar を結合したもの

である.

  $y_t = \rho y_{t-1} + \varepsilon_t$　　かつ　　$|\rho| = 1$ のとき，**ランダムウォーク**であるという．そこで，ランダムウォークである時系列データは非定常である．ランダムウォークの検定は**単位根検定**となり，ディッキー・フラー検定（1970 年代後半），その後フィリップ・ペロン検定，マクキノス検定などが提案されている．そして R にはフィリップ・ペロン検定に関する PP.test があり，PP.test(x) と書く.

  パッケージ tseries にはディッキー・フラーの単位根検定関数 adf.test がある.

  ＜使用例＞

  library(tseries)

  adf.test(x)

  パッケージ fseries には単位根検定関数 ADFTest，unitrootTest がある.

  自己回帰モデル

  ar(x,aic=TRUE,method="")

  method には，yule-walker（デフォルト：省略した場合選択される），ols，mle，burg のいずれかが選択できる.

- 残差の**独立性**の検定には，Box.test

  Box-Pierce 検定と Ljung-Box 検定が選択できる.

- 残差の**正規性**の検定には，jarque.bera.test

- 予測には関数 predict

を利用する.

  predict(データ，n.head=)　　　n.head：予測の期間を指定する.

9.5 時系列分析における補足

● ARIMA モデル

Box-Jenkins 法とも呼ばれ，arima$(x,$order=c(p,q,r))

tsdiag：ARIMA モデルを診断するツールである関数

● ARFIMA モデル

差分の階数を任意の実数に一般化した自己回帰実数和分移動平均（Auto Regressive Fractionally Integrated Moving Average）モデル

パッケージ fracdiff には fdGph，fracdiff などの関数がある．

● GARCH モデル

一般化自己回帰条件付分散不均一（Generalized Auto Regressive Conditional Hetroskedastic）モデル

$$h_t = \omega + \sum_{i=1}^{q} \alpha_i e_{t-i}^2 + \sum_{j=1}^{r} \beta_j h_{t-j}$$

● 成分の分解

stl 関数：トレンド，周期変動，残差に分解する．

● 多変量時系列（ベクトル自己回帰：VAR，Vector Auto Regressive）

（参考） rei2ho.txt のデータに対して，一連の時系列分析モデルの当てはめと実行の例を示そう．

```
> rei2ho<-read.table("rei2ho.txt",header=T)
> rei2ho
> attach(rei2ho)
> ts.plot(kyowa)
> kyowa
  [1]  633  540  547  550  580  508  530  660  603  558  602
  561  622 691  682
 [16]  693  720  830  812  748  701  613 1125 1430 1166 1035
  980 1037 891  876
    ⋮
> k1<-lag(kyowa,1)    #時間が 1 遅れのデータ
> k2<-lag(kyowa,2)    #時間が 2 遅れのデータ
> k3<-lag(kyowa,k=3)   #時間が 3 遅れのデータ
> ts.plot(cbind(kyowa,k1,k2,k3),gpars=list(xlab="year",
ylab="kakaku",lty=c(1:4),col=c(1:4)))
> par(mfrow=c(2,1))
> ts.plot(kyowa)
> ts.plot(lag(kyowa,3))
> par(mfrow=c(1,1))
> d1<-diff(kyowa)    #時間が 1 遅れのデータとの 1 回階差をとる
> d1<-d1[-58:-59]
> d1
  [1]  -93    7    3   30  -72   22  130  -57  -45   44  -41
   61   69   -9   11
 [16]   27  110  -18  -64  -47  -88  512  305 -264 -131  -55
   57 -146  -15   24
    ⋮
> d2<-diff(kyowa,2)    #時間が 2 遅れのデータとの 1 回階差をとる
> d2<-d2[-58]
> d2
  [1]  -86   10   33  -42  -50  152   73 -102   -1    3   20
  130   60    2   38
 [16]  137   92  -82 -111 -135  424  817   41 -395 -186    2
```

```
 -89 -161    9   -3
    ⋮
> d3<-diff(kyowa,lag=3)    #時間が3遅れのデータとの1回階差をとる
> d3
 [1]  -83   40  -39  -20   80   95   28  -58  -42   64   89
   121   71    29  148
[16]  119   28 -129 -199  377  729  553  -90 -450 -129 -144
  -104 -137   -18   12
    ⋮
> ts.plot(cbind(d1,d2,d3),main="階差",gpars=list(xlab="year"
,ylab="kakaku",lty=c(1:3),col=c(1:3)))
> legend(locator(1),c("1okure","2okure","3okure"),lty=c(1:3),
col=c(1:3))
> acf(kyowa,type="correlation")
 # type にはその他 covariance か partial が選べる横の点線は95%の
 # 信頼区間である
> acf(kyowa,type="correlation",ci=0.9)    #90%信頼区間とする場合
> pacf(kyowa,ci=0.9)
> ccf(kyowa,nikei)
> par(mfrow=c(2,2))
> spec.pgram(kyowa)
> spec.pgram(kyowa,spans=c(3,3))
# 引数 spans の数は移動平均の長さで，奇数にする必要がある
> spec.pgram(nikei)
> spec.pgram(nikei,spans=c(3,3))
> par(mfrow=c(1,1))
> par(mfrow=c(1,2))
> spectrum(kyowa,method="ar")
> spectrum(nikei,method="ar")
> par(mfrow=c(1,1))
> PP.test(kyowa)
        Phillips-Perron Unit Root Test
data:  kyowa
Dickey-Fuller = -1.8778, Truncation lag parameter = 3,
p-value = 0.6242
> PP.test(nikei)
        Phillips-Perron Unit Root Test
data:  nikei
Dickey-Fuller = -1.548, Truncation lag parameter = 3,
 p-value = 0.7575
> PP.test(kawase)
        Phillips-Perron Unit Root Test
data:  kawase
Dickey-Fuller = -2.0249, Truncation lag parameter = 3,
 p-value = 0.5647
> PP.test(crate)
         Phillips-Perron Unit Root Test
data:  crate
Dickey-Fuller = -4.1422, Truncation lag parameter = 3,
 p-value = 0.01
> ts.plot(kyowa,gpars=list(xlab="tuki",ylab="en"),
```

9.5 時系列分析における補足

```
lty=1,col=2)
> ts.plot(rei10ho[,1:2],gpars=list(xlab="tuki",ylab="en"),
lty=c(1:2),col=c(1:2))
> ccf(kyowa,nikei)  #相互相関
> kyowa.ar<-ar(kyowa,aic=TRUE,method="yule-walker",
order.max=NULL)
> kyowa.ar
Call:
ar(x = kyowa, aic = TRUE, order.max = NULL, method
= "yule-walker")
Coefficients:
        1        2        3
 1.0702  -0.4903   0.2749

Order selected 3  sigma^2 estimated as  9524
> summary(kyowa.ar)
            Length Class  Mode
order         1     -none- numeric
ar            3     -none- numeric
var.pred      1     -none- numeric
x.mean        1     -none- numeric
aic          18     -none- numeric
n.used        1     -none- numeric
order.max     1     -none- numeric
partialacf   17     -none- numeric
resid        60     -none- numeric
method        1     -none- character
series        1     -none- character
frequency     1     -none- numeric
call          5     -none- call
asy.var.coef  9     -none- numeric
> kyowa.ar$order
[1] 3
> kyowa.ar$ar
[1]  1.0701507 -0.4902592  0.2749090
>
> kyowa.ar$aic
          0          1          2          3          4          5
73.093091   3.476625   2.714997   0.000000   1.999762   3.804920
          6          7          8          9         10         11
 4.800861 155.928132   6.445791   7.648032   8.212909  10.022066
         12         13        14         15        16         17
 12.020206 13.404141  15.393388  17.264241  17.470801  18.840436
> kyowa.ar$resid
 [1]          NA          NA          NA  -50.076804    5.711091
   -98.847015
 [7]  14.086883   76.997638  -88.542804  -14.858517   13.615325
   -80.863158
[13]  57.955328   29.479515  -12.183804   25.505990   17.353282
  106.326245
[19] -19.177330  -17.408649  -34.983656  -99.114801  501.610450
  228.471213
```

162 　　　　　　　　　　　　　9. 時 系 列 分 析

```
  ～
> Box.test(kyowa.ar$resid,type="Ljung")    #残差の独立性の検定
        Box-Ljung test
data:  kyowa.ar$resid
X-squared = 0.015, df = 1, p-value = 0.9026
> library(tseries)
要求されたパッケージ quadprog をロード中です
要求されたパッケージ zoo をロード中です
> jarque.bera.test(window(kyowa.ar$resid,start=4))
# 残差の正規性の検定
        Jarque Bera Test
data:  window(kyowa.ar$resid, start = 4)
X-squared = 565.3173, df = 2, p-value < 2.2e-16
> kyowa.pred<-predict(kyowa.ar,n.ahead=10)
# AR モデルでの，10 時刻後のデータ予測をする
> kyowa.pred
$pred
Time Series:
Start = 61
End = 70
Frequency = 1
 [1] 532.6786 566.7581 588.5224 603.8143 618.8777 633.4839
 645.9337 656.2371
 [9] 665.1750 673.1112
$se
Time Series:
Start = 61
End = 70
Frequency = 1
[1] 97.58843 142.93365 156.57391 162.64660 168.62208 174.16723
  178.04328
 [8] 178.27790 178.68034 178.68034
```

● AIC が最小となる ARIMA モデルでの次数を求める関数 arimafit

```
arimafit=function(x,p,q,r){
fit0<-arima(x,order=c(1,0,0))
p0=1;q0=0;r0=0
minaic<-fit0$aic
 for (i in 1:p){
  for (j in 0:q){
    for (k in 0:r){
       fit<-arima(x,order=c(i,j,k))
       if(fit$aic<minaic){
          minaic<-fit$aic
          p0=i;q0=j;r0=k
       }
     }
   }
 }
 c(aic=minaic,p=p0,q=q0,r=r0)
}
```

9.5 時系列分析における補足 163

```
> arimafit(kyowa,3,3,3)
 # p,q,r が 3 以下の次数のときの AIC が最小となる次数を求める
     aic        p        q        r
701.5788   1.0000   2.0000   3.0000
> kyowa.ari<-arima(kyowa,order=c(1,2,3))
 # 次数 (2,0,1) の ARIMA モデルの当てはめ
> kyowa.ari
Call:
arima(x = kyowa, order = c(1, 2, 3))
<verb/>
Coefficients:
         ar1      ma1      ma2      ma3
      0.0399  -0.8109  -0.6700   0.5179
s.e.  0.2556   0.2227   0.1725   0.1404
sigma^2 estimated as 8278:  log likelihood = -345.79,
 aic = 701.58
> summary(kyowa.ari) # 要約
          Length Class  Mode
coef       4     -none- numeric
sigma2     1     -none- numeric
var.coef  16     -none- numeric
mask       4     -none- logical
loglik     1     -none- numeric
aic        1     -none- numeric
arma       7     -none- numeric
residuals 60      ts    numeric
call       3     -none- call
series     1     -none- character
code       1     -none- numeric
n.cond     1     -none- numeric
model     10     -none- list
> tsdiag(kyowa.ari)  # モデルの診断図を表示
```

10

ノンパラメトリック法

10.1 ノンパラメトリック法とは

通常の解析では，データ X の分布型を例えば正規分布として，その平均 μ，分散 σ^2 を未知パラメータ（母数）としたパラメトリックモデルを扱うことが多い．それに対して，データの分布がわからないときや，順位データのみが利用可能な状況である場合に用いる手法にノンパラメトリック法（nonparametric method：非母数の手法）がある．母数を仮定しない，用いないというよりも分布を特定しない，さらには分布に依存しない（distribution free）手法という意味で使われている．計量（連続）データは，普通正規分布を仮定していろいろな統計手法が考案されているが，分布を正規分布と仮定することなく使える手法のことである．正規分布の手法に対応してそれぞれノンパラ的な手法（順位を用いた手法）があり，多くの手法が考えられている．正規分布を仮定しなくても効率があまり落ちないという頑健性（robustness）がある．外れ値・異常値の影響も受けにくい．また計算が比較的簡単な手法であることも利点である．

なお，セミパラメトリック（semiparametric）法は未知母数を含み，分布型も仮定されない場合に用いられる．分布関数を用いて統計的モデルを分類すると図 10.1 のようになる．

母集団の個数に対応して，1 標本問題，2 標本問題，多標本問題と場合分けされ，さらに検定したい仮説に応じて，図 10.2 のようにそれぞれ検定手法が考えられている．

ここではいくつかの手法の一覧をあげておこう．

10.1.1 母集団が 1 つ（1 標本）の場合

a. 分布型全般に関する検定

① 特定（既知）の分布と等しいか．つまり，もとの分布関数を $G(x)$ と表すとき，$H_0: G(x) = G_0(x)$

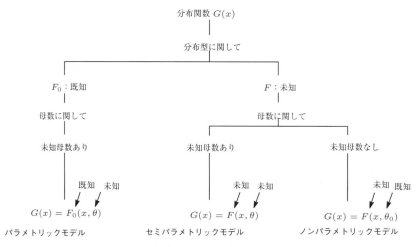

図 10.1 統計的モデルの分布からの分類

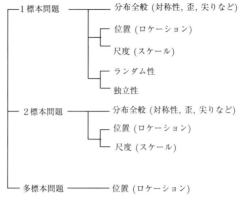

図 10.2 検定の種類からの分類

を検定することである.
- コルモゴロフ・スミルノフ (Kolmogorov–Smirnov) 検定

② 対称性の検定

対称であることは分布関数 $G(x)$ に関して,
ある θ があり $G(x) = F(x-\theta)$ かつ $F(x) + F(-x) = 1$ for any $x \geqq 0$ とかけることである.
- 符号検定 (サイン検定, sign test)

b. 位置・尺度母数をもつ場合
$$G(x) = F\left(\frac{x-\mu}{\sigma}\right)$$
① 位置 μ に関して $H_0 : \mu = \mu_0$(既知)を検定する.
- 符号検定
- 中央値検定 (メディアン検定:median test)

② 尺度 σ に関して $H_0 : \sigma = \sigma_0$(既知)を検定する.

③ 位置・尺度の同時検定 $H_0 : \mu = \mu_0$(既知), $\sigma = \sigma_0$(既知)

c. ランダム性の検定
- 連による検定
- 系列相関係数による検定

d. 2 変数(次元)の場合における変数間の独立性の検定
- スピアマン (Spearman) の検定
- ケンドール (Kendall) の検定

10.1.2 母集団が 2 つ (2 標本) の場合

a. データに対応がない場合

(1) 2 つの分布が等しいか $G_1(x) = G_2(x)$
- コルモゴロフ・スミルノフ検定

(2) 位置・尺度母数をもつ場合 $G_i(x) = F\left(\dfrac{x-\mu_i}{\sigma_i}\right) \quad (i=1,2)$

① 位置に関して $(H_0 : \mu_1 = \mu_2)$ を検定する
- ウィルコクソン (Wilcoxon) の順位和検定
  (マン・ホイットニー (Mann–Whitney) の U 検定)
- メディアン (Median) 検定

② 尺度 (バラツキ) に関して $H_0 : \sigma_1 = \sigma_2$ を検定する
- ムッド (Mood) 検定
- シーゲル・トゥーキー (Siegel–Tukey) 検定
- サベッジ (Savage) 検定

- アンサリ・ブラッドレイ（Ansari–Bradley）検定
- クロッツ（Klotz）検定

③ 位置と尺度の両方について $H_0: \mu_1 = \mu_2, \sigma_1 = \sigma_2$ を検定する

- ルページ（Lepage）検定

b. データに対応がある場合（対データ，対標本）

① 位置の違いについて $\delta = \mu_1 - \mu_2$ のとき，$H_0: \delta = 0$ の検定をする

- 符号（サイン：sign）検定
- ウィルコクソンの符号付順位検定（サインランク検定，Wilcoxon signed rank test）

② 母比率について $H_0: p_1 = p_2$ を検定する

- マクネマー（McNemar）検定

10.1.3 母集団が $k(\geqq 3)$ 個（多標本）の場合

a. データに対応がない場合

① 位置について $H_0: \mu_1 = \mu_2 = \cdots = \mu_k$ を検定する

- クラスカル・ウォリス（ワリス）（Kruskal–Wallis）検定

② 尺度について $H_0: \sigma_1 = \sigma_2 = \cdots = \sigma_k$ を検定する

- フリグナー・キリーン（Flinger–Killeen）検定

b. データに対応がある場合

① 位置の違いの検定

- フリードマン（Friedman）検定
- ケンドールの一致係数 W を用いた検定

② 母比率の違いの検定

- コクラン（Cochran）の Q 検定

注 10.1 対応のない場合の母比率の違いの検定については離散分布における分割表での検定を行う． ◁

パラメトリックモデルでは，データの密度関数の違い（比）から検定統計量（尤度比検定統計量）を導くのが普通である．ノンパラメトリックモデルでも分布が既知として検定手法を導き，後で分布型の情報が必要ならその推定量を導入することで検定統計量が構成できる．ノンパラメトリックモデルでは分布関数の分布型がわからないため，分布関数の推定をしてその違いをみる立場で順位が用いられる場合が多くなる．普通のデータに対応した検定は順位で置き換えて同様な検定が考えられる．そして順位を用いる検定には人の名前が用いられることが多い．

10.2 1標本の場合

以下で，母集団の個数に応じて場合分けして考えていこう．

対象とする母集団の分布について，ヒストグラムなどを描くことによりその全体的な姿をみてきたが，どの程度・どのように分布を特定化して（狭めて）いくかによって検定手法は異なってくる．以下では分布型は未知だが，位置・尺度母数を含む場合と含まない場合に分けて考えよう．なお，分布関数 $G(x)$ が，母数 μ, σ および分布関数 $F(x)$ を用いて

$$(10.1) \qquad G(x) = F\left(\frac{x - \mu}{\sigma}\right)$$

と表されるとき μ を位置母数（ロケーションパラメータ），σ を尺度母数（スケールパラメータ）という．例えば平均 μ，分散 σ^2 の正規分布の分布関数 $G(x)$ は標準正規の分布関数 $\Phi(x)$ を使って $G(x) = \Phi\left(\frac{x - \mu}{\sigma}\right)$ と書かれる．

補 10.1 上のように書かれる分布関数をもつ分布の集まりをロケーション・スケールファミリーといい，ロジスティック分布，指数分布，コーシー分布などがある．なお，$\Phi(x) = (1/\sqrt{2\pi}) \int_{\infty}^{x} e^{-t^2/2} dt$ である． ◁

10.2.1 対象とする分布が仮定された分布と同じかの検定

これは分布が対称であるか，中心の位置がいくらであるといった条件に比べ最も強く，分布を完全に決めたものとの比較である．既知の分布，例えば平均 0，分散 1 の正規分布とデータがとられている分布は同じであるかといった場合には，どのようにして検定したらよいだろうか．まず仮説は次のように表される．

$$\begin{cases} H_0 &: \quad G(x) = G_0(x) \text{ がすべての } x \text{ で成立} \quad (\leftrightarrow \text{ for } \forall x) \\ H_1 &: \quad G(x) \neq G_0(x) \text{ となる } x \text{ がある} \quad (\leftrightarrow \text{ for } \exists x) \end{cases}$$

そこで，データから推定される分布関数と既知の分布の分布関数との違いをみればよい．そして，分布関数間の絶対値の差の最も大きい点で測る量を用いるのが次のコルモゴロフ・スミルノフ検定である．つまり，検定統計量 KS を

$$(10.2) \qquad KS = \sup_{-\infty < x < \infty} |G_n(x) - G_0(x)|$$

としたものである．sup は上限を意味し，例えば sup A は A の値以上の値の中での最小値であり，最大値を達成する x があれば最大値を意味する max と同じである．また，$G_n(x)$ は**経験分布関数**（empirical distribution function）といわれ，x 以下のサンプルの個数を全サンプル数で割ったものである．つまり

$$(10.3) \qquad G_n(x) = \frac{\sum_{i=1}^{n} I[X_i \leqq x]}{n}$$

である．ただし，$I[X \leqq x]$ は定義（特性）関数（indicator function）であり，以下のように定義される．

$$(10.4) \qquad I[X \leqq x] = \begin{cases} 1 & \text{if} \quad X \leqq x \\ 0 & \text{if} \quad X > x \end{cases}$$

データ $x_1, \cdots, x_n$ を昇順に並べ替えて $x_{(1)}, \cdots, x_{(n)}$ と表すと，この経験分布関数は以下のようにも表せる．

$$(10.5) \qquad G_n(x) = \begin{cases} 0 & \text{if} \quad x < x_{(1)} \\ \dfrac{k}{n} & \text{if} \quad x_{(k)} \leqq x < x_{(k+1)} \\ 1 & \text{if} \quad x_{(n)} \leqq x \end{cases}$$

そこで以下の図 10.3 のように真の分布と経験分布関数の間の離れぐあいを測る．

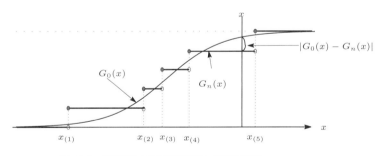

図 **10.3** 分布関数と経験分布関数との離れぐあい

補 10.2 密度（分布）関数での違いをみるときは

$$d(\widehat{g}, g_0) = \sup_{-\infty < x < +\infty} |\widehat{g}(x) - g_0(x)|, \quad \sup_{-\infty < x < +\infty} \left| \frac{\widehat{g}(x)}{g_0(x)} \right|, \quad \int \ln \frac{\widehat{g}(x)}{g_0(x)} g_0(x) dx, \quad \int (\widehat{g}(x) - g_0(x))^2 dx$$

$$d(\widehat{G}, G_0) = \int (\widehat{G}(x) - G_0(x))^2 \psi(G_0(x)) dG_0(x)$$

（クラーメル・フォンミゼス，アンダーソン・ダーリングタイプ）

などで測ればよいだろう．分布関数の違いをみる積分タイプについては，村上 [A54] を参照されたい． ◁

168　　　　　　　　　　10. ノンパラメトリック法

有意水準 α に対し, 統計量 KS の帰無仮説のもとでの分布の下側 α (分位) 点を $KS(n, \alpha)$ で表すとする. つまり, $P\big(KS \leqq KS(n, \alpha)\big) = \alpha$ とする. そして, 以下の検定方式をとる.

── 検定方式 ──

　分布が既知の分布と同じかの検定

　帰無仮説 $H_0: G(x) = G_0(x)$ for $\forall x$ について ($G_0(x)$: 既知の分布関数), <u>小標本 ($n < 15$) の場合</u>, 対立仮説 H_1 : ある x について $G(x) \neq G_0(x)$ のとき,

$$KS = \sup_{-\infty < x < \infty} |G_n(x) - G_0(x)|$$ とおき, 有意水準 α に対し,

$$KS > KS(n, \alpha) \quad \Longrightarrow \quad H_0 を棄却する.$$

また分布関数の推定に関しては以下のようになる.

── 推定方式 ──

　分布関数 $G(x)$ について, 各点 x での
　点推定は　$\widehat{G(x)} = G_n(x)$
　信頼度 $1 - \alpha$ の区間推定は　$\widehat{G(x)} \pm KS(n, \alpha)$

── 例題 10.1 ──

　以下のようなデータが得られた. これがデータの平均 5.3, データの分散 4.6778 の正規分布と同じかコルモゴロフ・スミルノフ検定により検定せよ. さらに, 分布関数の点推定および 95%信頼区間を求めよ.

　4, 6, 2, 8, 3, 6, 9, 5, 6, 4

解

手順 1　前提条件の確認

　データ数 n が $n = 10 < 15$ と少なく, また正規分布に従うかよくわからない. そこで分布に関する検定を行う.

手順 2　仮説と有意水準の設定

$$\begin{cases} H_0 & : \quad G(x) は N(\mathrm{mean}(x), \mathrm{sd}(x)^2) の正規分布の分布関数 \\ H_1 & : \quad \text{not } H_0, \quad 有意水準 \alpha = 0.05 \end{cases}$$

手順 3　棄却域の設定 (検定統計量の決定)

　データ数 $n = 10$ で少ないため, 直接確率を計算する.

　棄却域　$R : KS > KS(10, 0.05) = 0.369$ である.

手順 4　検定統計量の計算

　経験分布関数および仮説の分布関数との差を求めるため, データを昇順に並べ替えた表 10.1 のような補助表を作成する. ここで

$$G_0(x) = P(X \leqq x) = P\bigg(\underbrace{\frac{X - \mathrm{mean}(x)}{\mathrm{sd}(x)}}_{=U} \leqq \frac{x - 5.3}{2.162817} \bigg) = \Phi\bigg(\frac{x - 5.3}{2.162817} \bigg)$$

である.

　最大の $|G_n(x) - G_0(x)|$ を求めるには, $|G_n(x_i) - G_0(x_i)|$ と $|G_n(x_i) - G_0(x_{i-1})|$ を考える必要がある. そこで表 10.1 から $KS = 0.1731008$ と求まる.

手順 5　判定と結論

　数表から $KS < 0.369 = KS(10, 0.05)$ で棄却されない. つまり有意水準 5%で, 正規分布 $N(5.3, 2.162817^2)$ に従わないとはいえない.

手順 6　推定

　分布関数の点推定は手順 4 で求めていて $\widehat{G(x)}$ である. そこで区間推定は $\widehat{G(x)} \pm 0.369 \,(= KS(10, 0.05))$ から求まる.　　　　　　　　　　□

10.2　1標本の場合

表 10.1　補助表

$x_{(i)}$	$G_n(x_{(i)})$	$G_0(x_{(i)})$	$\|G_n(x_{(i)}) - G_0(x_{(i)})\|$	$\|G_n(x_{(i-1)}) - G_0(x_{(i)})\|$
$x < 2$	0			0.06353135
2	$1/n$ $= 0.1$	$\Phi(-1.525788)$ $= 0.06353135$	0.03646865	0.04379397
3	0.2	0.1437940	0.05620603	0.07389736
4	0.4	0.2738974	0.1261026	0.04484045
5	0.5	0.4448405	0.05515955	0.1268992
6	0.8	0.6268992	0.1731008	0.09405256
8	0.9	0.8940526	0.005947445	0.05643469
9	1	0.9564347	0.04356531	

```
> x<-c(4,6,2,8,3,6,9,5,6,4)    # データの代入
> x
 [1] 4 6 2 8 3 6 9 5 6 4
> mean(x);sd(x)    # データの平均と標準偏差を求めてみる
[1] 5.3
[1] 2.162817
> n<-length(x)
> y<-table(x)/n
> y
x
  2   3   4   5   6   8   9
0.1 0.1 0.2 0.1 0.3 0.1 0.1
> z<-cumsum(y)
> z
  2   3   4   5   6   8   9
0.1 0.2 0.4 0.5 0.8 0.9 1.0
> m<-length(z)
> m
[1] 7
> x1<-c()
> for (i in 1:m){ x1[i]=z[i]}
> x1
[1] 0.1 0.2 0.4 0.5 0.8 0.9 1.0
> plot(x1,z,"s",lwd=3,main="経験分布関数")
> ks.test(x,"pnorm",mean(x),sd(x))
# ライブラリのコルモゴロフ・スミルノフ検定を行う
ks.test(x, "pnorm", mean(x), sd(x)) 中で警告がありました:
        タイがあるため, 正しい p 値を計算することができません
        One-sample Kolmogorov-Smirnov test
data: x
D = 0.1731, p-value = 0.9254
alternative hypothesis: two-sided
> y<-function(x) {pnorm(x,mean(x),sd(x))}
> y<-y(x1)
> plot(x1,y,col=2)    #平均 5.3, 標準偏差 2.162817 の正規分布の分布関数を描く
> plot(ecdf(x1),add=T)    #経験分布関数を描く
```

演習 10.1 次のデータは平均 2 の指数分布 exp(2) に従っているといえるか. コルモゴロフ・スミルノフ検定により有意水準 5% で検定せよ.　1, 2, 3, 2, 3, 1　　　　　　　　　　　　　　　　　　　　　　　　◁

対立仮説 H_1 が,　$[H_1: G(x) < G_0(x)$ すべての x について (for any$(\forall)x$) が成立する$]$ ときには図 10.4 のような関係がある. そこで $G_0(x)$ を分布関数にもつ確率変数を Y とすれば, 任意の x に対して

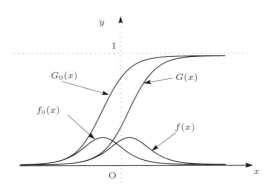

図 10.4 分布関数と密度関数の比較

$P(X \geqq x) > P(Y \geqq x)$ だから X が Y より確率的に大きい値をとりやすい．これを X は Y より確率的に大きい（stochastically large）という．逆の場合に，Y は X より確率的に小さいという．

実際の検定方式は以下のようである．

検定方式

$H_0: G(x) = G_0(x)$ for $\forall x$ の検定について，小標本（$n < 15$）の場合，

対立仮説が $H_1: G(x) < G_0(x)$ for $\forall x$ のとき，

$KS^+ = \sup\limits_{-\infty < x < +\infty} (G_0(x) - G_n(x))$ とおき，有意水準 α に対し，

$$KS^+ > KS^+(n, \alpha) \implies H_0 を棄却する．$$

対立仮説が $H_1: G(x) > G_0(x)$ for $\forall x$ のとき，

$KS^- = \sup\limits_{-\infty < x < +\infty} (G_n(x) - G_0(x))$ とおき，有意水準 α に対し，

$$KS^- > KS^+(n, \alpha) \implies H_0 を棄却する．$$

ここに $KS^+(n, \alpha)$ は KS^+ の H_0 のもとでの分布の上側 α 分位点である．次にサンプル数 n が十分大のとき，仮説 H_0 のもとで

(10.6) $\quad \lim\limits_{n \to \infty} P\Big(\sqrt{n} \sup\limits_{-\infty < x < +\infty} \big|G_n(x) - G_0(x)\big| \leqq x \Big) = 2 \sum\limits_{k=1}^{\infty} (-1)^{k-1} e^{-2k^2 x^2}$

(10.7) $\quad \lim\limits_{n \to \infty} P\Big(\sqrt{n} \sup\limits_{-\infty < x < +\infty} \big(G_n(x) - G_0(x)\big) \leqq x \Big) = 2 e^{-2x^2}$

が示される．そして

(10.8) $\quad KSA(x) = 2 \sum\limits_{k=1}^{\infty} (-1)^{k-1} e^{-2k^2 x^2}, \ KSA^+(x) = 2e^{-2x^2}$

とおくとき，次のような検定方式がとられる．

検定方式

$H_0: G(x) = G_0(x)$ for $\forall x$ の検定について，大標本（$n \geqq 15$）の場合，

対立仮説が $H_1: G(x) \neq G_0(x)$ のとき，

$KS = \sup\limits_{-\infty < x < +\infty} \big|G_n(x) - G_0(x)\big|$ とおき，有意水準 α に対し，

$$KS \geqq KSA(\alpha) \implies H_0 を棄却する．$$

対立仮説が $H_1: G(x) < G_0(x)$ のとき，

$KS = \sup\limits_{-\infty < x < +\infty} \big(G_0(x) - G_n(x)\big)$ とおき，有意水準 α に対し，

$$KS \geqq KSA(\alpha) \implies H_0 を棄却する．$$

$$\text{対立仮説が } H_1 : G(x) > G_0(x) \text{ のとき,}$$
$$KS = \sup_{-\infty < x < +\infty} \left(G_n(x) - G_0(x) \right) \text{ とおき,有意水準 } \alpha \text{ に対し,}$$
$$KS \geqq KSA(\alpha) \quad \Longrightarrow \quad H_0 \text{を棄却する.}$$

補 10.3 分布間の違いを測る量に差の 2 乗を累積した $\int (\widehat{G(x)} - G_0(x))^2 dG_0(x)$ を用いたクラーメル・フォンミゼス型の検定統計量もある.分布が対称とは,分布関数 $G(x)$ がある母数 θ に関して対称であり,$G(x) = F(x - \theta)$ かつ $F(x) + F(-x) = 1$ for any $x \geqq 0$ と書かれることである.そこで,分布関数の推定量として,分布が対称であれば

$x \geqq \widehat{\theta}$ のとき,

$$(10.9) \qquad \widehat{G(x)} = \widehat{F}(x - \widehat{\theta}) = \frac{1}{2} + \frac{1}{2n} \sum_{j=1}^{n} I[-(x - \widehat{\theta}) < X_j - \widehat{\theta} \leqq x - \widehat{\theta}]$$
$$= \frac{1}{2} + \frac{1}{2n} \sum_{j=1}^{n} I[-x + 2\widehat{\theta} < X_j \leqq x],$$

$x \leqq \widehat{\theta}$ のとき,

$$(10.10) \qquad \widehat{G(x)} = \widehat{F}(x - \widehat{\theta}) = 1 - \widehat{F}(-(x - \widehat{\theta}))$$
$$= \frac{1}{2} - \frac{1}{2n} \sum_{j=1}^{n} I[x < X_j \leqq 2\widehat{\theta} - x]$$

を用いた手法も考えられる.ここに,$\widehat{\theta} = \widetilde{x}$: メディアン を用いればよいだろう.また $G(x) < G_0(x)$ のもとでの分布関数の推定量としては

$$(10.11) \qquad \widehat{G(x)} = \begin{cases} G_n(x) & \text{if} \quad G_n(x) < G_0(x) \\ G_0(x) & \text{if} \quad G_n(x) \geqq G_0(x) \end{cases}$$

とすればよいだろう.また分布型に関しての対称性の検定なども考えられている. ◁

ここでデータ $x_1, \cdots, x_n$ における x_i の順位(rank)は,x_i 以下のデータの個数である.データを昇順に並び替えたものを,$x_{(1)} < \cdots < x_{(n)}$ と表せば x_i の左からの順番の位置である.そこで x_i の順位を $R(x_i) = R_i$ で表せば,

$$(10.12) \qquad R_i = \sum_{j=1}^{n} I[x_j \leqq x_i] = nG_n(x_i)$$

である.

以下のように同順位(タイ)がある場合,つまり n 個のデータのうち本当に異なる値が g 個であるとする.そして,i $(1 \leqq i \leqq g)$ 番目に小さい値が t_i 個あるとする.

$$\underbrace{x_{(1)} = \cdots = x_{(t_1)}}_{t_1 \text{個}} < \underbrace{x_{(t_1+1)} = \cdots = x_{(t_1+t_2)}}_{t_2 \text{個}} < \cdots < \underbrace{x_{(t_1+\cdots+t_{g-1}+1)} = \cdots = x_{(t_1+\cdots+t_g)}}_{t_g \text{個}}$$

このとき

$x_{(1)} = \cdots = x_{(t_1)}$ には同じ順位 $\dfrac{1 + \cdots + t_1}{t_1}$ を与える.以下も同様に順位を与える.

$x_{(t_1+1)} = \cdots = x_{(t_1+t_2)}$ には同じ順位 $\dfrac{t_1 + 1 + \cdots + t_2}{t_2}$ を与える.

$\vdots$

$x_{(t_1+\cdots+t_{g-1}+1)} = \cdots = x_{(t_1+\cdots+t_g)}$ には同じ順位 $\dfrac{t_1 + \cdots + t_{g-1} + 1 + \cdots + t_1 + \cdots + t_g}{t_g}$ を与える.

以上のような順位を平均順位または中間順位という.

例題 10.2

以下のデータについて順位を求めよ.なお,同じ値については平均順位を与える.

4, 2, 3, 2, 5, 4, 2, 3, 5, 6, 5, 5

解

手順1 データを昇順に並べ替える.

$$\underbrace{2=2=2}_{t_1=3} < \underbrace{3=3}_{t_2=2} < \underbrace{4=4}_{t_3=2} < \underbrace{5=5=5=5}_{t_4=4} < \underbrace{6}_{t_5=1}$$ より, 異なる値の個数は $g=5$ で, 同じ値の個数は $t_1=3, t_2=2, t_3=2, t_4=4, t_5=1$ である.

手順2 順位を求める.

$2=2=2$ には順位 $\dfrac{1+2+3}{3}=2$ を与える.

$3=3$ には順位 $\dfrac{4+5}{2}=4.5$ を与える.

$4=4$ には順位 $\dfrac{6+7}{2}=6.5$ を与える.

$5=5=5=5$ には順位 $\dfrac{8+9+10+11}{4}=9.5$ を与える.

6 には順位 $\dfrac{12}{1}=12$ を与える. □

```
> x<-c(4,2,3,2,5,4,2,3,5,6,5,5)
> x
 [1] 4 2 3 2 5 4 2 3 5 6 5 5
> x.sort<-sort(x)
> x.sort
 [1] 2 2 2 3 3 4 4 5 5 5 5 6
> rank(x)
 [1]  6.5  2.0  4.5  2.0  9.5  6.5  2.0  4.5  9.5 12.0  9.5 9.5
```

演習 10.2 データ 5, 2, 7, 3, 5, 4, 8, 6, 2, 2 について順位を与えよ. ◁

10.2.2 位置と尺度をもつ場合に関する検定

ここではまず分布関数 $G(x)$ が位置母数 (ロケーションパラメータ) μ と尺度母数 (スケールパラメータ) σ をもつ場合を考える. つまり

$$(10.13) \qquad G(x) = F\left(\frac{x-\mu}{\sigma}\right)$$

と書かれる場合について考える. そこで $X_1, \cdots, X_n$ が互いに独立で同一の分布 $G(x)$ に従うとき, $(X_1-\mu)/\sigma, \cdots, (X_n-\mu)/\sigma$ は互いに独立に同一の分布 $F(x)$ に従う.

そこで分布関数 $F(x)$ の推定量としては

$$(10.14) \qquad \widehat{F(x)} = \frac{1}{n}\sum_{j=1}^{n} I\left[\frac{X_j-\mu}{\sigma} \leqq x\right]$$

が用いられる.

そして, μ, σ が未知の場合, 上式の μ, σ に推定量を代入することで推定量を構成すればよいだろう.

a. 位置母数に関する検定・推定

スケールパラメータ σ が未知か既知かによって場合分けが以下のように考えられる.

(1) σ が既知の場合

分布の位置として, 累積確率 (分布関数) が $1/2$ となる x 座標である中央値 (μ) に関する検定を考えよう. つまり, $G(\mu)=F(0)=1/2$ である. そして, 中央値が既知の値 μ_0 と等しいかそれ以下であるかを検討するときの帰無仮説と対立仮説は以下のように表せる.

$$\begin{cases} H_0 : & \mu = \mu_0 \text{ (既知)} \\ H_1 : & \mu < \mu_0 \end{cases}$$

対立仮説 $H_1 : \mu < \mu_0$ のもとでは $\dfrac{x-\mu}{\sigma} > \dfrac{x-\mu_0}{\sigma}$ だから

$$G(x) = F\left(\frac{x-\mu}{\sigma}\right) > F\left(\frac{x-\mu_0}{\sigma}\right) = G_0(x)$$

より，対立仮説のもとでの X の値は，帰無仮説のもとでの X の値より大きな値をとる傾向がある.

① 符号検定（サイン検定）

仮説は分布関数を用いて

$$
\begin{cases}
H_0 : & G(x) = F\Big(\dfrac{x - \mu_0}{\sigma}\Big) \\[2mm]
H_1 : & G(x) = F\Big(\dfrac{x - \mu}{\sigma}\Big)
\end{cases}
$$

と表される．そこで 1 点 $x = \mu_0$ での分布関数の値の推定量を考えると，
帰無仮説 H_0 のもとでは

$$
(10.15) \qquad H_0 : G(\mu_0) = F\Big(\frac{\mu_0 - \mu_0}{\sigma}\Big) = F(0) = \frac{1}{2}
$$

である.

対立仮説 H_1 のもとでは

$$
(10.16) \qquad H_1 : G(\mu_0) = F\Big(\frac{\mu_0 - \mu}{\sigma}\Big)\Big(> F(0) = \frac{1}{2}\Big)
$$

より

$$
(10.17) \qquad \widehat{G(\mu_0)} = \widehat{F}\Big(\frac{\mu_0 - \mu}{\sigma}\Big) = \frac{1}{n}\sum_{j=1}^{n} I\Big[\frac{X_j - \mu}{\sigma} \leqq \frac{\mu_0 - \mu}{\sigma}\Big]
$$

$$
= \frac{1}{n}\sum_{j=1}^{n} I\big[X_j - \mu_0 \leqq 0\big]
$$

だから，

$$
(10.18) \qquad U = \sum_j I[X_j - \mu_0 \leqq 0] = {}^{\#}\{X_j - \mu_0 \leqq 0\}
$$

$$
(X_j - \mu_0 \text{ がゼロ以下となるサンプルの個数})
$$

とおくと仮説間の分布関数の推定量の違いは $\widehat{G(\mu_0)} - \dfrac{1}{2} = \dfrac{U}{n} - \dfrac{1}{2}$ であり，U によって測ることができる.

そして U は対立仮説のもとで大きな値をとる傾向があるので，U が大きすぎたら帰無仮説 H_0 を棄却する検定方法が考えられる．また，帰無仮説 H_0 のもとで $U \sim B(n, 1/2)$ なので

$$
(10.19) \qquad E[U] = \frac{n}{2}, \qquad V[U] = \frac{n}{4}
$$

である．そこで，

$$
(10.20) \qquad u_0 = \frac{U - n/2}{\sqrt{n/4}}
$$

とおけば，H_0 のもとで近似的に $u_0 \sim N(0, 1^2)$ である．よって以下のような検定方式がとられる．そして，このような検定方法を符号検定という.

検定方式

位置母数についての検定　$H_0 : \mu = \mu_0$（既知）について，大標本 $(n \geqq 15)$ の場合，$u_0 = \dfrac{U - n/2}{\sqrt{n/4}}$ $\big(U = {}^{\#}\{X_j - \mu_0 \leqq 0\}\big)$ とおき，有意水準 α に対し，

対立仮説が $H_1 : \mu < \mu_0$ のとき，

$$
u_0 \geqq u(2\alpha) \quad \Longrightarrow \quad H_0 を棄却する.
$$

対立仮説が $H_1 : \mu > \mu_0$ のとき，

$$
u_0 \leqq -u(2\alpha) \quad \Longrightarrow \quad H_0 を棄却する.
$$

対立仮説が $H_1 : \mu \neq \mu_0$ のとき，

$$
|u_0| \geqq u(\alpha) \quad \Longrightarrow \quad H_0 を棄却する.
$$

連続修正としては，

$H_1 : \mu < \mu_0$ のとき，検定統計量 $u_0 = \dfrac{U + 1/2 - n/2}{\sqrt{n/4}}$，

$H_1 : \mu > \mu_0$ のとき，検定統計量 $u_0 = \dfrac{U - 1/2 - n/2}{\sqrt{n/4}}$

とする．

$H_1 : \mu \neq \mu_0$ のときには，検定統計量が小さすぎて棄却する場合には $1/2$ を足す補正であり，大きすぎて棄却するときは $-1/2$ を足す補正とする．

サンプル数が少ない場合には，直接仮説のもとでの二項確率を計算して有意水準 α に対し，

$$(10.21) \qquad P(U \geqq x) = \left(\frac{1}{2}\right)^n \sum_{i \geqq x} \binom{n}{i} \leqq \alpha$$

を満たす最小の整数 x を x_U とし，

$$U \geqq x_U \quad \Longrightarrow \quad H_0 を棄却する$$

検定方式がとられる．つまり，以下のようにまとめられる．

── 検定方式 ──

位置母数についての検定 $H_0 : \mu = \mu_0$（既知）について，小標本（$n < 15$）の場合，$U = (X_i - \mu_0$ がゼロ以下となるサンプル数) とおき，有意水準 α に対し，

対立仮説が $H_1 : \mu < \mu_0$ のとき，

$$U \geqq x_U \quad \Longrightarrow \quad H_0 を棄却する．$$

対立仮説が $H_1 : \mu > \mu_0$ のとき，

$$U \leqq x_L \quad \Longrightarrow \quad H_0 を棄却する．$$

対立仮説が $H_1 : \mu \neq \mu_0$ のとき，

$$U \geqq x_U または U \leqq x_L \quad \Longrightarrow \quad H_0 を棄却する．$$

なお，x_L は

$$(10.22) \qquad P(U \leqq x) = \left(\frac{1}{2}\right)^n \sum_{i \leqq x} \binom{n}{i} \leqq \alpha$$

を満たす最大の整数とする．さらに，$H_1 : \mu \neq \mu_0$ の場合は上記の α を $\alpha/2$ としたときの，x_U と x_L で置き換えたものである．

補 10.4 分布関数が中央値に関して対称であるなら，$F(-x) + F(x) = 1$ for $\forall x \geqq 0$ が成立するので，H_1 のもとでの分布関数の推定量は

$$(10.23) \qquad \widehat{G(\mu_0)} = \widehat{F}\left(\frac{\mu_0 - \mu}{\sigma}\right) = \frac{1}{2} + \frac{1}{2n} \sum_{j=1}^n I\left[-\frac{\mu_0 - \mu}{\sigma} < \frac{X_j - \mu}{\sigma} \leqq \frac{\mu_0 - \mu}{\sigma} \right]$$

$$= \frac{1}{2} + \frac{1}{2n} \sum_{j=1}^n I[2\mu - \mu_0 < X_j \leqq \mu_0]$$

とする．μ には，平均 $\bar{x}$，メディアン $\tilde{x}$ などを代入する． $\lhd$

② ウィルコクソンの符号付順位検定（サイン・ランク検定）

もし分布が中央値に関して対称であれば仮説 H_0 のもとで $X_1 - \mu_0, \cdots, X_n - \mu_0$ は原点対称な分布 $F(x)$ に従うので，絶対値をとった $|X_1 - \mu_0|, \cdots, |X_n - \mu_0|$ を用いて分布を推定すればよい．ウィルコクソンの順位（和）検定では，μ_0 を引いて絶対値をとった $|X_1 - \mu_0|, \cdots, |X_n - \mu_0|$ について順位をつける．そして絶対値のない $X_1 - \mu_0, \cdots, X_n - \mu_0$ のうち正のものの順位を $R_1, \cdots, R_m$ とし，それらの和 $WS = R_1 + \cdots + R_m$ に基づいて検定する．

H_0 のもとで

$$(10.24) \qquad E(WS) = \frac{n(n+1)}{4}, \quad V(WS) = \frac{n(n+1)(2n+1)}{24}$$

と求まるので

(10.25)
$$u_0 = \frac{WS - n(n+1)/4}{\sqrt{n(n+1)(2n+1)/24}}$$

とおき, n が大きいとき ($\geqq 15$), u_0 は近似的に $N(0, 1^2)$ に従う. これを用いて以下の検定方式が考えられる.

検定方式

位置母数についての検定 $H_0 : \mu = \mu_0$, $H_1 : \mu \neq \mu_0$ について, <u>大標本 ($n \geqq 15$) の場合, σ:</u> <u>既知のとき</u>, $u_0 = \dfrac{WS - n(n+1)/4}{\sqrt{n(n+1)(2n+1)/24}}$ とおき, 有意水準 α に対し,

$$|u_0| \geqq u(\alpha) \quad \Longrightarrow \quad H_0 を棄却する.$$

例題 10.3

以下は中学生の 1 ヶ月の小遣いのデータである. 中央値が 2000 円といえるか, ウィルコクソンの符号付順位検定により検定せよ.

1500, 2300, 1800, 3000, 1600, 2500, 1000, 5000

解

手順 1 前提条件のチェック

題意から, 分布は未知であるが中央値について対称な分布とみなし解析する.

手順 2 仮説及び有意水準の設定

$$\begin{cases} H_0 : & 中央値は 2000 円である \\ H_1 : & \text{not } H_0, \alpha = 0.05 \end{cases}$$

手順 3 検定方法の決定

小標本の場合, $WS = \sum_i R_i$ が棄却点 $c(\alpha)$ より大きすぎたら H_0 を棄却する. 大標本の場合, $u_0 = \dfrac{WS - E(WS)}{\sqrt{V(WS)}}$ をつくる. そして棄却域を $R : |u_0| \geqq u(0.05)$ とする. この場合数値表を利用する.

手順 4 検定統計量の計算

$|x_i - \mu_0|$ を昇順に並び替えると $|1800 - 2000| < |2300 - 2000| < |1600 - 2000| < |1500 - 2000| = |2500 - 2000|$ $< |1000 - 2000| = |3000 - 2000| < |5000 - 2000|$ より, ウィルコクソンの順位和は $WS = 2 + 4.5 + 6.5 + 8 = 21$ なお, $E(WS) = 8(8+1)/4 = 18$, $V(WS) = 8(8+1)(16+1)/24 = 51$ より $u_0 = 0.42$ である.

手順 5 判定と結論

手順 4 から $WS = 21 < c(0.05) = 31$ ($n = 8$) より帰無仮説は棄却されず, 有意ではない. つまり有意水準 5%で, 2000 円でないとはいえない. □

```
> x<-c(1500,2300,1800,3000,1600,2500,1000,5000)
> wilcox.test(x,mu=2000,alt="t")   #ウィルコクソン検定
        Wilcoxon signed rank test with continuity correction
data:  x
V = 21, p-value = 0.7256
alternative hypothesis: true mu is not equal to 2000
警告メッセージ:
タイがあるため, 正確な p 値を計算することができません
in: wilcox.test.default(x, mu = 2000, alt = "t")
# 符号検定では以下のようになる.
> y=x-2000
> y
[1]  -500   300  -200  1000  -400   500 -1000  3000
> binom.test(4,8,0.5,alt="l")
```

```
        Exact binomial test
data:  4 and 8
number of successes = 4, number of trials = 8, p-value = 0.6367
alternative hypothesis: true probability of success is less
than 0.5 95 percent confidence interval:
 0.000000 0.807097
sample estimates:
probability of success
                0.5
```

演習 10.3 例題 10.3 のデータについて符号検定により検定した実行結果を確認せよ. ◁

補 10.5 帰無仮説 H_0 は，中央値が $\mu = \mu_0$ であり，μ_0 に関して対称な分布であることなので，仮説は分布関数を用いれば，

$$H_0 : G(x) = F\left(\frac{x - \mu_0}{\sigma}\right)(\mu = \mu_0), F(x) + F(-x) = 1 \ for \ \forall x \geqq 0$$

と書かれ，また対立仮説 H_1 は

$$H_1 : G(x) = F\left(\frac{x - \mu}{\sigma}\right), F(x) + F(-x) = 1 \ for \ \forall x \geqq 0$$

と書かれる.

　1) σ：既知の場合

　H_0 のもとでの分布関数の推定量は $\widehat{G(x)} = \widehat{F}\left(\frac{x - \mu_0}{\sigma}\right)$ より X_i での分布関数の推定量は

$$(10.26) \qquad \widehat{G(X_i)} = \widehat{F}\left(\frac{X_i - \mu_0}{\sigma}\right) = \frac{1}{2} + \frac{1}{2n}\sum_{j=1}^{n} I\left[-\frac{X_i - \mu_0}{\sigma} < \frac{X_j - \mu_0}{\sigma} \leqq \frac{X_i - \mu_0}{\sigma}\right]$$

$$= \frac{1}{2} + \frac{1}{2n}\sum_{j=1}^{n} I\left[2\mu_0 - X_i < X_j \leqq X_i\right]$$

　また H_1 のもとでの分布関数の推定量は $\widehat{G(x)} = \widehat{F}\left(\frac{x - \mu}{\sigma}\right)$ より X_i での分布関数の推定量は

$$(10.27) \qquad \widehat{G(X_i)} = \widehat{F}\left(\frac{X_i - \mu}{\sigma}\right) = \frac{1}{2} + \frac{1}{2n}\sum_{j=1}^{n} I\left[-\frac{X_i - \mu}{\sigma} < \frac{X_j - \mu}{\sigma} \leqq \frac{X_i - \mu}{\sigma}\right]$$

$$= \frac{1}{2} + \frac{1}{2n}\sum_{j=1}^{n} I\left[2\mu - X_i < X_j \leqq X_i\right]$$

である.

　2) σ が未知の場合

　σ：未知においても分布関数の推定において同じなので既知の場合と同様 ◁

b. 尺度（スケール，バラツキ）に関する検定

(1) 位置母数 μ が既知の場合

　各 i について，$X_i - \mu \sim F(x/\sigma)$ なので $X_i - \mu$ をあらためてデータ X_i とし $X_i \sim F(x/\sigma)$ とする. そこで X の分布関数が $G(x) = F(x/\sigma)$ と書かれるとき，$X_1/\sigma, \cdots, X_n/\sigma$ は互いに独立に分布関数 $F(x)$ の分布に従う. そしてスケールに関する以下の仮説に関する検定

$$\begin{cases} H_0 : & \sigma = \sigma_0 \,(既知) \\ H_1 : & \sigma < \sigma_0 \end{cases}$$

を考える. そこでもし帰無仮説が正しいなら $X_1/\sigma_0, \cdots, X_n/\sigma_0$ は分布関数 $F(x)$ の分布に従う. $F(x)$ が原点対称である場合とそうでない場合に分けて分布関数の推定をすればよい. そこで $F(x)$ が原点について対称である条件がある場合とない場合に分けて，仮説は

$$\begin{cases} H_0 : & G(x) = F\left(\dfrac{x}{\sigma_0}\right) \\ H_1 : & G(x) = F\left(\dfrac{x}{\sigma}\right) \qquad (\sigma < \sigma_0) \end{cases}$$

と書かれる.

　1 点 $x = \sigma_0$ での分布関数の推定を考えてみよう.

H_0 のもとでの分布関数 $G(\sigma_0)$ は $G(\sigma_0) = F(1)$ である．$F(1)$ は正規分布の場合 0.8413 である．

また対立仮説 H_1 のもとでの分布関数 $G(\sigma_0)$ の推定量は

$$(10.28) \qquad \widehat{G(\sigma_0)} = \widehat{F(\sigma_0/\sigma)} = \frac{1}{n} \sum_{j=1}^{n} I\left[\frac{X_j}{\sigma} \leqq \frac{\sigma_0}{\sigma}\right] = \frac{1}{n} \sum_{j=1}^{n} I\left[X_j \leqq \sigma_0\right]$$

である．分布が対称であれば，H_1 のもとでの分布関数の推定量は

$$(10.29) \qquad \widehat{G(\sigma_0)} = \frac{1}{2} + \frac{1}{2n} \sum_{j=1}^{n} I\left[-\sigma_0 < X_j \leqq \sigma_0\right]$$

である．そこで仮説間の分布関数の違いは，対称とは限らない場合

$$(10.30) \qquad F(1) - \frac{1}{n} \sum_{j=1}^{n} I\left[X_j \leqq \sigma_0\right]$$

で測られる．また対称な分布の場合

$$(10.31) \qquad F(1) - \frac{1}{2} - \frac{1}{2n} \sum_{j=1}^{n} I\left[-\sigma_0 < X_j \leqq \sigma_0\right]$$

で測られ，これらを用いて検定すればよいだろう．

(2) μ が未知の場合

既知の場合の μ の代わりに，μ の推定量を用いればよいだろう．

c. 位置と尺度母数の同時検定・推定

$$\begin{cases} H_0 : & \mu = \mu_0, \sigma = \sigma_0 \qquad (\mu_0, \sigma_0 : \text{既知}) \\ H_1 : & \mu \neq \mu_0 \ \text{または} \ \sigma \neq \sigma_0 \end{cases}$$

を検定する．分布関数では仮説は以下のように書かれる．

$$\begin{cases} H_0 : & G(x) = F\left(\dfrac{x - \mu_0}{\sigma_0}\right) \\ H_1 : & G(x) = F\left(\dfrac{x - \mu}{\sigma}\right) \qquad (\mu \neq \mu_0, \text{または} \sigma \neq \sigma_0) \end{cases}$$

そこで 1 点 $x = \mu_0 + \sigma_0$ での分布関数の推定を考えてみよう．

H_0 のもとでの分布関数 $G(\mu_0 + \sigma_0)$ は $G(\mu_0 + \sigma_0) = F(1)$ である．

また対立仮説 H_1 のもとでは

$$(10.32) \qquad \widehat{G(\mu_0 + \sigma_0)} = \widehat{F}\left(\frac{\mu_0 + \sigma_0 - \mu}{\sigma}\right)$$

$$= \frac{1}{n} \sum_{j=1}^{n} I\left[\frac{X_j - \mu}{\sigma} \leqq \frac{\mu_0 + \sigma_0 - \mu}{\sigma}\right]$$

$$= \frac{1}{n} \sum_{j=1}^{n} I\left[X_j \leqq \mu_0 + \sigma_0\right]$$

である．$F(x)$ が原点対称なら，対立仮説 H_1 のもとでは

$$(10.33) \qquad \widehat{G(\mu_0 + \sigma_0)} = \frac{1}{2} + \frac{1}{2n} \sum_{j=1}^{n} I\left[2\mu - (\mu_0 + \sigma_0) < X_j \leqq \mu_0 + \sigma_0\right]$$

である．そして μ には推定量を代入する．

以上から仮説間の分布関数の違いを測る量がつくれ，これらを用いて検定統計量を構成すればよいだろう．

補 10.6 $G(x) = F\left(\dfrac{x - \mu}{\sigma}\right)$ とロケーション μ とスケール σ をもつ分布であるとき，μ, σ に関して 1 つずつ検定する段階的な検定，2 つの母数を同時に検定する場合などが考えられる． ◁

10.2.3 ランダム（無作為）性の検定

a. 連（run）による検定

データの系列がランダムなものかどうかを検定する手法に連を用いる手法がある．連とは 2 種類の文字列が一列に並べられているとき，同一の文字列の並びをいう．例えば以下のように文字 a, b が一列に並んでいるとする．

$$a, a, b, a, a, a, b, b, b, a, b, b, a, a, a, a, b, b$$

このとき, 連は $(aa), (b), (aaa), (bbb), (a), (bb), (aaaa), (bb)$ の 8 個があり, 各連の長さは 2,1,3,3,1,2,4,2 である. 無作為でないときには, その生起に規則性があるので, 連の個数は少ないか逆に異常に多くなる傾向がある. そこで連の個数 r が小さすぎたり大きすぎたら無作為であるという帰無仮説を棄却すればよい.

ここで文字 a, b の個数をそれぞれ n_1, n_2 個とし, 連の個数を r_1, r_2 個とする. そして文字の総数を $N = n_1 + n_2$ とする.

<u>連の個数 r が偶数のとき</u>, つまり $r_1 = r_2 = 2t$ のとき, 帰無仮説 H_0 のもとでの連の個数が r である確率は

$$(10.34) \qquad P(r) = \frac{2 \binom{n_1 - 1}{t - 1} \binom{n_2 - 1}{t}}{\binom{N}{n_1}}$$

である.

<u>連の個数 r が奇数のとき</u>, つまり $r_1 = r_2 + 1$ または $r_2 = r_1 + 1$ のとき, r_1, r_2 の小さい方を t とすれば, 連の個数は $2t + 1$ である. そこで帰無仮説 H_0 のもとでの連の個数が $r = 2t + 1$ である確率は

$$(10.35) \qquad P(r) = \frac{\binom{n_1 - 1}{t} \binom{n_2 - 1}{t - 1} + \binom{n_1 - 1}{t - 1} \binom{n_2 - 1}{t}}{\binom{N}{n_1}}$$

である.

また, r の期待値と分散は近似的に

$$(10.36) \qquad E(r) \fallingdotseq \frac{N + 2 n_1 n_2}{N}, \quad V(r) \fallingdotseq \frac{2 n_1 n_2 (2 n_1 n_2 - N)}{N^2 (N - 1)}$$

である. そこで, 上式の近似式を用いた平均と分散により

$$(10.37) \qquad u_0 = \frac{r - E(r)}{\sqrt{V(r)}}$$

は $N(0, 1^2)$ で正規近似される. 以上のことをまとめて, 以下のような検定法がとられる.

── 検定方式 ──

無作為性の検定

$$\begin{cases} H_0 & : \quad \text{データ系列はランダムである} \\ H_1 & : \quad \text{データ系列はランダムではない} \end{cases}$$

について,

<u>小標本 ($n < 20$) の場合</u>, 連の個数を r とし, 有意水準 α に対し

$$r \leqq r_L(\alpha/2) \text{ または } r \geqq r_U(\alpha/2) \quad \Longrightarrow \quad H_0 \text{を棄却する.}$$

ただし, 帰無仮説 H_0 のもとでの r の分布の下側確率が α 以下である最大の整数を $r_L(\alpha)$, 上側確率が α 以下である最小の整数を $r_U(\alpha)$ とする (式 (10.34) と式 (10.35) 参照).

<u>大標本 ($n \geqq 20$) の場合</u>, $u_0 = \dfrac{r - E(r)}{\sqrt{V(r)}}$ とおき, 有意水準 α に対し,

$$|u_0| \geqq u(\alpha) \quad \Longrightarrow \quad H_0 \text{を棄却する.}$$

── 例題 10.4 ──

ある駅への入場客が男性 (M) か女性 (F) かである時間データをとったところ以下のようなデータが得られた. 系列がランダムかどうか検定せよ.

M, F, F, F, M, M, F, M, M, F, F, F, M, M, M, F, F, M, M, M

解

手順1 前提条件のチェック

男性か女性かの2値の値をとるデータ系列である.

手順2 仮説及び有意水準の設定

$$\begin{cases} H_0 : & \text{男性か女性かの入場は無作為である} \\ H_1 : & \text{not } H_0, \text{ 有意水準}\alpha = 0.05 \end{cases}$$

手順3 検定方法の決定

データ数 $n = 20$ なので直接計算と正規近似する場合の2通りで計算してみよう. 直接計算の場合, $m = 9, n = 11$ のときで, $r < 6(.020)$ または $r > 16(.0149)$ のとき棄却される. また正規近似すると, 検定統計量 $u_0 = \dfrac{r - E(r)}{\sqrt{V(r)}}$ を用い, 棄却域 $R : |u_0| \geqq u(0.05)$ とする.

手順4 検定統計量の計算

データを男性と女性でくくると

$$(M), (F, F, F), (M, M), (F), (M, M), (F, F, F), (M, M, M), (F, F), (M, M, M)$$

となるので, 連の数は $r = 9$ である. また

$$E(r) = \frac{N + 2n_1 n_2}{N} = \frac{20 + 2 \times 9 \times 11}{20} = 10.9,$$

$$V(r) = \frac{2n_1 n_2 (2n_1 n_2 - N)}{N^2 (N - 1)} = \frac{2 \times 9 \times 11 (2 \times 9 \times 11 - 20)}{20^2 (20 - 1)} = 4.637$$

より

$$|u_0| = \left| \frac{9 - 10.9}{\sqrt{4.637}} \right| = 0.8823$$

手順5 判定と結論

手順4より, 直接計算で $r = 9$ は帰無仮説は有意水準5%で棄却されない. また正規近似でも, $|u_0| = 0.8823 < 1.96 = u(0.05)$ なので帰無仮説は有意水準5%で棄却されない. つまり, 入場は男女に関して無作為でないとはいえない. □

```
> x<-c("M","F","F","F","M","M","F","M","M","F","F","F","M","M"
,"M","F","F","M","M","M")
> table(x)   #各因子の度数を求める
x
 F  M
 9 11
> barplot(table(x))    #度数の棒グラフを描く
> r<-9 #連の個数
> er<-(20+2*9*11)/20  #期待値の計算
> vr<-(2*9*11*(2*9*11-20))/20/20/(20-1)   #分散の計算
> u0<-(r-er)/sqrt(vr)  #検定統計量の計算
> u0
[1] -0.8823031
> pti<-2*(1-pnorm(abs(u0)))   #p 値の計算
> pti
[1] 0.3776129
```

演習 10.4 遊園地へのある日の入場者の系列は男女に関してランダムか. 以下のデータに関して検定せよ.

M, M, F, F, F, M, F, F, M, F, F, F, M, F ◁

b.　系列相関による検定

n 個のデータ $x_1, \cdots, x_n$ が得られるとする. そして $y_i = x_{i+1} \ (i = 1, \cdots, n - 1), y_n = x_1$ とおくと, 系列相関係数 r は

$$(10.38) \qquad r = \frac{\sum x_i y_i - n\overline{x}\,\overline{y}}{\sqrt{S_{xx} S_{yy}}}$$

ただし, $\overline{x} = \sum x_i / n, \quad \overline{y} = \sum y_i / n, \quad S_{xx} = \sum (x_i - \overline{x})^2, \quad S_{yy} = \sum (y_i - \overline{y})^2$ で定義される.

180   10. ノンパラメトリック法

そこでデータの順列を考えれば $n!$ 個の系列相関係数が計算される．そして，$n!$ 個の系列相関係数について小さすぎたり大きすぎると無作為といえない．

そこで系列相関の小さい順に帰無仮説のもとでの確率を足して，有意水準 α より小さければ仮説 H_0 を棄却する．また，定義から $\overline{x}, \overline{y}, S_{xx}, S_{yy}$ はデータの系列からつくられるすべての順列に関して値が変わらず，順列で変わるのは $\sum x_i x_{i+1}$ のみである．そこでこれを以下のように R とおき，R に基づいて検討すればよい．

$$(10.39) \qquad R = \sum_{i=1}^{n} x_i x_{i+1} \qquad (x_{n+1} = x_1)$$

帰無仮説 H_0 のもとでの R の期待値と分散は

$$(10.40) \qquad E(R) = \frac{S_1^2 - S_2}{n-1}$$

$$(10.41) \qquad V(R) = \frac{S_2^2 - S_4}{n-1} + \frac{S_1^4 - 4S_1^2 S_2 + 4S_1 S_3 + S_2^2 - 2S_4}{(n-1)(n-2)} - \{E(R)\}^2$$

と計算される．ただし，$S_k = x_1^k + \cdots + x_n^k (k = 1, 2, \cdots)$ である．そして，

$$(10.42) \qquad u_0 = \frac{R - E(R)}{\sqrt{V(R)}}$$

とおけばこれは仮説 H_0 のもとで近似的に $N(0, 1^2)$ に従う．

そこで次のような検定方式がとられる．

検定方式

    無作為性の検定

$$\begin{cases} H_0 & : \quad \text{データは無作為である} \\ H_1 & : \quad \text{not } H_0 \end{cases}$$

について，<u>大標本 $(n \geqq 20)$ の場合</u>，$u_0 = \dfrac{R - E(R)}{\sqrt{V(R)}}$ とおき，有意水準 α に対し，

$$|u_0| \geqq u(\alpha) \quad \Longrightarrow \quad H_0 \text{を棄却する．}$$

例題 10.5

以下のデータ系列が無相関かどうか検定せよ．

0.24, 0.74, 0.36, 0.08, 0.02, 0.17, 0.98, 0.71, 0.55, 0.36, 0.04, 0.69, 0.62, 0.53, 0.20, 0.67, 0.64, 0.15, 0.03, 0.53

解

例題 10.3 と同様．   □

```
>x<-c(0.24,0.74,0.36,0.08,0.02,0.17,0.98,0.71,0.55,0.36,0.04,
0.69,0.62,0.53,0.20,0.67,0.64,0.15,0.03,0.53)
> y<-c(x[-1],x[1])   #もとのデータを 1 つずらしたデータの作成
> R<-sum(x*y)  #R の計算
> R
[1] 3.6395
> S1<-sum(x)   #和の計算
> S2<-sum(x*x)   #2 乗和の計算
> S3<-sum(x*x*x)   #3 乗和の計算
> S4<-sum(x*x*x*x)   #4 乗和の計算
> ER<-(S1^2-S2)/(20-1)   #期待値の計算
> ER
```

10.2 1標本の場合

表 10.2 補助表

No.	x_i	$x_i x_{i+1}$	x_i^2	x_i^3	x_i^4
1	0.24	0.1745	0.0555	0.0131	0.0031
2	0.74	0.2681	0.5489	0.4066	0.3013
3	0.36	0.0287	0.1310	0.0474	0.0172
4	0.08	0.0019	0.0063	0.0005	0.0000
5	0.02	0.0041	0.0006	0.0000	0.0000
6	0.17	0.1625	0.0277	0.0046	0.0008
7	0.98	0.6959	0.9521	0.9290	0.9065
8	0.71	0.3924	0.5086	0.3627	0.2586
9	0.55	0.1980	0.3028	0.1666	0.0917
10	0.36	0.0147	0.1295	0.0466	0.0168
11	0.04	0.0284	0.0017	0.0001	0.0000
12	0.69	0.4297	0.4795	0.3321	0.2299
13	0.62	0.3260	0.3850	0.2389	0.1482
14	0.53	0.1073	0.2760	0.1450	0.0762
15	0.20	0.1369	0.0417	0.0085	0.0017
16	0.67	0.4280	0.4496	0.3014	0.2021
17	0.64	0.0951	0.4074	0.2600	0.1660
18	0.15	0.0051	0.0222	0.0033	0.0005
19	0.03	0.0182	0.0012	0.0000	0.0000
20	0.53	0.1257	0.2847	0.1519	0.0810
計	8.31	3.6395	5.0129	3.4223	2.509

```
[1] 3.370695
> VR<-(S2^2-S4)/(20-1)+(S1^4-4*S1^2*S2
+4*S1*S3+S2^2-2*S4)/(20-1)/(20-2)-ER^2
# 分散の計算
> VR
[1] 0.1152687
> u0<-(R-ER)/sqrt(VR)    #検定統計量の計算
> u0
[1] 0.791739
> p.value<-2*(1-pnorm(abs(u0)))    #p 値の計算
> p.value
[1] 0.4285129
```

演習 10.5 コンピュータによって平均 3 の指数乱数または平均 50，分散 10^2 の正規乱数を 30 個生成し，無相関かどうか検定してみよ． ◁

10.2.4 独立性の検定

ここでは 2 変数の独立性の検定を考えよう．そして，独立性に関する仮説は以下のように書かれる．

$$\begin{cases} H_0 : G(x, y) = G(x, \infty) G(\infty, y) \text{ が任意の } (x, y) \text{ について成立する.} \\ H_1 : G(x, y) \neq G(x, \infty) G(\infty, y) \text{ が成り立つ } (x, y) \text{ が存在する.} \end{cases}$$

簡便な方法として次のような符号検定による方法がある．まず各変数でメディアン（中央値）を求めてメディアン線を引き，図 10.5 のように 4 区画に分け，各区画にある点の個数を n_{11}, n_{12}, n_{21}, n_{22} とする．無相関であれば $n_{12} + n_{21} = n_{(+)}$ と $n_{11} + n_{22} = n_{(-)}$ は同数になり，相関が大きいほどその差は大きくなるだろう．

そこで小さい方を $n_{(*)} = \min(n_{(+)}, n_{(-)})$ とすれば帰無仮説のもとで二項分布 $B(n, 1/2)$ に従う．そこで以下のような検定方式が考えられる．

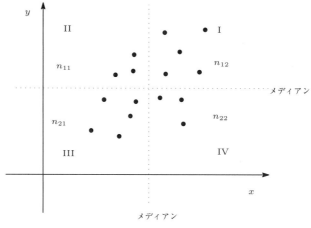

図 10.5 散布図とメディアン線

検定方式

独立性の検定

$$\begin{cases} H_0 : & \text{変数は独立である} \\ H_1 : & \text{not } H_0, \alpha = 0.05 \end{cases}$$

について，<u>大標本 $(n \geqq 30)$ の場合</u>，$u_0 = \dfrac{n_{(*)} - n/2}{\sqrt{n/4}}$ とおき，有意水準 α に対し，

$$|u_0| \geqq u(\alpha) \implies H_0 \text{を棄却する．}$$

補 10.7 点 (x, y) での分布関数の推定量は以下のようになる．

帰無仮説 H_0 のもとでは，$\widehat{G(x,y)} = \widehat{G(x,\infty)}\widehat{G(\infty,y)} = \dfrac{n_{1\cdot}}{n} \cdot \dfrac{n_{\cdot 2}}{n}$

対立仮説 H_1 のもとで，$\widehat{G(x,y)} = \dfrac{n_{21}}{n}$ である． ◁

また独立性の検定のための順位を用いた手法にはスピアマンの検定，ケンドールの検定がある．

① スピアマン（Spearman）の順位相関係数

順位の組 $(x_1, y_1), \cdots, (x_n, y_n)$ に対して，

$$(10.43) \qquad r_S = \rho = 1 - \frac{6}{n(n^2-1)} \sum_{i=1}^{n}(x_i - y_i)^2 \qquad (-1 \leqq r_S \leqq 1)$$

ρ（ロー）をスピアマンの順位相関係数という．

これはデータを順位に置き換えて標本相関係数を計算したものなので，

$$(10.44) \qquad r_S = \frac{S_{xy}}{\sqrt{S_{xx}}\sqrt{S_{yy}}}$$

が成立する．

例題 10.6

表 10.3 は 10 人の学生の統計学 (x) と情報数学 (y) の成績である．これらのスピアマンの標本相関係数を求めよ．

表 10.3 成績データ

科目＼学生	1	2	3	4	5	6	7	8	9	10
統計学	67	45	78	69	86	92	85	55	75	88
情報数学	65	43	89	67	90	78	91	46	88	97

10.2 1 標本の場合 183

解

手順1 順位データに変換する.

得点は比率尺度のデータなので順位データに変換する. そして, $R(x_i)$ はデータ x_i の $x_1, \cdots, x_n$ での順位を表すために用いるとする.

手順2 順位の差の2乗和を求めるための補助表（表10.4）を作成する.

表 10.4 補助表

項目 学生 No.	x	y	$R(x)$	$R(y)$	$R(x) - R(y)$	$(R(x) - R(y))^2$
1	67	65	3	3	0	0
2	45	43	1	1	0	0
3	78	89	6	7	−1	1
4	69	67	4	4	0	0
5	86	90	8	8	0	0
6	92	78	10	5	5	25
7	85	91	7	9	−2	4
8	55	46	2	2	0	0
9	75	88	5	6	−1	1
10	88	97	9	10	−1	1
計						32

なお, 同順位の場合は平均順位を与える. 例えば順位が5位であるものが4個あれば, それらは5, 6, 7, 8位を占めると考え, $(5+6+7+8)/4 = 26/4 = 6.5$ が平均順位となる.

手順3 計算式に代入し, 求める.

$$r_S = 1 - 6 \times \frac{32}{10 \times (10^2 - 1)} = 0.8061$$

□

```
> rei106<-read.table("rei106.txt",header=T)
> rei106
    toukei jyouhou
1       67      65
        ...
10      88      97
> attach(rei106)
> cor.test(toukei,jyouhou,method="spearman",alt="t")
        Spearman's rank correlation rho
data: toukei and jyouhou
S = 32, p-value = 0.007501
alternative hypothesis: true rho is not equal to 0
sample estimates:
      rho
0.8060606
> rank(toukei)
 [1]  3  1  6  4  8 10  7  2  5  9
> rank(jyouhou)
 [1]  3  1  7  4  8  5  9  2  6 10
> r1<-rank(toukei)
> r2<-rank(jyouhou)
> sa<-r1-r2
> sa
 [1]  0  0 -1  0  0  5 -2  0 -1 -1
> sum(sa*sa)
[1] 32
> rho<-1-6*32/(10*(10^2-1))
```

```
> rho
[1] 0.8060606
```

演習 10.6 表 10.5 の 2 年間にわたる年度別 9 社の自動車生産台数に関して，年度間でのスピアマンの順位相関係数を求めよ．（日刊自動車新聞社『自動車産業ハンドブック』1997 年版）　　　　　◁

表 10.5　1994，1995 年度自動車生産台数

年度　＼　メーカー	1	2	3	4	5	6	7	8	9
1994 年度	3508	1558	1306	998	986	778	482	434	377
1995 年度	3171	1714	1328	967	771	862	477	419	347

補 10.8 $d^2 = S = \sum_{i=1}^{n} (x_i - y_i)^2 = \dfrac{n(n^2-1)(1-r_S)}{6}$ の期待値と分散が

(10.45) $$E[S] = \frac{n(n^2-1)}{6}, \quad Var[S] = \frac{n^2(n+1)^2(n-1)}{36}$$

と計算される．そこで規準化した

(10.46) $$u_0 = \frac{S - E[S]}{\sqrt{Var[S]}} = \frac{6S - n(n^2-1)}{n(n+1)\sqrt{n-1}}$$

は n が十分大きいとき，近似的に標準正規分布 $N(0, 1^2)$ に従う．このことを使って無相関の検定が行える．例題 10.5 の場合 $|u_0| = |-2.41| > 1.96 = u(0.05)$ より 5％で有意である．つまり 5％で無相関とはいえない．

同順位がある場合には平均順位（10.2.1 項参照）を用いた標本相関係数を計算する．　　　　◁

これは正規近似の精度の問題で経験的に利用されている．

━━ 検定方式 ━━

独立性の検定
$$\begin{cases} H_0 : & \text{変数は独立である} \\ H_1 : & \text{not } H_0 \end{cases}$$

<u>大標本（$n \geqq 20$）の場合</u>，$u_0 = \dfrac{S - E(S)}{\sqrt{V(S)}}$ とおき，有意水準 α に対し，

$$|u_0| \geqq u(\alpha) \quad \Longrightarrow \quad H_0 \text{を棄却する．}$$

$n \leqq 20$ については，数表（[A27] 参照）がある．

スピアマンの統計量 d^2 の下側％点：$P(d^2 \leqq c(\alpha)) \leqq \alpha$.

なお，$P(d^2 \leqq c) = P(d^2 \geqq (n^3 - n)/3 - c)$ の関係がある．

② ケンドールの順位相関係数

n 個の順位の組 (x_i, y_i) $(i = 1, \cdots, n)$ が与えられるとする．このとき 2 つの順位の組 (x_i, y_i) と (x_j, y_j) に対し，$x_i < x_j$ のとき $y_i < y_j$ ならばこれらの組は**正順位**にあるといい，その個数を C とする．逆に $x_i < x_j$ のとき $y_i > y_j$ ならばこれらの組は**逆順位**にあるといい，その個数が D であるとする．このとき

(10.47) $r_K = \overset{\text{タウ}}{\tau} = \dfrac{C - D}{\dfrac{n(n-1)}{2}} = \dfrac{2C}{N} - 1$ 　（同順位がない場合）（$-1 \leqq r_K \leqq 1$）

をケンドールの順位相関係数といい，大小関係の一致性に基づいた量である．

━━ 例題 10.7 ━━

例題 10.6 の成績データに関して，ケンドールの順位相関係数を求めよ．

10.2 1標本の場合 185

表 10.6 成績データの統計学での並び替え

No. 科目	2	8	1	4	9	3	7	5	10	6
統計学	45	55	67	69	75	78	85	86	88	92
情報数学	43	46	65	67	88	89	91	90	97	78
正順位の個数	9	8	7	6	4	3	1	1	0	

解

手順 1 どちらかの変量（数）について昇順に並べ替える．この場合統計学について行うと表 10.6 ができる．

手順 2 正順位の個数を求める．

統計学（x）について左から順に右にあるもので情報数学（y）について正順位にあるものの個数を逐次数え，表に記入していく．例えば No.9 の統計学が 75 点の人は情報数学は 88 点で，右側に 88 点よりよい人が 4 人いるので正順位の個数は 4 である．このように逐次求め，正順位の総数 = 39 である．

手順 3 式に代入し，計算する．

そこで $r_K = 2 \times 39/45 - 1 = 0.7333$ と求まる． $\square$

```
> cor.test(toukei,jyouhou,method="kendall",alt="t")
        Kendall's rank correlation tau
data:  toukei and jyouhou
T = 39, p-value = 0.002213
alternative hypothesis: true tau is not equal to 0
sample estimates:
      tau
0.7333333
> tau<-2*39/(10*(10-1)/2)-1
> tau
[1] 0.7333333
```

演習 10.7 いくつかの電機メーカーの 12 月の株価の平均を 2 年間について調べ，以下のデータが得られた．年度間でのケンドールの順位相関係数を求めよ． $\triangleleft$

表 10.7 家庭電機メーカーの株価（単位：円）

メーカー 年月	A	B	C	D	E	F	G
1997 年 12 月	930	543	334	1390	1910	898	340
1998 年 12 月	700	673	355	1040	1999	1019	350

補 10.9 スピアマンの場合と同様に，$K = C - D = (n(n-1)\tau)/2$ の期待値と分散が

(10.48) $$E[K] = 0, \quad Var[K] = \frac{n(n-1)(2n+5)}{18}$$

と計算されるので，規準化した

(10.49) $$u_0 = \frac{K - E[K]}{\sqrt{Var[K]}} = \frac{3\sqrt{2}K}{\sqrt{n(n-1)(2n+5)}}$$

は n が十分大きいとき，近似的に標準正規分布 $N(0, 1^2)$ に従うことから，無相関の検定が行える．同順位がある場合には補正する必要があるが，ここでは省略する． $\triangleleft$

検定方式

独立性の検定

$$\begin{cases} H_0 : & \text{変数は独立である} \\ H_1 : & \text{not } H_0 \end{cases}$$

大標本 $(n \geqq 20)$ の場合, $u_0 = \dfrac{K - E(K)}{\sqrt{V(K)}}$ とおき, 有意水準 α に対し,

$$|u_0| \geqq u(\alpha) \implies H_0 を棄却する.$$

$n \leqq 20$ については, 数表 ([A27] 参照) がある.

ケンドールの統計量 k の上側 100α パーセント点：$P(K \geqq k(\alpha)) \leqq \alpha$

③ ケンドールの一致係数

$p\, (\geqq 3)$ 変量での順位データの一致度を測る物差しとして, 以下のケンドールの一致係数がある.

$$(10.50) \qquad W = \frac{12S}{p^2(n^3 - n)} \quad (0 \leqq W \leqq 1)$$

ただし, R_{ij} が $i\,(=1, \cdots, n)$ サンプルの $j\,(=1, \cdots, p)$ 変量に関しての n 個の中での順位データを表すとき,

$$R_{i \cdot} = \sum_{j=1}^{p} R_{ij}, \overline{\overline{R}} = \frac{\sum R_i}{n} = \frac{p(n+1)}{2} \qquad (順位での総平均),$$

$$S = \sum_{i=1}^{n} (R_{i \cdot} - \overline{\overline{R}})^2 = \sum R_{i \cdot}^2 - \frac{R_{\cdot \cdot}^2}{n} \qquad (順位での偏差平方和)$$

である.

さらに, 以下の仮説の検定をする場合

$$\begin{cases} H_0 &: \quad 順位の付け方に差がない \\ H_1 &: \quad 順位の付け方に違いがある \quad 有意水準 \quad \alpha = 0.05 \end{cases}$$

$$(10.51) \qquad \chi_0^2 = (n-1)pW = \frac{12}{pn(n+1)} \sum_{i=1}^{n} R_{i \cdot}^2 - 3p(n+1)$$

は帰無仮説のもとで漸近的に (np が十分大のとき) 自由度 $n-1$ の χ^2 分布に従うので,

─────────────── 検定方式 ───────────────

$$\chi_0^2 \geqq \chi^2(n-1, \alpha) \implies H_0 を棄却する$$

という検定法がとられる.

──── 例題 10.8 ────

3 人の野球解説者に次年度のセリーグでの野球チームの順位予想をしてもらい, 表 10.8 のようなデータが得られた.

(1) このとき各解説者の予想に関するケンドールの一致係数を求めよ.

(2) 順位付けが同じかどうか有意水準 5% で検定せよ.

表 10.8 野球順位予想

解説者＼チーム	横浜	中日	広島	巨人	ヤクルト	阪神
A	6	1	3	2	5	4
B	3	6	1	2	4	5
C	4	1	3	5	2	6

10.2 1標本の場合

表 10.9 補助表

No. / 解説者	A(x_1)	B(x_2)	C(x_3)	$R_{i\cdot}$	$R_{i\cdot}^2$
1	6	3	4	13	169
2	1	6	1	8	64
3	3	1	3	7	49
4	2	2	5	9	81
5	5	4	2	11	121
6	4	5	6	15	225
計	21	21	21	63 ①	709 ②

解

(1)

手順 1 サンプル数 n はチーム数の $n=6$ であり,変量の数 p は 3 人の $p=3$ である.

手順 2 S を求めるための補助表(表 10.9)を作成する.各チームの順位の計と平均順位の差とその 2 乗和を求める.

手順 3 式に代入し,求める.表 10.9(補助表)より,

$$S = ② - ①^2/n = 709 - 63^2/6 = 47.5 \text{ だから } W = \frac{12 \times 47.5}{3^2(6^3 - 6)} = 0.302 \text{ である.}$$

(2)

手順 1 仮説と有意水準の設定

$$\begin{cases} H_0 & : \quad 順位の付け方に差がない \\ H_1 & : \quad 順位の付け方に違いがある,有意水準 \ \alpha = 0.05 \end{cases}$$

手順 2 各チームの順位和の 2 乗和を求めるための補助表を作成する.(1) の手順 2 の表 10.9 が利用できる.

手順 3 検定統計量の計算

$$\chi_0^2 = \frac{12}{pn(n+1)} \sum_{i=1}^{n} R_{i\cdot}^2 - 3p(n+1) = \frac{12}{3 \times 6 \times 7} 709 - 3 \times 3 \times 7 = 4.523$$

手順 4 判定と結論

自由度 $n-1=5$ の χ^2 分布の上側 5% 点 は $\chi^2(5, 0.05) = 11.07$ で,

$\chi_0^2 = 4.523 < 11.07 = \chi^2(5, 0.05)$ より帰無仮説は有意水準 5% で棄却されない.つまり,順位付けは同じでないとはいえない. □

補 10.10 同順位がある場合には,平均順位を用いて計算をする.また修正係数を用いた検定統計量になり,ケンドールの一致係数 W は以下のようになる.t_{ij}:i サンプルの変量(数)j の同順位の個数,g_j:変量(数)j の同順位の個数を表すとすれば

$$W = \frac{\sum (R_{i\cdot} - p(n+1)/2)^2}{p^2(n^3 - n)/12 - p \sum_{j=1}^{k} \sum_{i=1}^{g_j} (t_{ij}^3 - t_{ij})/12} \text{ で,} (n-1)pW \text{ は近似的に自由度 } n-1 \text{ の } \chi^2 \text{ 分布に従う.}$$

◁

● 多標本でのケンドールの一致係数の推定関数 kendall.w

```
itikeisu=function(x){
 p=ncol(x);n=nrow(x)
 juni=apply(x, 2, rank)
 t=apply(juni, 2, tabulate)
 Ri.=apply(juni, 1, sum)
 w =12*(sum(Ri.^2)-sum(Ri.)*sum(Ri.)/n)/(p^2*(n^3-n))
   pti <- 1-pchisq((chi0 <- p*(n-1)*w), n-1)
   kai <- c(w, chi0, n-1, pti)
   names(kai)<-c("ケンドールの一致係数","chi0 値","自由度","pti")
   kai
}
```

```
> x<-matrix(c(6,1,3,2,5,4,3,6,1,2,4,5,4,1,3,5,2,6),ncol=3)
```

```
> x
     [,1] [,2] [,3]
[1,]    6    3    4
[2,]    1    6    1
[3,]    3    1    3
[4,]    2    2    5
[5,]    5    4    2
[6,]    4    5    6
> itikeisu(x)
ケンドールの一致係数              chi0 値              自由度
          0.3015873         4.5238095         5.0000000
               pti
          0.4767041
```

演習 10.8 アンケートで学生 3 人にお茶，コーヒー，紅茶の好きな順に順位をつけてもらったところ以下の表 10.10 のデータが得られた．これら 3 人の順位付けについてケンドールの一致係数を求めよ．また順位付けに差があるかどうか検討せよ．　　　◁

表 10.10　飲み物好み調査

学生 ＼ 飲み物	お　茶	コーヒー	紅　茶
A	3	2	1
B	2	1	3
C	3	1	2

演習 10.9 アンケート調査により 4 人の学生に中華丼，カツ丼，親子丼，牛丼，天津飯，カレーの好きな順に順位をつけてもらったところ，表 10.11 が得られた．これら 4 人の順位付けの一致度をケンドールの一致係数を計算し考察せよ．また順位付けに差があるかどうか検討せよ．　　　◁

表 10.11　丼もの好み調査

学生 ＼ 丼	中華丼	カツ丼	親子丼	牛　丼	天津飯	カレー
A	2	1	3	6	4	5
B	3	2	4	6	5	1
C	2	6	3	1	5	4
D	4	5	6	3	2	1

10.3　2 標 本 の 場 合

第 1 標本（母集団）からランダムに n_1 個のサンプル $X_{11}, \cdots, X_{1n_1}$，第 2 標本からランダムに n_2 個のサンプル $X_{21}, \cdots, X_{2n_2}$ をとる．ただしそれぞれの分布関数を $G_1(x), G_2(x)$ とする．このとき 2 つの分布関数に関して $G_1(x) < G_2(x)$ for $\forall x$（これを $X_1(G_1)$ が $X_2(G_2)$ より確率的に大きいという）なる関係があれば図 10.6 のような密度関数と分布関数の関係がある．そして 2 つの分布が異なる場合が，分布型から異なる場合，分布型は同じで位置（ロケーション）だけ異なる場合，尺度（スケール）だけ異なる場合とその異なり方によってその検討の仕方も変わってくる．以下で分布全体，位置，スケールなどの違いに分けて考えてみよう．

10.3.1　独立な 2 標本のデータの場合

a.　全般的な分布の違いの検定

仮説として 2 つの分布が異なることを分布関数の一般型で考えると以下のようになる．

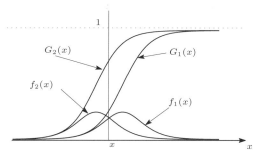

図 10.6 $G_1(x) < G_2(x)$ のグラフ

$$\begin{cases} H_0: & G_1(x) = G_2(x) \text{ がすべての } x \text{ について成立 } (\leftrightarrow \text{ for } \forall x) \\ H_1: & \text{ある } x \text{ について } G_1(x) \neq G_2(x) \text{ である } (\leftrightarrow \text{ for } \exists x) \end{cases}$$

さらに対立仮説としては $H_1: G_1(x) < G_2(x)$ for $\forall x$ (X_1の方が X_2 より大きい値をとる傾向にある), $H_1: G_1(x) > G_2(x)$ for $\forall x$ (X_1 の方が X_2 より小さい値をとる傾向にある) のような場合も考えられる.

そして 1 標本の場合と同様, 母集団の分布関数の推定量を使って最大の違いを測る量で定義したのが次のコルモゴロフ・スミルノフ統計量である.

(1) 小標本 ($n_1, n_2 \leqq 15$) の場合

① 対立仮説が H_1: ある x について $G_1(x) \neq G_2(x)$ となるとき

(10.52) $$KS = \sup_{-\infty < x < \infty} |G_{1n_1}(x) - G_{2n_2}(x)|$$

とおく. この KS が大きすぎたら帰無仮説を棄却すればよい. そして, $KS(n_1, n_2; \alpha)$ を KS の H_0 のもとでの分布の上側 α 分位点を表すとする. つまり

$$P\left(KS \geqq KS(n_1, n_2; \alpha)\right) = \alpha$$

とする. そこで, 有意水準 α に対し, $KS \geqq KS(n_1, n_2; \alpha) \Longrightarrow H_0$ を棄却する.

② 対立仮説が H_1: $G_1(x) < G_2(x)$ for $\forall x$ の場合

(10.53) $$KS^+ = \sup_{-\infty < x < \infty} (G_{2n_2}(x) - G_{1n_1}(x))$$

とおけば, 対立仮説のもとで KS^+ は大きな値をとる傾向にある. $KS^+(n_1, n_2; \alpha)$ で KS^+ の H_0 のもとでの分布の上側 α 分位点を表すとすれば, 有意水準 α に対し, $KS^+ \geqq KS^+(n_1, n_2; \alpha) \Longrightarrow H_0$ を棄却する.

③ 対立仮説が H_1: $G_1(x) > G_2(x)$ for $\forall x$ の場合

(10.54) $$KS^- = \sup_{-\infty < x < \infty} (G_{1n_1}(x) - G_{2n_2}(x))$$

とおき, ②と同様な検定法がとられる.

以上から小標本のときの検定方式として以下が考えられる.

検定方式

分布が同じであるかの検定　H_0: $G_1(x) = G_2(x)$ for $\forall x$ について,
小標本 ($n_1, n_2 \leqq 15$) の場合, 有意水準 α に対し,

① 対立仮説が H_1: ある x について $G_1(x) \neq G_2(x)$ となるとき,

$$KS \geqq KS(n_1, n_2; \alpha) \quad \Longrightarrow \quad H_0 \text{を棄却する}.$$

② 対立仮説が H_1: $G_1(x) < G_2(x)$ のとき,

$$KS^+ \geqq KS^+(n_1, n_2; \alpha) \quad \Longrightarrow \quad H_0 \text{を棄却する}.$$

③ 対立仮説が H_1: $G_1(x) > G_2(x)$ のとき,

$$KS^- \geqq KS^+(n_2, n_1; \alpha) \quad \Longrightarrow \quad H_0 \text{を棄却する.}$$

(2) 大標本 $(n_1, n_2 \geqq 15)$ の場合

(10.55)
$$KSA(x) = 2\sum_{k=1}^{\infty} (-1)^{k-1} e^{-2k^2 x^2},$$

(10.56)
$$KSA^+(x) = 2e^{-2x^2}$$

とおくと帰無仮説のもとで以下が成立する.

① 対立仮説が H_1: ある x について $G_1(x) \neq G_2(x)$ となる場合

$n_1, n_2 \to \infty$ のとき $(0 < n_1/(n_1 + n_2) < 1)$

(10.57)
$$\lim_{n_1, n_2 \to \infty} P\left(\sqrt{\frac{n_1 n_2}{n_1 + n_2}} KS \geqq x\right) = KSA(x)$$

$n_1, n_2 \geqq 15$ のとき上式の近似はよい.

② 対立仮説が H_1: $G_1(x) < G_2(x)$ for $\forall x$ の場合

$n_1, n_2 \to \infty$ のとき $(0 < n_1/(n_1 + n_2) < 1)$

(10.58)
$$\lim_{n_1, n_2 \to \infty} P\left(\sqrt{\frac{n_1 n_2}{n_1 + n_2}} KS^+ \geqq x\right) = KSA^+(x)$$

$n_1, n_2 \geqq 20$ のとき上式の近似はよい.

③ 対立仮説が H_1: $G_1(x) > G_2(x)$ for $\forall x$ の場合

$n_1, n_2 \to \infty$ のとき $(0 < n_1/(n_1 + n_2) < 1)$

(10.59)
$$\lim_{n_1, n_2 \to \infty} P\left(\sqrt{\frac{n_1 n_2}{n_1 + n_2}} KS^- \geqq x\right) = KSA^+(x)$$

以上から次のような検定方式が考えられる.

検定方式

分布が同じであるかの検定 H_0: $G_1(x) = G_2(x)$ for $\forall x$ について,
大標本 $(n_1, n_2 \geqq 15)$ の場合,有意水準 α に対し,

① 対立仮説が H_1: ある x について $G_1(x) \neq G_2(x)$ となるとき,

$$KS \geqq KSA(\alpha) \quad \Longrightarrow \quad H_0 \text{を棄却する.}$$

② 対立仮説が H_1: $G_1(x) < G_2(x)$ のとき,

$$KS^+ \geqq KSA^+(\alpha) \quad \Longrightarrow \quad H_0 \text{を棄却する.}$$

③ 対立仮説が H_1: $G_1(x) > G_2(x)$ のとき,

$$KS^- \geqq KSA^+(\alpha) \quad \Longrightarrow \quad H_0 \text{を棄却する.}$$

以下で具体的な例に適用してみよう.

例題 10.9

以下のデータは同じ分布とみなせるか.コルモゴロフ・スミルノフ検定により検討せよ.

第 1 標本　3, 5, 1, 4, 2, 5, 6, 4

第 2 標本　6, 2, 9, 4, 5, 4, 8, 7, 6, 7

解

手順 1　前提条件のチェック

分布はいずれもはっきりしない.データ数が $n_1 = 8$, $n_2 = 10$ と少ない.

手順 2　仮説と有意水準の設定

分布が同じであることは，分布関数がすべての x で同じことなので以下のような仮説となる．

$$\begin{cases} H_0: & G_1(x) = G_2(x) \text{ がすべての } x \text{ について成立 } (\leftrightarrow \ for \ \forall x) \\ H_1: & \text{ある } x \text{ について } G_1(x) \neq G_2(x) \text{ である，有意水準 } \alpha = 0.05 \end{cases}$$

手順 3 棄却域の設定（検定統計量の決定）

検定方法として，2標本におけるコルモゴロフ・スミルノフ検定を行う．そこで検定統計量は以下で与えられる．

$$KS = \sup_{-\infty < x < \infty} |G_{1n_1}(x) - G_{2n_2}(x)| \text{ とおき}$$

棄却域 $R: KS > KS(n_1, n_2; \alpha) = 21/40 \quad (n_1 = 8, n_2 = 10, \alpha = 0.05)$

この臨界値は数値表を利用するかまたは計算機により計算する．

手順 4 検定統計量の計算

データを昇順に並び替え，表 10.12 のような補助表を作成する．

表 10.12 補助表

$x_{(i)}$	$G_{1n_1}(x_{(i)})$	$G_{2n_2}(x_{(i)})$	$|G_{1n_1}(x_{(i)}) - G_{2n_2}(x_{(i)})|$
$x < 1$	0	0	0
1	1/8	0	1/8
2	2/8	1/10	6/40
3	3/8	1/10	11/40
4	5/8	3/10	13/40
5	7/8	4/10	19/40
6	1	6/10	16/40
7	1	8/10	8/40
8	1	9/10	4/40
9	1	1	0
$9 < x$	1	1	0

手順 5 判定と結論

手順 4 から $KS = 19/40 = 0.475$ より，$KS < 21/40 = KS(8, 10; 0.05)$ だから H_0 は有意水準 5%で棄却されない．つまり分布が異なるとはいえない． □

```
> x<-c(3,5,1,4,2,5,6,4)
> y<-c(6,2,9,4,5,4,8,7,6,7)
> ks.test(x,y,alternative="t")
        Two-sample Kolmogorov-Smirnov test
data:  x and y
D = 0.475, p-value = 0.2685
alternative hypothesis: two.sided
Warning message:
cannot compute correct p-values with ties in: ks.test(x, y,
alternative = "t")
```

演習 10.10 ある模試があり，A，B 2 高校のランダムに選んだ生徒 6 人と 7 人の成績が以下のようであった．2 高校の生徒の成績の分布は同じといえるか．コルモゴロフ・スミルノフ検定により検定せよ．

A 高校　48，55，76，67，83，77

B 高校　56，64，44，68，80，72，70　　　　　　　　　　　　　　　　　　　　　　◁

b. 位置・尺度母数をもつ場合の検定

各母集団の分布関数が

$$(10.60) \qquad G_i(x) = F\left(\frac{x - \mu_i}{\sigma_i}\right) \qquad (i = 1, 2)$$

と分布型が同じで位置・尺度母数をもつ場合について考えよう．そして，位置母数 μ_1 と μ_2 は異なるか，尺度母数 σ_1 と σ_2 は異なるかについて調べる．同時に母数を比較する場合，尺度，位置と段階的に比較する場合の手順が考えられるが，以下では順に考えていこう．なお，

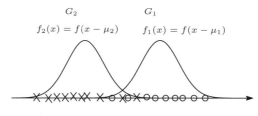

図 10.7 位置母数の異なる場合

$$\frac{X_{11}-\mu_1}{\sigma_1},\cdots,\frac{X_{1n_1}-\mu_1}{\sigma_1},\frac{X_{21}-\mu_2}{\sigma_2},\cdots,\frac{X_{2n_2}-\mu_2}{\sigma_2}$$

は互いに独立に同一の分布関数 $F(x)$ の分布に従う.

(1) 位置母数に関する検定

まず尺度母数 σ_1, σ_2 が既知の場合を考える.

$X_{ij} \sim F\left(\frac{x-\mu_i}{\sigma_i}\right)$ のとき, $\frac{X_{ij}}{\sigma_i} \sim F\left(x-\frac{\mu_i}{\sigma_i}\right)$ なので $\frac{X_{ij}}{\sigma_i}$ を改めて X_{ij}, $\frac{\mu_i}{\sigma_i}$ を μ_i とする. すると $X_{ij} \sim F(x-\mu_i)$ である.

帰無仮説 $H_0 : \mu_1 = \mu_2$ を対立仮説 $H_1 : \mu_1 > \mu_2$ に対して検定する問題を考えよう. そして $\mu_1 > \mu_2$ のとき $x-\mu_1 < x-\mu_2$ より

$$G_1(x) = F(x-\mu_1) < F(x-\mu_2) = G_2(x)$$

だから, 図 10.7 のように第 1 母集団からのサンプルの値が第 2 母集団からのサンプルの値より大きくなる傾向がある.

① ウィルコクソンの順位和検定

対立仮説 $H_1 : \mu_1 > \mu_2$ のとき $G_1(x) < G_2(x)$ より, 第 1 母集団からのサンプルの値が第 2 母集団からのサンプルの値より大きくなる傾向がある. そこでデータを合併して小さい順（昇順：小 ↗ 大）に並べ替えたときの第 1 母集団の順位を $R_1,\cdots,R_{n_1}$, 第 2 母集団の順位を $S_1,\cdots,S_{n_2}$ とし, 各母集団での順位和をそれぞれ $W = R_1 + \cdots + R_{n_1}$, $W' = S_1 + \cdots + S_{n_2}$ とおく. このとき全データの順位の和の関係から,

(10.61) $$W + W' = 1 + 2 + \cdots + \underbrace{(n_1+n_2)}_{=n} = \frac{n(1+n)}{2}$$

なる関係がある. この W または W' をウィルコクソン（Wilcoxon）の統計量という. 対立仮説が成立すれば W は大きくなる（W' は小さくなる）傾向があるので, W が大きすぎたら帰無仮説 H_0 を棄却すればよい. そこで H_0 のもとでの W の分布の上側 α 分位点を $W(n_1,n_2;\alpha)$ で表すとすれば以下のような検定方式がとられる.

検定方式

位置母数の違いの検定 $H_0 : \mu_1 = \mu_2$ について,
小標本 $(n_1, n_2 < 20)$ の場合, 有意水準 α に対し
対立仮説が $H_1 : \mu_1 > \mu_2$ のとき,

$$W \geqq W(n_1,n_2;\alpha) \implies H_0 を棄却する.$$

対立仮説が $H_1 : \mu_1 < \mu_2$ のとき,

$$W' \geqq W(n_1,n_2;\alpha) \implies H_0 を棄却する.$$

対立仮説が $H_1 : \mu_1 \neq \mu_2$ のとき,

$$W \geqq W(n_1,n_2;\alpha) \text{ または } W' \geqq W(n_1,n_2;\alpha) \implies H_0 を棄却する.$$

なお，W と W' でデータ数が少ない方を用いるのが計算が楽である．

次に，帰無仮説 H_0 のもとで W の期待値と分散を求めると

$$(10.62) \qquad E(W) = \frac{n_1(n+1)}{2}, \quad V(W) = \frac{n_1 n_2 (n+1)}{12}$$

である．なぜなら，帰無仮説のもとでどのデータの順位も 1 から n の値を同じ確率 $1/n$ の確率でとるためである．また，n_1, n_2 が十分大のとき（15 以上）

$$(10.63) \qquad u_0 = \frac{W - E(W)}{\sqrt{V(W)}}$$

は近似的に $N(0,1)$ に従う．そこで以下の検定法が採用される．

検定方式

位置母数の違いの検定 $H_0 : \mu_1 = \mu_2$ について，

大標本（$n_1, n_2 \geqq 20$）の場合，$u_0 = \dfrac{W - E(W)}{\sqrt{V(W)}}$ とおくとき，有意水準 α に対し，

対立仮説が $H_1 : \mu_1 > \mu_2$ のとき，

$$u_0 \geqq u(2\alpha) \quad \Longrightarrow \quad H_0 を棄却する．$$

対立仮説が $H_1 : \mu_1 < \mu_2$ のとき，

$$u_0 \leqq -u(2\alpha) \quad \Longrightarrow \quad H_0 を棄却する．$$

対立仮説が $H_1 : \mu_1 \neq \mu_2$ のとき，

$$|u_0| \leqq u(\alpha) \quad \Longrightarrow \quad H_0 を棄却する．$$

正規近似への精度をあげるための連続補正として $u_0^{\pm} = W \pm 1/2 - E(W)/\sqrt{V(W)}$ を対立仮説に対応して $\pm$ の符号を替える．つまり，$H_1 : \mu_1 < \mu_2$ のとき $-$ とし，$H_1 : \mu_1 > \mu_2$ のとき $+$ とする．また両側検定の場合は $u_0^{-} \leqq -u(\alpha)$ または $u_0^{+} \geqq u(\alpha)$ ならば H_0 を棄却する．

同順位（タイ）のある場合は，平均順位を与えて W を計算する．

補 10.11 W の分布はとびとびの値をとる離散型で，α である上側（下側）確率を満たす W がちょうど存在するわけではないので近い値で代用する．また W の期待値と分散は以下のように計算される．

$$E(W) = \sum_{i=1}^{n_1} E(R_i) = \sum_{i=1}^{n_1} \sum_{j=1}^{n} \frac{j}{n} = \sum_{i=1}^{n_1} \frac{n(1+n)}{2n} = \frac{n_1(1+n)}{2}$$

$V(W) = E(W^2) - \{E(W)\}^2$ であり，$E(W^2)$ は以下のように計算される．

$$E(W^2) = E\left(\sum_{i=1}^{n_1} R_i \right)^2 = E\left(\sum_{i=1}^{n_1} R_i^2 + \sum_{i \neq j}^{n_1} R_i R_j \right) = \sum_{i=1}^{n_1} E(R_i^2) + \sum_{i \neq j}^{n_1} E(R_i R_j)$$

$$= \frac{n(n+1)(2n+1)}{6} + \sum_{i \neq j}^{n_1} \frac{i \times j}{n(n-1)}$$

$\triangleleft$

補 10.12 W と同等な検定でマン・ホイットニー検定（U 検定ともいわれる）がある．それは，サンプル数が少ない方の各データについてもう 1 つの方のデータで大きいデータの個数の総和である．

$\triangleleft$

例題 10.10

2 銘柄のワインについて，おいしい順に順位を付けてもらったところ以下のデータが得られた．2 銘柄のおいしさに差がないかどうか検討せよ．

銘柄 A　　3，6，4，8，2，5

銘柄 B　　7，9，1，10

解
手順1 前提条件のチェック
 2母集団で，順位データである．
手順2 仮説と有意水準の設定
$$\begin{cases} H_0: & \text{おいしさに違いがない} \\ H_1: & \text{違いがある，有意水準 } \alpha = 0.05 \end{cases}$$
手順3 棄却域の設定
 順位データなのでウィルコクソンの順位和 W を用いる．第2標本の方がサンプル数が少ないので $W' \geqq W(4, 6; 0.057) = 30$ ならば仮説を棄却する（$\alpha = 0.057$）．
手順4 検定統計量の計算
 標本数が第2標本が4で少ないので第2標本の順位和を求めると $W = 7 + 9 + 1 + 10 = 27$ である．マン・ホイットニーだと，銘柄 B の7より大きい銘柄 A の個数は，1個で，9では0個，1では6個，10では0個なので $MW = 1 + 6 = 7$（マン・ホイットニー統計量）である．
手順5 判定と結論
 手順4より $W' = 27 \leqq 30 = W(4, 6; 0.057)$ から，違いがあるとはいえない． □

```
> x<-c(3,6,4,8,2,5)
> y<-c(7,9,1,10)
> wilcox.test(x,y,alt="t")
        Wilcoxon rank sum test #実際はマン・ホイットニーの統計量
data:  x and y
W = 7, p-value = 0.3524
alternative hypothesis: true mu is not equal to 0
```

図 10.8 のように，メニューから【統計量】▶【ノンパラメトリック検定】▶【2標本ウィルコクソン検定】を選択すると，図 10.9 が表示される．図 10.9 で，オプションをクリックすると，図 10.10 が表示される．図 10.10 のようにチェックをいれ OK をクリックすると，出力結果が得られ，棄却されないとわかる．

図 10.8 ノンパラメトリック検定

図 10.9 ダイアログボックス

図 10.10 ダイアログボックス

```
> tapply(rei1010$x, rei1010$A, median, na.rm=TRUE)
 A1  A2
4.5 8.0
```

```
> wilcox.test(x ~ A, alternative="two.sided", data=rei1010)
Wilcoxon rank sum test    #実際には，マン・ホイットニーのU検定
data:  x by A
W = 7, p-value = 0.3524
alternative hypothesis: true location shift is not equal to 0
```

ここで，Rの関数 wilcox.test を用いた実行結果は $W = 7$（マン・ホイットニー）となっている．
補 10.13 マン・ホイットニー検定．

$$MW = n_1 n_2 + \frac{n_1(n_1+1)}{2} - \underbrace{W}_{=R_1.} \quad と \quad MW' = n_1 n_2 + \frac{n_2(n_2+1)}{2} - \underbrace{W'}_{=R_2.}$$

の小さい方を用いて検定するものである．$MW + MW' = n_1 n_2$ である．そこで $W = n_1(n_1+1)/2 + MW'$（$W' = n_1(n_1+1)/2 + MW$）なる関係が成立する．

また，各仮説のもとでの分布関数の推定量は以下のようになる．
仮説 H_0 のもとでは
(10.64)
$$\widehat{G_1(x)} = \widehat{G_2(x)} = \widehat{F}(x - \mu) = \frac{1}{n} \sum_{i,j} I\left[X_{ij} \leqq x\right]$$

仮説 H_1 のもとでは

(10.65)
$$\widehat{G_1(x)} = \widehat{F}(x - \mu_1) = \frac{1}{n}\left\{\sum_{j=1}^{n_1} I\left[X_{1j} \leqq x\right] + \sum_{j=1}^{n_2} I\left[X_{2j} - \mu_2 \leqq x - \mu_1\right]\right\}$$

(10.66)
$$\widehat{G_2(x)} = \widehat{F}(x - \mu_2) = \frac{1}{n}\left\{\sum_{j=1}^{n_1} I\left[X_{1j} - \mu_1 \leqq x - \mu_2\right] + \sum_{j=1}^{n_2} I\left[X_{2j} \leqq x\right]\right\}$$

そしてこれらの分布関数の違いに基づいた検定が考えられる．　　　　　　　▷
演習 10.11 小学 6 年生の男女が 50 m 走のタイムを計ったところ以下のようであった（単位：秒）．違いがあるか検討せよ．
　　男子：　8.4，7.8，8.6，9.2，8.8，8.2，9.1
　　女子：　9.6，8.3，9.4，8.1，8.6，9.5　　　　　　　　　　　　　　　▷
演習 10.12 首都と地方都市に下宿している学生の 1 ヶ月の生活費をそれぞれランダムにデータをとったものである（単位：万円）．違いがあるか検討せよ．
　　首都：　　18，17，15，20，25，22
　　地方都市：　14，15，16，13，12，15　　　　　　　　　　　　　　　▷
演習 10.13 A，B 両高校出身者について，入学後の統計試験の成績順位を調べると以下のようであった．違いがあるか検討せよ．
　　A 高校：　84，78，86，92，88，82，91
　　B 高校：　96，83，94，81，86，95　　　　　　　　　　　　　　　　▷
② メディアン検定（中央値検定）

2 つの群を合併したデータの中央値を求め，各群でそれ以下のデータ数と中央値より大きいデータ数を求め，表 10.13 のような分割表を作成する．

表 **10.13**　分割表

群	メディアン以下	メディアンより大	計
1 群	n_{11}	n_{12}	$n_1. = n_1$
2 群	n_{21}	n_{22}	$n_2. = n_2$
計	$n_{\cdot 1}$	$n_{\cdot 2}$	$n_{\cdot\cdot} = n$

そこで帰無仮説 H_0 のもとでこの表の得られる確率は

(10.67)
$$P(n_{22}) = \frac{\binom{n_{\cdot 1}}{n_{21}}\binom{n_{\cdot 2}}{n_{22}}}{\binom{n}{n_{2\cdot}}}$$

$$n_{\cdot 1} = n_{\cdot 2} = n/2 \ (n：偶数), \quad n_{\cdot 1} = (n+1)/2, \quad n_{\cdot 2} = (n-1)/2 \ (n：奇数)$$

そして第2の母集団からのサンプルで合併したサンプルでの中央値より大きいサンプルの個数 n_{22} に基づいて検定する．対立仮説より $G_1(x) < G_2(x)$ のもとで n_{22} は少なくなる傾向にある．そこで $n_{22} \leqq x$ である確率が有意水準 α より小さいとき仮説を棄却する．

N_{22} の期待値と分散は仮説 H_0 のもとで

(10.68)
$$E(N_{22}) = \frac{n_{2.}n_{1.}}{n}, \quad V(N_{22}) = \frac{n_1 n_2 n_{1.}(n - n_{1.})}{n^2(n-1)}$$

より，

(10.69)
$$u_0 = \frac{N_{22} - E(N_{22})}{\sqrt{V(n_{22})}}$$

とおくと $u_0 \quad \to \quad N(0, 1^2)$, $P(N_{22} \leqq x) \fallingdotseq \Phi\left(\dfrac{x - E(N_{22})}{\sqrt{V(n_{22})}}\right)$ と正規近似される．

── 検定方式 ──

位置母数の違いの検定　$H_0 : \mu_1 = \mu_2$ について，

<u>大標本 $(n_1, n_2 \geqq 15)$ の場合</u>，$u_0 = \dfrac{N_{22} - E(N_{22})}{\sqrt{V(N_{22})}}$ とおくとき，有意水準 α に対し，

対立仮説が $H_1 : \mu_1 > \mu_2$ のとき，

$$u_0 \geqq u(2\alpha) \quad \Longrightarrow \quad H_0 を棄却する．$$

対立仮説が $H_1 : \mu_1 < \mu_2$ のとき，

$$u_0 \leqq -u(2\alpha) \quad \Longrightarrow \quad H_0 を棄却する．$$

対立仮説が $H_1 : \mu_1 \neq \mu_2$ のとき，

$$|u_0| \geqq u(\alpha) \quad \Longrightarrow \quad H_0 を棄却する．$$

連続補正もウィルコクソンの順位検定と同様になされる．

── 例題 10.11 ──

次の2クラスでの統計学の成績についてクラスにより差があるかメディアン検定により検定せよ．

1クラス：　65, 48, 55, 62

2クラス：　56, 35, 48, 53

解

手順1　前提条件のチェック

分布はいずれもはっきりしない．データ数が $n_1 = 4, n_2 = 4$ と少ない．

手順2　仮説と有意水準の設定

第1標本の中央値 μ_1 と第2標本の中央値 μ_2 について次の検定をする．

$$\begin{cases} H_0 : & \mu_1 = \mu_2 \\ H_1 : & \mu_1 > \mu_2, \ 有意水準\ \alpha = 0.05 \end{cases}$$

手順3　検定統計量の決定

2群のデータを合併して昇順に並び替えたときの中央値の $54 (= (53+55)/2)$ より大きい第2群のデータ数を n_{22} とするとき，$P(N_{22} \leqq n_{22}) \leqq \alpha = 0.05$ なら帰無仮説が棄却される．

手順4　検定統計量の計算

中央値を境として表 10.14 のような補助表を作成する．

そこで，$n_{22} = 1$ だから

(10.70)
$$P(N_{22} \leqq 1) = P(N_{22} = 0) + P(N_{22} = 1)$$

$$= \frac{\binom{4}{4}\binom{4}{0}}{\binom{8}{4}} + \frac{\binom{4}{3}\binom{4}{1}}{\binom{8}{4}} = \frac{1 + 16}{70} = 0.243$$

10.3 2標本の場合

表 10.14 補助表

群	メディアン以下	メディアンより大	計
1 群	1	3	4
2 群	3	1	4
計	4	4	8

が有意確率と計算される.

手順5 判定と結論

帰無仮説のもとで $P(N_{22} \leqq 1) = 0.243 > 0.05$ より,有意水準 5%で仮説 H_0 は棄却されない. □

● 2標本での中央値の一致性の検定関数(メディアン検定) med.test

```
med.test=function(x,y){
n1=length(x);n2=length(y);n=n1+n2;n11=0;n22=0;pti=0
xy=c(x,y);med=median(xy)
for (i in 1:n1){
if (x[i] <= med) n11=n11+1
}
for (i in 1:n2){
if (y[i] > med) n22=n22+1
}
n12=n1-n11;n21=n2-n22;n01=n11+n21;n02=n12+n22
for (j in 0:n22) {
pti=pti+as.numeric(choose(n01,n2-j))*choose(n02,j)/choose(n,n2)
}
c(n11=n11,n22=n22,pti=pti)
}
```

```
> x<-c(65,48,55,62)
> y<-c(56,35,48,53)
> med.test(x,y)
      n11        n22       pti
1.0000000 1.0000000 0.2428571
```

演習 10.14 以下は2種類の飼料によって育てた豚のある期間の体重増加量のデータである.飼料の違いによって体重増加量に差があるかどうかメディアン検定により検定せよ.

飼料 A: 450, 520, 680, 530, 740, 260, 560, 680

飼料 B: 520, 360, 550, 260, 480, 280 ◁

③ 並べ替え検定

データを合併してそれらを n_1 個と n_2 個 $(n = n_1 + n_2)$ に組分けする仕方の数は $\binom{n_1 + n_2}{n_1}$ 通りである.第1標本からランダムに n_1 個のデータ $x_{11}, \cdots, x_{1n_1}$ がとられ,第2標本からランダムに n_2 個のデータ $x_{21}, \cdots, x_{2n_2}$ がとられるとする.対立仮説 $H_1 : G_1(x) < G_2(x)$ for $\forall x$ のもとでは,X_1 の方が X_2 より大きな値をとりやすい.そこで第1標本のデータの和

$$(10.71) \qquad x_{11} + \cdots + x_{1n_1} = x_{1\cdot}$$

が大きすぎたら帰無仮説 H_0 を棄却する検定方式がとられる.そして帰無仮説のもとでは,n 個から n_1 個とる組分けの仕方の確率はどの分け方も等しいので,$1/\binom{n}{n_1}$ である.そこで有意水準 α に対し,$x_{1\cdot}$ が x 以上である確率が α 以下であれば H_0 を棄却する.つまり

$$(10.72) \qquad P(X_{1\cdot} \geqq x) = \sum_{n_1 : x_{1\cdot} \geqq x} \frac{1}{\binom{n}{n_1}} \leqq \alpha$$

となるとき H_0 を棄却する.ここに式の和は第1標本のデータ数が n_1 の場合に,第1標本からのデータの和が x 以上となる組について確率の和をとり,n_1 をそのような組がある場合について和をとる.そ

こで以下のような検定方式となる.

検定方式

位置母数の違いの検定　$H_0 : \mu_1 = \mu_2$ について,

小標本 ($n_1 < 15$ または $n_2 < 15$) の場合, 有意水準 α に対し,

対立仮説が $H_1 : \mu_1 > \mu_2$ のとき,
$$X_{1\cdot} \geqq x_U \quad \Longrightarrow \quad H_0 を棄却する.$$

対立仮説が $H_1 : \mu_1 < \mu_2$ のとき,
$$X_{1\cdot} \leqq x_L \quad \Longrightarrow \quad H_0 を棄却する.$$

対立仮説が $H_1 : \mu_1 \neq \mu_2$ のとき,
$$X_{1\cdot} \geqq x_U \text{ または } X_{1\cdot} \leqq x_L \quad \Longrightarrow \quad H_0 を棄却する.$$

次に第 1 標本からのデータの和 $X_{1\cdot}$ の期待値と分散は

$$(10.73) \qquad E(X_{1\cdot}) = \left\{ \sum_{i=1}^{n_1} x_{1i} + \sum_{i=1}^{n_2} x_{2i} \right\} = n_1 z,$$

$$(10.74) \qquad V(X_{1\cdot}) = \frac{n_1 n_2}{n(n-1)} \left\{ \sum_{i=1}^{n_1} (x_{1i} - z)^2 + \sum_{i=1}^{n_2} (x_{2i} - z)^2 \right\}$$

と求まるので

$$(10.75) \qquad u_0 = \frac{X_{1\cdot} - E(X_{1\cdot})}{\sqrt{V(X_{1\cdot})}}$$

とおけばこれは近似的に正規分布 $N(0, 1^2)$ に従う.

検定方式

位置母数の違いの検定　$H_0 : \mu_1 = \mu_2$ について,

大標本 ($n_1, n_2 \geqq 15$) の場合, $u_0 = \dfrac{X_{1\cdot} - E(X_{1\cdot})}{\sqrt{V(X_{1\cdot})}}$ とおくとき, 有意水準 α に対し,

対立仮説が $H_1 : \mu_1 > \mu_2$ のとき,
$$u_0 \geqq u(2\alpha) \quad \Longrightarrow \quad H_0 を棄却する.$$

対立仮説が $H_1 : \mu_1 < \mu_2$ のとき,
$$u_0 \leqq -u(2\alpha) \quad \Longrightarrow \quad H_0 を棄却する.$$

対立仮説が $H_1 : \mu_1 \neq \mu_2$ のとき,
$$|u_0| \geqq u(\alpha) \quad \Longrightarrow \quad H_0 を棄却する.$$

連続補正も同様にされる.

例題 10.12

以下の 2 つの群 A, B のデータについて, 分布の中央値が B 群の方が大きいか並べ替え検定により検定せよ.

群 A：　25, 41, 36, 48, 29

群 B：　44, 56, 78, 59

解

手順 1　前提条件の確認

データ数は $n_1 = 5$, $n_2 = 4$ と少なく分布もわからない.

手順 2 仮説および有意水準の設定

$$
\begin{cases}
H_0: & \mu_1 = \mu_2 \\
H_1: & \mu_1 < \mu_2,\ \text{有意水準 } \alpha = 0.05
\end{cases}
$$

手順 3 棄却域の設定（検定統計量の決定）

$$
P(x_{1.} \leqq x) = \sum_{n_1 : x_{1.} \leqq x} \frac{1}{\binom{9}{5}} \leqq 0.05
$$

手順 4 検定統計量の計算

実際 $x_{1.} = 25 + 41 + 36 + 48 + 29 = 179$ 以下となる場合の組合せは，群 A が 25，41，36，44，29 とこのデータの場合の 2 通りしかないので，その確率を求めると $P(x_{1.} \leqq 179) = 2/\binom{9}{5} = 1/63 = 0.016$ である．

手順 5 判定と結論

手順 4 より $P(x_{1.} \leqq 179) = 0.016 < 0.05$ だから，有意水準 5% で帰無仮説は棄却される．つまり，群 B の中央値の方が大きいといえる． □

前もって，CRAN から "exactRankTests" のパッケージを追加インストールしておいて以下を実行してみよう．

```
> library(exactRankTests)
> x<-c(25,41,36,48,29)
> y<-c(44,56,78,59)
> perm.test(x,y,alternative="less")
        2-sample Permutation Test
data:  x and y
T = 179, p-value = 0.01587
alternative hypothesis: true mu is less than 0
```

演習 10.15 2 人の審査員 A，B が 6 人の演技の成績に順位をつけたところ以下のようになった．審査員により違いがあるか，並べ替え検定により検定せよ． ◁

表 10.15　データ表

審査員 ＼ No.	1	2	3	4	5	6
A	3	2	4	1	5	6
B	2	1	5	4	6	3

補 10.14 <u>スコアを用いる方法</u>

整数 $\{1, 2, \cdots, n\}$ 上の実数値関数 $a : \{1, 2, \cdots, n\} \to R^+$ をスコア関数という．第 i サンプルのデータ x_i から順位 R_i が得られ，スコア $a(R_i) = b\left(\dfrac{R_i}{n+1}\right)$ が求まる．そして，$S = \sum_{i=1}^{n_1} a(R_i) = \sum_{i=1}^{n_1} b\left(\dfrac{R_i}{n+1}\right)$ によって検定する．これまでの検定統計量はスコアを適当にとることで統一的に表現できる．そしてスコアを仮説の分布に応じて変えることで，検出力などの意味でよい検定統計量が構成できる．正規分布の場合の局所最強力順位

表 10.16　検定とスコアの対応表

統 計 量 ＼ No.	スコア $a(i)$
ウィルコクソン（Wilcoxon）検定	i
ファンデアベルデン（Van der Waerden）検定 フィッシャー・イェーツ（Fisher–Yates）検定	$\Phi^{-1}\left(\dfrac{i}{n+1}\right)$
メディアン（Median）検定	$\begin{cases} 0 & i \leqq (n+1)/2 \\ 1 & i > (n+1)/2 \end{cases}$
サベッジ（Savage）検定	$\displaystyle\sum_{j=n-i+1}^{n} \frac{1}{j}$

検定はファンデアベルデン検定（同等な検定としてフィッシャー・イェーツ検定がある）であり，ロジスティック分布の場合ウィルコクソン検定，両側指数分布の場合メディアン検定，2重指数分布の場合サベッジ検定である．そのスコアの一覧を表 10.16 に与えておこう． ◁

演習 10.16 2 人の審査員 A，B が 6 人の演技の成績に順位を付けたところ表 1.14 のようであった．審査員により違いがあるか，① ウィルコクソン検定，② メディアン検定，③ ファンデアベルデン検定，により検討せよ． ◁

(2) 尺度母数の違いの検定

$X_{ij} \sim G_i(x) = F(x - \mu_i/\sigma_i) \, (i = 1, 2)$ とする．

$\underline{\mu_1, \mu_2 : \text{既知の場合}}$には，$X_{ij} - \mu_i \sim F(x/\sigma_i)$ だから，$X_{ij} - \mu_i$ をあらためて X_{ij} とおくと $X_{ij} \sim F(x/\sigma_i)$ である．そこで，2 つの母集団の分布関数が尺度母数（スケールパラメータ）σ_1, σ_2 を用いて次のように書かれる場合を考える．$G_i(x) = F(x/\sigma_i)$ である．このとき，以下のような検定問題を考える．

$$\begin{cases} H_0 & : \quad \sigma_1 = \sigma_2 = \sigma \\ H_1 & : \quad \sigma_1 \neq \sigma_2 \end{cases}$$

そこで，$\sigma_1 < \sigma_2$ のとき $|x|/\sigma_1 > |x|/\sigma_2$ だから $G_1(|x|) = F(|x|/\sigma_1) > F(|x|/\sigma_2) = G_2(|x|)$ が成立する．

つまり，第 1 の母集団のサンプルの方が，第 2 の母集団のサンプルより絶対値が大きな値をとる傾向にある．そこで図 10.11 のようになる．

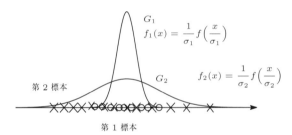

図 10.11 尺度母数の異なる場合

次にこの仮説を分布関数を使って表せば，以下のようになる．

$$\begin{cases} H_0 : G_1(x) = F\left(\dfrac{x - \mu_1}{\sigma}\right), \, G_2(x) = F\left(\dfrac{x - \mu_2}{\sigma}\right) \\ H_1 : G_1(x) = F\left(\dfrac{x - \mu_1}{\sigma_1}\right), \, G_2(x) = F\left(\dfrac{x - \mu_2}{\sigma_2}\right) \end{cases}$$

仮説 H_0 のもとで分布 $X_{11}/\sigma, \cdots, X_{1n_1}/\sigma, X_{21}/\sigma, \cdots, X_{2n_2}/\sigma$ はいずれも分布 $F(x)$ に従う．また対立仮説では $X_{11}/\sigma_1, \cdots, X_{1n_1}/\sigma_1, X_{21}/\sigma_2, \cdots, X_{2n_2}/\sigma_2$ がいずれも分布 $F(x)$ に従う．

① ムッド（Mood）検定

第 1 標本と第 2 標本の位置がほぼ同じであるとき，スケールが異なれば第 1 標本の順位は第 2 標本に比べて両端または中の値をとりやすいので，中心の順位と比べ差が大きいかまたは小さくなる傾向がある．そこで順位の中心 $(n+1)/2$ との差の 2 乗和を M とすると

$$(10.76) \qquad M = \sum_{i=1}^{m} \left\{ R_i - \frac{n+1}{2} \right\}^2$$

である．M が大きすぎたり，小さすぎるときに仮説を棄却する．帰無仮説のもとでの M の期待値と分散は

$$(10.77) \qquad E(M) = \frac{n_1(n^2 - 1)}{12}, \quad V(M) = \frac{n_1 n_2}{180}(n+1)(n^2 - 4)$$

と計算される．そこで

$$(10.78) \qquad u_0 = \frac{M - E(M)}{\sqrt{V(M)}}$$

とおけば H_0 のもとで，u_0 は近似的に正規分布 $N(0, 1^2)$ に従う．

検定方式

　尺度母数の違いの検定　$H_0 : \sigma_1 = \sigma_2$ について，
<u>大標本 $(n_1, n_2 \geqq 15)$ の場合</u>，$u_0 = \dfrac{M - E(M)}{\sqrt{V(M)}}$ とおくとき，有意水準 α に対し，
対立仮説が $H_1 : \sigma_1 > \sigma_2$ のとき，

$$u_0 \geqq u(2\alpha) \quad \Longrightarrow \quad H_0 を棄却する．$$

対立仮説が $H_1 : \sigma_1 < \sigma_2$ のとき，

$$u_0 \leqq -u(2\alpha) \quad \Longrightarrow \quad H_0 を棄却する．$$

対立仮説が $H_1 : \sigma_1 \neq \sigma_2$ のとき，

$$|u_0| \geqq u(\alpha) \quad \Longrightarrow \quad H_0 を棄却する．$$

```
> x<-c(65.4,58.7,45.2,68.5,62.1,63.4)
> y<-c(75.2,74.3,75.5,76.2,72.8,74.5)
> mood.test(x,y)
        Mood two-sample test of scale
data:  x and y
Z = 0, p-value = 1
alternative hypothesis: two.sided
>mood.test(x,y,alt="g") #参考
```

② シーゲル・トゥーキー（**Siegel–Tukey**）検定

　分布が<u>ほぼ対称</u>なとき，合併したサンプルで次のようにスコアをつける．

　最小なものにスコア n，最大なものにスコア $n-1$，最大なものから 2 番目にスコア $n-2$，最小なものから 2 番目にスコア $n-3$，$\cdots$ とスコアを与える．このとき第 1 の母集団からのサンプルのスコアの和を ST で表す．この ST に基づく検定をシーゲル・トゥーキー検定という．つまり，

(10.79) $$ST = 第 1 サンプルのスコアの和$$

とおく．

検定方式

　尺度母数の違いの検定　$H_0 : \sigma_1 = \sigma_2$ について，
<u>大標本 $(n_1, n_2 \geqq 15)$ の場合</u>，$u_0 = \dfrac{ST - E(ST)}{\sqrt{V(ST)}}$ とおくとき，有意水準 α に対し，
対立仮説が $H_1 : \sigma_1 > \sigma_2$ のとき，

$$u_0 \geqq u(2\alpha) \quad \Longrightarrow \quad H_0 を棄却する．$$

対立仮説が $H_1 : \sigma_1 < \sigma_2$ のとき，

$$u_0 \leqq -u(2\alpha) \quad \Longrightarrow \quad H_0 を棄却する．$$

対立仮説が $H_1 : \sigma_1 \neq \sigma_2$ のとき，

$$|u_0| \geqq u(\alpha) \quad \Longrightarrow \quad H_0 を棄却する．$$

---

③ サベッジ（**Savage**）検定

　データは<u>正の値だけとる場合</u>で分布が非対称なとき，合併したサンプルで昇順に並べ替え，S_i を第 2

母集団からのサンプル X_{2i} の順位を表すとすると,

$$(10.80) \qquad S = \sum_{i=1}^{n_2} \left(\frac{1}{n} + \frac{1}{n-1} + \cdots + \frac{1}{n-S_i+1} \right)$$

となる. このとき

$$(10.81) \qquad E(S) = n_1, \quad V(S) = \frac{n_1 n_2}{n-1} \left(1 - \frac{1}{n} \sum_{j=1}^{n} \frac{1}{j} \right)$$

より

$$(10.82) \qquad u_0 = \frac{S - E(S)}{\sqrt{V(S)}}$$

とおき, 次のような検定方式が考えられる.

この式の近似には次の式が使われる.

$$S = \sum_{j=n-s+1}^{n} \frac{1}{j} = \begin{cases} \log_e \dfrac{n + 0.5 + (24n)^{-1}}{n - s + 0.5 + (24n - 24s)^{-1}} & (s \neq n) \\ 0.5772 + \log_e [n + 0.5 + (24n)^{-1}] & (s = 1) \end{cases}$$

━━━ 検定方式 ━━━

尺度母数の違いの検定 $H_0: \sigma_1 = \sigma_2$ について,
<u>大標本 $(n_1, n_2 \geqq 15)$ の場合</u>, $u_0 = \dfrac{S - E(S)}{\sqrt{V(S)}}$ とおくとき, 有意水準 α に対し,

対立仮説が $H_1 : \sigma_1 > \sigma_2$ のとき,

$$u_0 \geqq u(2\alpha) \quad \Longrightarrow \quad H_0 \text{を棄却する.}$$

対立仮説が $H_1 : \sigma_1 < \sigma_2$ のとき,

$$u_0 \leqq -u(2\alpha) \quad \Longrightarrow \quad H_0 \text{を棄却する.}$$

対立仮説が $H_1 : \sigma_1 \neq \sigma_2$ のとき,

$$|u_0| \geqq u(\alpha) \quad \Longrightarrow \quad H_0 \text{を棄却する.}$$

---

④ アンサリ・ブラッドレイ（**Ansari–Bradley**）検定

データを昇順に並べ替えたとき各データに

$$n \text{ が偶数ならば } 1, 2, 3, \cdots, n/2, n/2, \cdots, 3, 2, 1$$

$$n \text{ が奇数ならば } 1, 2, 3, \cdots, (n-1)/2, (n+1)/2, (n-1)/2, \cdots, 3, 2, 1$$

を与え,

$$(10.83) \qquad AB = \sum_{i=1}^{n_1} b(i) \quad (b(i) = (n+1)/2 - |i - (n+1)/2|)$$

に基づいて検定する手法である.

小標本 $(n_1 < 10 \text{ または } n_2 < 10)$ の場合には, 直接計算による.

大標本 $(n_1, n_2 \geqq 10)$ の場合には

$$(10.84) \qquad u_0 = \frac{AB - n_1(n+2)/4}{\sqrt{n_1 n_2 (n-2)(n+2)/48(n-1)}}$$

が近似的に正規分布 $N(0, 1)$ に従うことを利用して検定すればよい.

```
> x<-c(65.4,58.7,45.2,68.5,62.1,63.4)
> y<-c(75.2,74.3,75.5,76.2,72.8,74.5)
> ansari.test(x,y)
        Ansari-Bradley test
data:  x and y
```

```
AB = 10, p-value = 1
alternative hypothesis: true ratio of scales is not equal to 1
>ansari.test(x,y,alt="l")    #参考
```

⑤ クロッツ（**Klotz**）検定

スコアとして

(10.85) $$a(i) = \left[\Phi^{-1}\left(\frac{i}{n+1}\right)\right]^2$$

としたときの検定統計量である．

位置に関する検定の場合と同様，スコア関数を用いることで今までの統計量は統一的に表すことができる．それを一覧にすると表 10.17 のようになる．

表 10.17　検定とスコアの対応表

統計量＼項目	スコア $a(i)$
ムッド（Mood）検定	$\left(i - \dfrac{n+1}{2}\right)^2$
クロッツ（Klotz）検定	$\left[\Phi^{-1}\left(\dfrac{i}{n+1}\right)\right]^2$
サベッジ（Savage）検定	$\sum_{j=n-i+1}^{n} \dfrac{1}{j}$

演習 10.17 以下の 2 種類の測定器による測定データについてばらつきに違いがあるか，① ムッド検定，② シーゲル・トゥーキー検定，③ サベッジ検定，④ アンサリ・ブラッドレイ検定，⑤ クロッツ検定により検定せよ．

測定器 A：　65.4，58.7，45.2，68.5，62.1，63.4
測定器 B：　75.2，74.3，75.5，76.2，72.8，74.5　　　　　　　　　　　◁

補 10.15 他にモーゼス（Moses）検定，スカトメ（Sukhatme）検定，4 分位検定，田村の検定などがある．

各仮説での分布関数の推定量は，分布が対称である場合とそうでない場合に分けられるが以下のようである．
帰無仮説 H_0 のもとでは

(10.86) $$\widehat{G_1(x)} = \widehat{G_2(x)} = \widehat{F}\left(\frac{x}{\sigma}\right) = \frac{1}{n}\sum_{i,j} I\left[X_{ij} \leqq x\right]$$

対立仮説 H_1 のもとでは

(10.87) $$\widehat{G_1(x)} = \widehat{F}\left(\frac{x}{\sigma_1}\right) = \frac{1}{n}\left\{\sum_{j=1}^{n_1} I\left[X_{1j} \leqq x\right] + \sum_{j=1}^{n_2} I\left[\frac{X_{2j}}{\sigma_2} \leqq \frac{x}{\sigma_1}\right]\right\}$$

(10.88) $$\widehat{G_2(x)} = \widehat{F}\left(\frac{x}{\sigma_2}\right) = \frac{1}{n}\left\{\sum_{j=1}^{n_1} I\left[\frac{X_{1j}}{\sigma_1} \leqq \frac{x}{\sigma_2}\right] + \sum_{j=1}^{n_2} I\left[X_{2j} \leqq x\right]\right\}$$

そしてこれらの分布関数の違いに基づいた検定が考えられる．　　　　　　　　　　　　　◁

(3) 位置・尺度母数の同時検定

図 10.12 のように位置と尺度が異なる場合，各母数の違いを段階的に検討するのもよいが，同時に比較する場合は以下のルページ検定がある．ルページ（Lepage）検定とは，位置の違いをみるウィルコクソン検定 W と尺度の違いをみるアンサリ・ブラッドレイ検定 AB とを合わせたもので

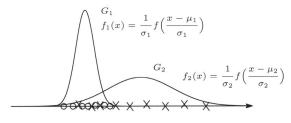

第 1 標本　　第 2 標本
図 10.12　位置・尺度母数が異なる場合

204   10. ノンパラメトリック法

(10.89)
$$LP = \frac{(W - E(W))^2}{V(W)} + \frac{(AB - E(AB))^2}{V(AB)}$$

に基づいて検定する．ただし，帰無仮説 H_0 のもとでの期待値と分散は

(10.90)
$$E(W) = \frac{n_1(n+1)}{2}, \quad V(W) = \frac{n_1 n_2(n+1)}{12}$$

(10.91)
$$E(AB) = \frac{n_1(n+2)}{2}, \quad V(AB) = \frac{n_1 n_2(n-2)(n+2)}{48(n-1)}$$

である．そして帰無仮説 H_0 のもと，LP は近似的に自由度 2 の χ^2 分布に従う．このことを使って有意水準から棄却域を設定すればよい．

補 10.16 各仮説での分布関数の推定量は，分布が対称である場合とそうでない場合に分けられ，以下のようである．

帰無仮説 H_0 のもとでは

(10.92)
$$\widehat{G_1(x)} = \widehat{G_2(x)} = \widehat{F}\Big(\frac{x-\mu}{\sigma}\Big) = \frac{1}{n}\sum_{i,j} I\Big[X_{ij} \le x\Big]$$

仮説 H_1 のもとでは

(10.93)
$$\widehat{G_1(x)} = \widehat{F}\Big(\frac{x-\mu_1}{\sigma_1}\Big) = \frac{1}{n}\Big\{\sum_{j=1}^{n_1} I\Big[X_{1j} \le x\Big] + \sum_{j=1}^{n_2} I\Big[\frac{X_{2j}-\mu_2}{\sigma_2} \le \frac{x-\mu_1}{\sigma_1}\Big]\Big\}$$

(10.94)
$$\widehat{G_2(x)} = \widehat{F}\Big(\frac{x-\mu_2}{\sigma_2}\Big) = \frac{1}{n}\Big\{\sum_{j=1}^{n_1} I\Big[\frac{X_{1j}-\mu_1}{\sigma_1} \le \frac{x-\mu_2}{\sigma_2}\Big] + \sum_{j=1}^{n_2} I\Big[X_{2j} \le x\Big]\Big\}$$

そしてこれらの分布関数の違いに基づいた検定が考えられる．対称な場合も同様である．   ◁

10.3.2 対応のあるデータの場合

a. 位置の差に関する検定

①ウィルコクソンの符号付順位検定

対応のある n 組のデータ $d_i = x_{i1} - x_{i2}\,(i=1,\cdots,n)$ に基づいて以下の検定をする．$\delta = \mu_1 - \mu_2$ とおき，d_i が δ を中心とした対称な分布に従うとしたとき，第 1 標本と第 2 標本の位置が異なるかどうかを検定する．このとき帰無仮説 $H_0{:}\,\delta = 0$ に対し，対立仮説は $H_1{:}\,\delta \ne 0,\ H_1{:}\,\delta < 0,\ H_1{:}\,\delta > 0$ の 3 通りが考えられる．例えば対立仮説 $H_1{:}\,\delta > 0$ のもとでは d_i は大きな値をとる傾向があるので，絶対値 $|d_1|,\cdots,|d_n|$ について順位を付け，d_i のうち正である順位の和 WS を求め，大きすぎたら帰無仮説を棄却すればよいだろう．そこで 1 標本の場合と同様な手法が使え，次の検定方式が考えられる．

検定方式

対応のあるデータでの位置母数の差の検定
$$\begin{cases} H_0 & : \quad \delta = 0 \\ H_1 & : \quad \delta > 0,\ \alpha = 0.05 \end{cases}$$

について，大標本 $(n \ge 15)$ の場合，$WS{:}\,d_i$ のうち正である順位の和とおくとき，有意水準 α に対し，

$$WS \ge WS(n,\alpha) \quad \Longrightarrow \quad H_0 を棄却する．$$

例題 10.13

コンピュータを使って授業を行う前と後での成績評価をつけたところ表 10.18 のようなデータが得られた．授業でコンピュータ利用する前後で，成績に違いがあるか検定せよ（プリテストとポストテストの違いの検定）．

10.3　2標本の場合　　　205

表 10.18　成績のデータ

コンピュータ　　　No.	1	2	3	4	5	6	7	8
利用前	35	68	40	80	65	55	45	78
利用後	50	75	60	76	92	43	56	88

解

手順 1　前提条件の確認

同じ人についての成績なのでデータに対応がある．また，データ数は $n=8$ と少なく分布もわからない．

手順 2　仮説および有意水準の設定

$$\begin{cases} H_0 & : \quad \delta = 0 \\ H_1 & : \quad \delta \neq 0,\ \alpha = 0.05 \end{cases}$$

手順 3　棄却域の設定（検定統計量の決定）

WS をデータの差 d_i の絶対値の順位のうち d_i の正のものの和とすれば，棄却域は $R : WS \geqq WS(8, 0.055) = 30$（有意水準が 5.5%）となる．

手順 4　検定統計量の計算

計算のための表 10.19 の補助表を作成する．そこで d_i が正の順位の和は $WS = 1 + 5 = 6$.

表 10.19　補助表

No.	d_i	$|d_i|$	順位
1	-15	15	6
2	-7	7	2
3	-20	20	7
4	4	4	1
5	-27	27	8
6	12	12	5
7	-11	11	4
8	-10	10	3

手順 5　判定と結論

手順 4 より $WS = 6 < 30 = WS(8, 0.05)$ より仮説は棄却されない．　　　□

```
> x<-c(35,68,40,80,65,55,45,78)
> y<-c(50,75,60,76,92,43,56,88)
> wilcox.test(x, y, paired = TRUE, alternative = "t")
        Wilcoxon signed rank test
data:  x and y
V = 6, p-value = 0.1094
alternative hypothesis: true mu is not equal to 0
```

演習 10.18　最高血圧に関し，6 人について血圧降下剤を飲む前と後で調べたところ表 10.20 のようであった．この血圧降下剤は効くかどうか検定せよ．　　　◁

表 10.20　最高血圧のデータ（単位：mmHg）

降下剤　　　No.	1	2	3	4	5	6
服用前	145	160	140	180	165	155
服用後	130	135	120	146	112	128

演習 10.19　表 10.21 の前後期での成績を比較し違いがあるか検討せよ．　　　◁

②符号検定

①のウィルコクソン検定と同様に $d_i = x_{i1} - x_{i2}$ に基づいて検定する．

帰無仮説 H_0: X_1 と X_2 の分布の特性の中心は同じである（$\delta = 0$）に対して，対立仮説 H_1:$\delta \neq 0$, H_1:$\delta < 0$, H_1:$\delta > 0$ を考える．d_i の正の個数を $n_{(+)}$，負の個数を $n_{(-)}$ で表すとき，対立仮説 H_1:$\delta > 0$

206　　　　　　　　　　　　　　　10.　ノンパラメトリック法

表 10.21　前後期の成績（単位：点）

期　　　　No.	1	2	3	4	5
前期	45	60	74	80	65
後期	50	75	68	91	52

のもとで $n_{(+)}$ は大きな値をとる傾向にある．また帰無仮説 H_0 のもとでは $n_{(+)}$ は二項分布 $B(n, 1/2)$ に従うので，1 標本の場合と同様に以下の検定方式が考えられる．

━━━━━ 検定方式 ━━━━━

対応のあるデータでの位置母数の差の検定

$$\begin{cases} H_0 & : \quad \delta = 0 \\ H_1 & : \quad \delta > 0, \ \alpha = 0.05 \end{cases}$$

について，大標本 $(n_1, n_2 \geqq 15)$ の場合，$n_{(+)}$：d_i のうち正である個数 とおくとき，有意水準 α に対し，

$$n_{(+)} \geqq U(n, \alpha) \quad \Longrightarrow \quad H_0 を棄却する．$$

━━━ 例題 10.14 ━━━

あるダイエット体操を 2 週間 5 人の主婦にしてもらい，その体重を体操前と後で量ったところ表 10.22 のようなデータが得られた．この体操はダイエット効果があるといえるか（ダイエット効果の検定）．符号検定を行え．

表 10.22　体重のデータ（単位：kg）

ダイエット体操　　　　No.	1	2	3	4	5
体操前	55	60	43	50	65
体操後	52	55	45	46	68

解

手順 1　前提条件のチェック

同じ人についてのダイエット体操前後での体重なので，対応のあるデータである．

手順 2　仮説および有意水準の設定

$$\begin{cases} H_0 & : \quad \delta = 0 \\ H_1 & : \quad \delta < 0, \ \alpha = 0.05 \end{cases}$$

手順 3　棄却域の設定（検定統計量の決定）

データ数が $n = 5$ で少ないので直接確率による．d_i で負となるものの個数を $n_{(-)}$ とすると，棄却域 R は

$$R : \sum_{x \leqq n_{(-)}} \binom{5}{x} \frac{1}{2^n} \leqq 0.05$$

手順 4　検定統計量の計算

$$n_{(-)} = 2 \ \text{より} \ \sum_{x \leqq 2} \binom{5}{x} \frac{1}{2^5} = \binom{5}{0} \frac{1}{2^5} + \binom{5}{1} \frac{1}{2^5} + \binom{5}{2} \frac{1}{2^5} = \frac{1 + 5 + 10}{32} = 0.5$$

手順 5　判定と結論

手順 4 より，有意確率が 0.5 で 0.05 より大きいので帰無仮説を棄却されない．つまり仮説は有意とはいえない．　　　　　　　　　　　　　　　　　　　　　　　　　　　□

```
> x1<-c(55,60,43,50,65)
> x2<-c(52,55,45,46,68)
> d=x1-x2
```

```
> d
[1]  3  5 -2  4 -3
> binom.test(2,5,0.5,alt="l")
        Exact binomial test
data:  2 and 5
number of successes = 2, number of trials = 5, p-value = 0.5
alternative hypothesis: true probability of success is less
than 0.5 95 percent confidence interval:
 0.0000000 0.8107446
sample estimates:
probability of success
              0.4
```

演習 10.20 2種類のラーメンについて，味比べを 8 人について行ったところ表 10.23 のデータが得られた．おいしい方に記号 + を記入してある．おいしさに違いがあるか検定せよ． ◁

表 10.23　ラーメンのおいしさチェックデータ

ラーメンの種類 No.	1	2	3	4	5	6	7	8
A	+	+		+	+		+	+
B			+			+		

演習 10.21 行きたい外国について学生に夏休み前後でアンケートを実施したところ，以下の順位データが得られた．前後で差があるか検討せよ． ◁

表 10.24　行きたい外国調査データ

期 ＼ 国名	アメリカ	イギリス	フランス	オーストラリア	イタリア	ギリシャ
夏休み前	3	4	1	2	6	5
夏休み後	2	5	4	6	1	3

b.　母比率の差に関する検定

カテゴリカルデータで対応のあるデータでの母比率の差の検定にはマクネマー（McNemar）検定が用いられる．

同じ集団に対して同じ測定をある作業の前後で行い，その前後での変化をみる場合，同じ集団に 2 つの異なる項目について質問を行い，その項目間の反応確率の差を検定する場合，などに利用する．

コンピュータが好きかどうかという質問をコンピュータ入門の実習前後で質問したところ，表 10.25 のような 2×2 の分割表が得られた．このとき実習による影響がなければ，好きから嫌いとなった人数と嫌いから好きになった人数は等しいはずである．そこで変化した人数 $n_{12} + n_{21}$ の半分と変化した人数との差をみる統計量が大きすぎたら仮説を棄却すればよい．

表 10.25　コンピュータ実習前後でのコンピュータの好き嫌い

実習前 ＼ 実習後	好き	嫌い	計
好き	n_{11}	n_{12}	$n_{1.}$
嫌い	n_{21}	n_{22}	$n_{2.}$
計	$n_{.1}$	$n_{.2}$	$n = n_{..}$

このとき検定統計量は

208 　10. ノンパラメトリック法

$$(10.95) \quad \chi_0^2 = \sum \frac{(O-E)^2}{E}$$

$$= \frac{(n_{12} - (n_{12}+n_{21})/2)^2}{(n_{12}+n_{21})/2} + \frac{(n_{21} - (n_{12}+n_{21})/2)^2}{(n_{12}+n_{21})/2}$$

$$= \frac{(n_{12}-n_{21})^2}{n_{12}+n_{21}}$$

である．この統計量は帰無仮説 H_0 のもとで自由度 1 の χ^2 分布に従うので次の検定方式がとられる．

検定方式

母比率の違いの検定

$$\begin{cases} H_0 &: \quad \text{比率に違いがない} \\ H_1 &: \quad \text{比率に違いがある} \end{cases}$$

について，大標本 $(n_1, n_2 \geqq 15)$ の場合，$\chi_0^2 = \dfrac{(n_{12}-n_{21})^2}{n_{12}+n_{21}}$ とおくとき，有意水準 α に対し，

$$\chi_0^2 \geqq \chi(1,\alpha) \quad \Longrightarrow \quad H_0 \text{を棄却する．}$$

またイェーツ（Yates）の補正をした検定統計量は

$$(10.96) \quad \chi_0^2 = \frac{\left(|n_{12}-n_{21}|-1\right)^2}{n_{12}+n_{21}}$$

である．

例題 10.15

表 10.26 のデータから，実習前と後でのコンピュータに対する好き嫌いの率の変化があるか検討せよ．

表 10.26　コンピュータ実習前後でのコンピュータの好き嫌い

実習前＼実習後	好き	嫌い	計
好き	8	24	32
嫌い	16	10	26
計	24	34	58

解

手順1　前提条件のチェック

同じ人について実習前と後での好き嫌いの変化をみるので対応のあるデータである．

手順2　仮説および有意水準の設定

$$\begin{cases} H_0 &: \quad \text{比率に違いがない} \\ H_1 &: \quad \text{比率に違いがある，} \quad \alpha = 0.05 \end{cases}$$

手順3　棄却域の設定（検定統計量の決定）

データ数 n_1, n_2 はいずれも 15 より大きいので近似条件が満たされるので，χ^2 検定を用いる．そこで棄却域は以下のようになる．

$$R : \chi_0 \geqq \chi(1, 0.05) = 3.84$$

手順4　検定統計量の計算

$$\chi_0^2 = \frac{(|24-16|-1)^2}{24+16} = \frac{7^2}{40} = 1.225$$

手順5　判定と結論

手順 4 より $\chi_0^2 = 1.225 < 3.84$ より帰無仮説は棄却されず，比率に差がないとはいえない．　□

```
> a1<-c(8,24)
> a2<-c(16,10)
> x<-rbind(a1,a2)
> x
   [,1] [,2]
a1    8   24
a2   16   10
> mcnemar.test(x,y=NULL,correct=T) # mcnemar.test(x) でもよい
        McNemar's Chi-squared test with continuity correction
data:  x
McNemar's chi-squared = 1.225, df = 1, p-value = 0.2684
> x<-matrix(c(8,24,16,10),ncol=2,byrow=T)
> mcnemar.test(x,correct=T)
        McNemar's Chi-squared test with continuity correction
data:  x
McNemar's chi-squared = 1.225, df = 1, p-value = 0.2684
> x<-matrix(c(8,24,16,10),ncol=2,byrow=T)
> x
    [,1] [,2]
[1,]   8   24
[2,]  16   10
> fisher.test(x)
        Fisher's Exact Test for Count Data
data:  x
p-value = 0.007366
alternative hypothesis: true odds ratio is not equal to 1
95 percent confidence interval:
 0.05790367 0.72961299
sample estimates:
odds ratio
 0.2146919
```

演習 10.22 ランダムに選ばれた 100 人に大統領を支持するか否かを事件報道前後で調べた（表 10.27）．前後で差があるか検定せよ． ◁

表 10.27　事件報道前後での大統領支持

報道前 \ 報道後	支持	不支持	計
支持	32	40	72
不支持	4	24	28
計	36	64	100

演習 10.23 ランダムに選ばれた 30 人に 3 つの政党を支持するかどうか尋ねたアンケート結果をデータとしてとり，政党間で支持率に差があるかどうか検定せよ． ◁

10.4　多標本の場合

$k \, (\geqq 3)$ 個の母集団があり，それらの分布が同一かどうかの検定を扱うような場合を多標本問題という．以下では対応のないデータと対応のあるデータに大きく分けて考えていこう．

210　　10. ノンパラメトリック法

10.4.1 対応のないデータの場合の検定（独立な k 標本の場合）

a. 位置の違いの検定

1 元配置の分散分析と同様，因子 A について k 個の水準があり，各 i 水準で n_i 個のデータが得られているとする．このとき，データの構造式として

(10.97) $$x_{ij} = \mu + a_i + \varepsilon_{ij} \qquad (i = 1, \cdots, k; j = 1, \cdots, n_i)$$

が成立するとする．ただし，$\sum_{i=1}^{k} a_i = 0$ かつ，ε_{ij} は互いに独立に未知の分布関数 $F(\varepsilon)$ に従うとする．そこで x_{ij} の分布関数 $G_i(x)$ は

(10.98) $$G_i(x) = P(x_{ij} \leqq x) = P(\varepsilon_{ij} \leqq x - \mu - a_i) = F(x - \mu - a_i)$$

と書かれる．次に因子 A の影響・効果があるかどうかを調べるときの仮説は，

$$\begin{cases} H_0 : a_1 = \cdots = a_k = 0 \\ H_1 : いずれかの a_i が 0 でない \end{cases}$$

であり，この仮説は分布関数を用いれば

$$\begin{cases} H_0 : G_i(x) = F(x - \mu) \\ H_1 : G_i(x) = F(x - \mu - a_i) \end{cases}$$

と書かれる．そして順位データに基づいてこれを検定する方法を考えよう．いま，各データ x_{ij} を全データ数 $n = n_1 + \cdots + n_k$ に関して順位付けしたものを R_{ij} で表すとき，全データの順位の合計が $R_{..} = n(n+1)/2$ より，平均は $\overline{\overline{R}} = (1+n)/2$ である．そこで，表 10.28 のような順位の表が得られる．

表 10.28　順位の表

要因 A ＼ 繰返し	1	$\cdots$	j	$\cdots$		計
1	R_{11}	$\cdots$	R_{1j}	$\cdots$	R_{1n_1}	$R_{1\cdot}$
$\vdots$						
i	R_{i1}	$\cdots$	R_{ij}	$\cdots$	R_{in_i}	$R_{i\cdot}$
$\vdots$						
k	R_{k1}	$\cdots$	R_{kj}	$\cdots$	R_{kn_k}	$R_{k\cdot}$
計		$\cdots$		$\cdots$		$R_{..}$

分散分析のときと同様，以下のように各データの順位と順位の全平均との偏差を，要因ごとの平均順位との偏差と同じ水準内での平均順位と各データの順位との偏差に分ける．

(10.99) $$\underbrace{R_{ij} - \overline{\overline{R}}}_{全平均順位との偏差} = \underbrace{R_{ij} - \overline{R}_{i\cdot}}_{i \, 水準内での順位の偏差} + \underbrace{\overline{R}_{i\cdot} - \overline{\overline{R}}}_{i \, 水準と全平均との順位の偏差}$$

クラスカル・ウォリス（**Kruskal–Wallis**）検定は式 (10.75) の右辺第 2 項について 2 乗したものを i, j について総和をとったものを基本としている．そして，$\overline{R}_{i\cdot}$ の帰無仮説のもとでの平均と分散は，

$$E(\overline{R}_{i\cdot}) = \frac{n+1}{2}, \; V(\overline{R}_{i\cdot}) = \frac{n(n+1)}{12}$$

だから規準化した

(10.100) $$KW = \frac{12}{n(n+1)} \sum_{i=1}^{k} n_i \left(\overline{R}_{i\cdot} - \frac{n+1}{2} \right)^2$$

$$= \frac{12}{n(n+1)} \sum_{i=1}^{k} \frac{R_{i\cdot}^2}{n_i} - 3(n+1)$$

$$= \frac{12}{n(n+1)} \sum_{i=1}^{k} \frac{i \, 水準での順位の和の 2 乗}{i \, 水準でのデータ数} - 3(n+1)$$

が大きすぎたら帰無仮説を棄却するという考えである．$n_1, \cdots, n_k$：十分大 ($k \geqq 3, n \geqq 15$) のとき，

KW は帰無仮説のもとで近似的に自由度 $\phi = k-1$ の χ^2 分布に従う．そこで以下の検定方式がとられる．

── 検定方式 ──

処理間の違いの検定

$$\begin{cases} H_0 : \text{処理間に差がない} \\ H_1 : \text{処理間に差がある} \end{cases}$$

について，<u>大標本（$k \geqq 3, n \geqq 15$）の場合</u>，有意水準 α に対し，

$$KW \geqq \chi^2(k-1, \alpha) \quad \Longrightarrow \quad H_0 \text{を棄却する．}$$

同順位（タイ）のある場合は，平均順位を用いて

(10.101)
$$KW = \frac{KW^*}{1 - \sum_{j=1}^{g} t_j(t_j^2 - 1) / n(n-1)}$$

が H_0 のもとで近似的に χ_{k-1}^2 に従うことを利用する．

ここに，KW^* は同順位でない場合に与えられる順位の平均をそれらの同順位の観測値に与えて計算したものである．また g は同順位の組の個数である．t_j は各同順位の個数である．次に具体的な問題について適用してみよう．

── 例題 10.16 ──

3 機種のコピー機を使って繰返し 4 回，5 回，6 回とコピーしたときの色のきれいさの順位を付けたところ，表 10.29 のような結果が得られた．このとき，順位データに基づき，コピー機によって色のきれいさに違いがあるかどうかを検定せよ．

表 10.29 コピー機のきれいさの順位

コピー機＼繰返し	1	2	3	4	5	6
1	3	1	2	6		
2	4	8	7	5	13	
3	14	10	9	11	15	12

解

手順 1 前提条件のチェック

モデルとして $x_{ij} = \mu + a_i + \varepsilon_{ij}$ $(i = 1, 2, 3; j = 1, \cdot, n_i)$, $\varepsilon_{ij} \sim F(\varepsilon)$ とする．

そこで，$x_{ij} \sim F(x - \mu - a_i)$ である．そして順位データ R_{ij} が得られる．

手順 2 仮説と有意水準の設定

コピー機によるきれいさに違いがないことの仮説は以下のように書かれる．

$$\begin{cases} H_0 : & a_1 = a_2 = a_3 = 0 \\ H_1 : & \text{いずれかの } a_i \text{ が 0 でない}, \alpha = 0.05 \end{cases}$$

手順 3 棄却域の設定（検定方式の決定）

順位データによる 3 要因以上の同時比較はクラスカル・ウォリス検定を用いる．また近似条件のチェック $kn \geqq 30$ がみたされているので，χ^2 近似を用いる．そこで棄却域は $R : KW = \dfrac{12}{n(n+1)} \sum_{i=1}^{3} \dfrac{R_{i\cdot}^2}{n_i} - 3(n+1) > \chi^2(2, 0.05) = 5.99$ となる．

手順 4 検定統計量の計算

計算のため表 10.30 のような補助表を作成する．

そこで

212   10. ノンパラメトリック法

表 10.30 順位の補助表

コピー機 ＼ 繰返し	1	2	3	4	5	6	計
1	3	1	2	6			12
2	4	8	7	5	13		37
3	14	10	9	11	15	12	71
計	21	19	18	22			71

$$KW = \frac{12}{15 \times 16}\left\{\frac{12^2}{4} + \frac{37^2}{5} + \frac{71^2}{6}\right\} - 3(15+1) = 9.50$$

手順 5 判定と結論

$KW = 9.50 > 5.99 = \chi^2(2, 0.05)$ より有意水準 5% で帰無仮説は棄却される. つまりコピー機によりきれいさに違いがあるといえる.   □

(参考)

```
> a1<-c(3,1,2,6)
> a2<-c(4,8,7,5,13)
> a3<-c(14,10,9,11,15,12)
> x<-c(a1,a2,a3)
> g<-factor(rep(1:3,c(4,5,6)),labels=c("A1","A2","A3"))
> kruskal.test(x,g)
        Kruskal-Wallis rank sum test
data:  x and g
Kruskal-Wallis chi-squared=9.4983, df = 2, p-value = 0.008659
> x<-c(3,1,2,6,4,8,7,5,13,14,10,9,11,15,12)
> g<-c(1,1,1,1,2,2,2,2,2,3,3,3,3,3,3)
> oneway.test(x~g,var=T)
        One-way analysis of means
data:  x and g
F = 12.6598, num df = 2, denom df = 12, p-value = 0.001105
> kruskal.test(x,g)
        Kruskal-Wallis rank sum test
data:  x and g
Kruskal-Wallis chi-squared = 9.4983, df = 2,p-value = 0.008659
```

[予備解析]

手順 1 データの入力

【データ】▶【データのインポート】▶【テキストファイルまたはクリップボード, URL から...】を選択し, rei1016.csv ファイルを選択して開くと図 10.13 のようにデータが表示される.

```
> rei1016 <- read.table("rei1016.csv",
+   header=TRUE, sep=",", na.strings="NA", dec=".", strip.white=TRUE)
```

[本解析]

【統計量】▶【ノンパラメトリック検定】▶【クラスカル–ウォリスの検定...】を選択し, グループとして A, 目的変数として順位を選択し, OK を左クリックする. すると以下のような出力結果が得られる.

```
> tapply(rei1016$順位, rei1016$A, median, na.rm=TRUE)
  A1    A2    A3
 2.5   7.0  11.5
> kruskal.test(順位 ~ A, data=rei1016)
Kruskal-Wallis rank sum test
```

図 10.13 データの表示　　　図 10.14 クラスカル・ウォリスの検定の指定

```
data:  順位 by A
Kruskal-Wallis chi-squared = 9.4983, df = 2, p-value = 0.008659
```

演習 10.24 4店舗 A, B, C, D のラーメンのおいしさについてランダムに3人，5人，4人，3人に評点を付けてもらい全体での順位データにした表 10.31 が得られた．店舗間で違いがあるか検定せよ． ◁

表 10.31 ラーメン店のおいしさの順位

店＼人	1	2	3	4	5
A	4	3	6		
B	15	10	7	11	13
C	2	5	1	8	
D	12	9	14		

補 10.17 分布関数の仮説のもとでの分布は，H_0 のもとでは

$$\widehat{G_\ell(x)} = \widehat{F}(x-\mu) = \frac{1}{n}\sum_{i,j} I\left[X_{ij}-\mu \leqq x-\mu\right] = \frac{1}{n}\sum_{ij} I\left[X_{ij} \leqq x\right] \tag{10.102}$$

（全データの中でのデータ X_{ij} の順位を利用する）

H_1 のもとでは

$$\widehat{G_\ell(x)} = \widehat{F}(x-\mu-a_\ell) = \frac{1}{n}\sum_{i=1}^{k}\sum_{j=1}^{n_i} I\left[X_{ij}-\mu-a_i \leqq x-\mu-a_\ell\right] \tag{10.103}$$

$$= \frac{1}{n}\left\{\sum_{i\neq\ell}\sum_{j}^{n_i} I\left[X_{ij}-a_i \leqq x-a_\ell\right] + \sum_{j=1}^{n_\ell} I\left[X_{\ell j} \leqq x\right]\right\}$$

そして $\mu+a_i$ が未知の場合，その推定量 $\widehat{\mu+a_i}=\overline{x}_{i\cdot}$ を代入して分布の推定量とすればよいだろう． ◁

b. 尺度の違いの検定

k 個の母集団について，各母集団の尺度が均一であるかどうかを検定する手法にフリグナー・キリーン（Fligner–Killeen）検定がある．

独立な k 個の標本母集団からデータ $X_{i1}, \cdots, X_{in_i}$ $(i=1, \cdots, k)$ が得られる．
ただし，$X_{ij} \sim \dfrac{1}{\sigma_i} f((x-\mu_i)/\sigma_i)$

$$\begin{cases} H_0 : \sigma_1^2 = \cdots = \sigma_k^2 \\ H_1 : \text{not } H_1 (\text{すべての}\sigma_i^2\text{は等しくない}) \end{cases}$$

$X_{ij}^* = |X_{ij} - \widetilde{X}_i|, \quad \widetilde{X}_i = \underset{j}{\text{median}}\, X_{ij}, \quad a_n(i) = \Phi^{-1}\left(\dfrac{i}{2(n+1)} + \dfrac{1}{2}\right)$

$n = \sum_{i=1}^{k} n_i$ に対し，

$$(10.104) \qquad FK = \frac{1}{V^2} \sum_{i=1}^{k} n_i (\overline{A}_i - \overline{a}_n)^2$$

ただし，$\overline{a}_n = \dfrac{1}{n} \sum_{i=1}^{n} a_n(i)$, $V^2 = \dfrac{1}{n-1} \sum_{i=1}^{n} (a_n(i) - \overline{a}_n)^2$, $\overline{A}_i = \dfrac{1}{n_i} \sum_{j=1}^{n_i} a_n(R(X_{ij}^*))$

である．これは大標本のとき，帰無仮説のもとで近似的に自由度 $k-1$ の χ^2 分布に従う．そこで次の検定方法が採られる．

検定方式

処理間の違いの検定

$$\begin{cases} H_0 : \sigma_1^2 = \cdots = \sigma_k^2 \\ H_1 : \text{not } H_1 \end{cases}$$

について，<u>大標本 $(k \geqq 3, n \geqq 15)$ の場合</u>，有意水準 α に対し，

$$FK \geqq \chi^2(k-1, \alpha) \quad \Longrightarrow \quad H_0 \text{を棄却する．}$$

（参考）

```
> data(InsectSprays)   # R にある虫のデータを読み込む.
> plot(count ~ spray, data = InsectSprays)
> fligner.test(InsectSprays$count, InsectSprays$spray)
        Fligner-Killeen test for homogeneity of variances
data:  InsectSprays$count and InsectSprays$spray
Fligner-Killeen:med chi-squared = 14.4828, df = 5,
 p-value = 0.01282
> fligner.test(count ~ spray, data = InsectSprays)
      Fligner-Killeen test for homogeneity of variances
data:  count by spray
Fligner-Killeen:med chi-squared = 14.4828, df = 5,
 p-value = 0.01282
```

補 10.18 分布関数の仮説のもとでの分布は，H_0 のもとでは

$$(10.105) \qquad \widehat{G_\ell(x)} = \widehat{F}\left(\frac{x}{\sigma_\ell}\right) = \frac{1}{n} \sum_{i,j} I\left[\frac{X_{ij}}{\sigma_i} \leqq \left(\frac{x}{\sigma_\ell}\right)\right] = \frac{1}{n} \sum_{ij} I\left[X_{ij} \leqq x\right]$$
$$\text{（全データの中でのデータ } X_{ij} \text{ の順位を利用する）}$$

H_1 のもとでは

$$(10.106) \qquad \widehat{G_\ell(x)} = \widehat{F}\left(\frac{x}{\sigma_\ell}\right) = \frac{1}{n} \sum_{i=1}^{k} \sum_{j=1}^{n_i} I\left[\frac{X_{ij}}{\sigma_i} \leqq \left(\frac{x}{\sigma_\ell}\right)\right]$$
$$= \frac{1}{n} \left\{ \sum_{i \neq \ell} \sum_{j}^{n_i} I\left[\frac{X_{ij}}{\sigma_i} \leqq \left(\frac{x}{\sigma_\ell}\right)\right] + \sum_{j=1}^{n_\ell} I\left[X_{\ell j} \leqq x\right] \right\}$$

そして σ_i が未知の場合，その推定量 $\widehat{\sigma}_i$ を代入して分布の推定量とすればよいだろう．
さらに，$G_i(x) = F\left(\dfrac{x - \mu_i}{\sigma_i}\right)$ の場合には，
$H_0 : \mu_1 = \cdots = \mu_k, \sigma_1 = \cdots = \sigma_k$, H_1：not H_0 について，
H_0 のもとでは

$$(10.107) \qquad \widehat{G_\ell(x)} = \widehat{F}\left(\frac{x - \mu_\ell}{\sigma_\ell}\right)$$
$$= \frac{1}{n} \sum_{i,j} I\left[\frac{X_{ij} - \mu_i}{\sigma_i} \leqq \left(\frac{x - \mu_\ell}{\sigma_\ell}\right)\right] = \frac{1}{n} \sum_{ij} I\left[X_{ij} \leqq x\right]$$
$$\text{（全データの中でのデータ } X_{ij} \text{ の順位を利用する）}$$

H_1 のもとでは

$$(10.108) \qquad \widehat{G_\ell(x)} = \widehat{F}\left(\frac{x - \mu_\ell}{\sigma_\ell}\right) = \frac{1}{n} \sum_{i=1}^{k} \sum_{j=1}^{n_i} I\left[\frac{X_{ij} - \mu_i}{\sigma_i} \leqq \left(\frac{x - \mu_\ell}{\sigma_\ell}\right)\right]$$

$$= \frac{1}{n}\left\{\sum_{i \neq \ell} \sum_{j}^{n_i} I\left[\frac{X_{ij} - \mu_i}{\sigma_i} \leqq \left(\frac{x - \mu_\ell}{\sigma_\ell}\right)\right] + \sum_{j=1}^{n_\ell} I\left[X_{\ell j} \leqq x\right]\right\}$$

そして σ_i が未知の場合，その推定量 $\widehat{\sigma}_i$ を代入して分布の推定量とすればよいだろう． ◁

10.4.2 対応のあるデータの場合の検定

a. 位置の違いの検定

2 元配置の分散分析での乱塊法の場合に対応する．つまり，2 つの因子 A（母数因子）と B（変量因子）について，A_i 水準と B_j 水準のもとでのデータの構造式として

$$(10.109) \qquad x_{ij} = \mu + a_i + b_j + \varepsilon_{ij} \qquad (i = 1, \cdots, k; j = 1, \cdots, n)$$

が成立する場合を扱う．ただし，$\sum_{i=1}^{k} a_i = 0$，b_j：ブロック効果とし，ε_{ij} は互いに独立に分布関数 $F(\varepsilon)$ の分布に従う誤差とする．このように共通な変量因子 b_j が各 i に含まれた対応があるデータとなっている．そこで x_{ij} の分布関数 $G_{ij}(x)$ は

$$(10.110) \qquad G_{ij}(x) = P(x_{ij} \leqq x) = P(b_j + \varepsilon_{ij} \leqq x - \mu - a_i) = F_j(x - \mu - a_i)$$

である．このとき A の効果があるかどうかを検定したい．そこで仮説は

$$\begin{cases} H_0 : a_1 = \cdots = a_k = 0 \\ H_1 : \text{いずれかの } a_i \text{が 0 でない} \end{cases}$$

と表される．分布関数を使って書けば

$$\begin{cases} H_0 : G_{ij}(x) = F_j(x - \mu) \\ H_1 : G_{ij}(x) = F_j(x - \mu - a_i) \end{cases}$$

と表される．

R_{ij} を j 列 $(x_{1j}, x_{2j}, \cdots, x_{kj})$ の k 個の数での x_{ij} の順位とする．つまり各列で 1 から k の順位を付ける．そこで，R_{ij} の j 列での和は $R_{\cdot j} = k(k+1)/2$ である．そして表 10.32 のような順位データの表が得られる．

表 10.32 順位の表

要因 A ＼ 変量要因 B	1	$\cdots$	j	$\cdots$	n	計
1	R_{11}	$\cdots$	R_{1j}	$\cdots$	R_{1n}	$R_{1\cdot}$
$\vdots$						
i	R_{i1}	$\cdots$	R_{ij}	$\cdots$	R_{in}	$R_{i\cdot}$
$\vdots$						
k	R_{k1}	$\cdots$	R_{kj}	$\cdots$	R_{kn}	$R_{k\cdot}$
計	$R_{\cdot 1}$	$\cdots$	$R_{\cdot j}$	$\cdots$	$R_{\cdot n}$	$R_{\cdot\cdot}$

i 処理での順位の平均は $\overline{R}_{i\cdot} = \dfrac{R_{i\cdot}}{n}$ である．また全平均は $\overline{\overline{R}} = \dfrac{R_{\cdot\cdot}}{nk} = \dfrac{k+1}{2}$ である．

そして，$\overline{R}_{i\cdot}$ との違いの度合いを量るのがフリードマン（**Friedman**）検定統計量であり，以下で与えられる．

$$(10.111) \qquad FR = \frac{12n}{k(k+1)} \sum_{i=1}^{k} \left\{\overline{R}_{i\cdot} - \overline{\overline{R}}\right\}^2 = \frac{12}{k(k+1)} \sum_{i=1}^{k} \frac{R_i^2}{n} - 3n(k+1)$$

$$= \frac{12}{k(k+1)} \sum_{i=1}^{k} \frac{i \text{ 水準での順位の和の 2 乗}}{i \text{ 水準でのデータ数}} - 3n(k+1)$$

216 10. ノンパラメトリック法

n が大きいとき，FR は近似的に自由度 $\phi = k-1$ の χ^2 分布に従う．そこで以下の検定方式がとられる．

検定方式

データに対応がある場合の処理間の違いの検定

$$\begin{cases} H_0 & : \quad 処理間に差がない \\ H_1 & : \quad 処理間に差がある \end{cases}$$

について，大標本 $(k \geqq 3, n \times p_i \geqq 5)$ の場合，有意水準 α に対し，

$$FR \geqq \chi^2(k-1, \alpha) \quad \Longrightarrow \quad H_0 を棄却する．$$

●同順位（タイ）のある場合

ブロック内の観測値の等しい値について，等しくないときに与えられる順位の平均を等しい値の観測値全部に与えて計算したフリードマン統計量を FR^* として

(10.112)
$$FR = \frac{FR^*}{1 - \dfrac{1}{nk(k^2-1)} \sum_{i=1}^{k} \sum_{j=1}^{g_i} (t_{ij}^3 - t_{ij})}$$

が近似的に自由度 $k-1$ の χ^2 分布に従うことを利用する．ただし，t_{ij} は i 番目のブロック内の同順位の大きさ，g_i は i 番目のブロック内の同順位の組の数を表す．

例題 10.17

4 種類の洗剤をつかって同じ汚れをつけた布を 5 台の洗濯機で洗濯し，洗濯機ごとにきれいさに順位をつけたところ，表 10.33 のようなデータが得られた．このとき効果に違いがあるか検定せよ．

表 10.33　洗剤の洗浄力の順位

洗剤 (A) ＼ 洗濯機	1	2	3	4	5
A_1	2	1	2	2	1
A_2	1	2	1	1	3
A_3	3	4	3	4	2
A_4	4	3	4	3	4

解

手順 1　前提条件のチェック

$$x_{ij} \sim F_j(x - \mu - a_i) \qquad (i = 1, \cdots, 4; j = 1, \cdots, 5)$$

手順 2　仮説と有意水準の設定

$$\begin{cases} H_0 & : \quad a_1 = a_2 = a_3 = a_4 = 0 \\ H_1 & : \quad いずれかの a_i が 0 でない，\quad \alpha = 0.05 \end{cases}$$

手順 3　棄却域の設定（検定方式の決定）

近似条件のチェック $n \geqq 15$ より χ^2 近似を用いる．そこで棄却域は $R : FR > \chi^2(3, 0.05) = 7.81$ となる．

手順 4　検定統計量の計算

計算のため表 10.34 のような補助表を作成する．

$$FR = \frac{12}{4(4+1)} \left(\frac{8^2}{5} + \frac{8^2}{5} + \frac{16^2}{5} + \frac{18^2}{5} \right) - 3 \times 5 \times (4+1) = 9.96$$

手順 5　判定と結論

$FR = 9.96 > 7.81 = \chi^2(3, 0.05)$ より，帰無仮説は有意水準 5% で棄却される．つまり，洗剤により洗浄力に差があるといえる． □

表 10.34 計算のための補助表

洗剤 (A) \ 洗濯機	1	2	3	4	5	計
A_1	2	1	2	2	1	8
A_2	1	2	1	1	3	8
A_3	3	4	3	4	2	16
A_4	4	3	4	3	4	18
計	10	10	10	10	10	50

データを直接入力する場合

```
> x<-c(2,1,3,4,1,2,4,3,2,1,3,4,2,1,4,3,1,3,2,4)
> rei1017<-matrix(x,nr=5,byrow=TRUE,dimnames=list(1:5,c("A1"
,"A2","A3","A4")))
> rei117
  A1 A2 A3 A4
1  2  1  3  4
2  1  2  4  3
3  2  1  3  4
4  2  1  4  3
5  1  3  2  4
> friedman.test(rei1017)

        Friedman rank sum test

data:  rei1017
Friedman chi-squared = 9.96, df = 3, p-value = 0.01891
> x<-matrix(c(2,1,3,4,1,2,4,3,2,1,3,4,2,1,4,3,1,3,2,4),ncol=4,
byrow=T)
> friedman.test(x)

        Friedman rank sum test

data:  x
Friedman chi-squared = 9.96, df = 3, p-value = 0.01891
```

[予備解析]

手順 1 データの入力

```
> rei1017 <- read.table("rei1017.csv",
 header=TRUE, sep=",", na.strings="NA", dec=".", strip.white=TRUE)
```

[本解析]

図 10.15 データの表示

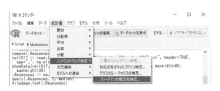

図 10.16 フリードマン検定の指定

図 10.16 のように,【統計量】▶【ノンパラメトリック検定】▶【フリードマンの順位和検定...】を選択し,繰り返しのある変量として X_1, X_2, X_3, X_4 を選択し,[OK] を左クリックする.すると以下のような出力結果が得られる.

```
> .Responses <- na.omit(with(rei1017, cbind(X1, X2, X3, X4)))
> apply(.Responses, 2, median)
X1 X2 X3 X4
 2  1  3  4
> friedman.test(.Responses)
Friedman rank sum test
data:  .Responses
Friedman chi-squared = 9.96, df = 3, p-value = 0.01891
> remove(.Responses)
```

（参考） 直接データを入力する場合

```
> A<-c(2,1,3,4,1,2,4,3,2,1,3,4,2,1,4,3,1,3,2,4)
> B<-matrix(A,nr=5,byrow=T)
> B
     [,1] [,2] [,3] [,4]
[1,]    2    1    3    4
[2,]    1    2    4    3
[3,]    2    1    3    4
[4,]    2    1    4    3
[5,]    1    3    2    4
> C<-data.frame(B)
> .Responses <- na.omit(with(C, cbind(X1, X2, X3, X4)))
> apply(.Responses, 2, median)
X1 X2 X3 X4
 2  1  3  4
> friedman.test(.Responses)
Friedman rank sum test
data:   .Responses
Friedman chi-squared = 9.96, df = 3, p-value = 0.01891
> remove(.Responses)
```

演習 10.25 6 社の電化製品 A, B, C, D, E, F についてデザインの好みの順に順位を 8 人につけてもらったところ以下のデータが得られた．メーカー間で違いがあるか検定せよ．　　　　　　　　　　　　　　　　　◁

表 10.35　電化製品のデザインの好みの順位

電気製品 ＼ 人	1	2	3	4	5	6	7	8	計
A	2	1	2	4	1	2	2	1	19
B	1	2	3	2	3	5	1	2	16
C	3	4	1	1	2	3	4	6	24
D	4	3	6	3	6	1	3	3	29
E	5	6	4	6	5	4	5	4	39
F	6	5	5	5	4	6	6	5	42
計	21	21	21	21	21	21	21	21	169

補 10.19 分布関数の仮説のもとでの分布の推定量は，H_0 のもとでは

$$(10.113) \qquad \widehat{G_{\ell j}(x)} = \widehat{F_j}(x-\mu) = \frac{1}{k} \sum_{i=1}^{k} I\Big[X_{ij} - \mu \leqq x - \mu\Big] = \frac{1}{k} \sum_{i=1}^{k} I\Big[X_{ij} \leqq x\Big]$$

（各 j ブロック内での X_{ij} の順位の利用をする）

H_1 のもとでは

$$(10.114) \qquad \widehat{G_{\ell j}(x)} = \widehat{F_j}(x - \mu - a_\ell)$$

$$= \frac{1}{k} \sum_{i=1}^{k} I\Big[X_{ij} - a_i \leqq x - a_\ell\Big]$$

$$= \frac{1}{k} \Big\{ \sum_{i \neq \ell} I\Big[X_{ij} - a_i \leqq x - a_\ell\Big] + I\Big[X_{\ell j} \leqq x\Big] \Big\}$$

なお母数 $\mu + a_i$ が未知の場合には，推定量 $\widehat{\mu + a_i} = \bar{x}_i.$ を代入することで分布関数の推定量を構成する．　◁

ケンドールの一致係数 W による検定

$p\,(\geqq 3)$ 変量での順位データの一致度を測る物差しとして以下のケンドールの一致係数がある．

$$(10.115) \qquad W = \frac{12S}{p^2(n^3 - n)} \qquad (0 \leqq W \leqq 1)$$

ただし，R_{ij} が $i(=1,\cdots,n)$ サンプルの $j(=1,\cdots,p)$ 変量に関しての n 個の中での順位データを表すとき，

$$R_{i\cdot} = \sum_{j=1}^{p} R_{ij}, \quad \overline{\overline{R}} = \frac{\sum R_i}{n} = \frac{p(n+1)}{2} \;(\text{順位での総平均}),$$

$$S = \sum_{i=1}^{n} (R_{i\cdot} - \overline{\overline{R}})^2 = \sum R_{i\cdot}^2 - \frac{R_{\cdot\cdot}^2}{n} \;(\text{順位での偏差平方和}) \quad \text{である．}$$

さらに，以下の仮説の検定をする場合

$$\begin{cases} H_0 : \text{順位の付け方に差がない} \\ H_1 : \text{順位の付け方に違いがある} \quad \text{有意水準} \quad \alpha = 0.05 \end{cases}$$

$$(10.116) \qquad \chi_0^2 = (n-1)pW = \frac{12}{pn(n+1)} \sum_{i=1}^{n} R_{i\cdot}^2 - 3p(n+1)$$

は帰無仮説のもとで漸近的に（np が十分大のとき）自由度 $n-1$ の χ^2 分布に従うので，

$$\chi_0^2 \geqq \chi^2(n-1, \alpha) \quad \Longrightarrow \quad H_0 \text{を棄却する}$$

なる検定法がとられる．

b. 母比率の違いの検定

コクランの $\boldsymbol{Q}$ 検定が使われる．n 人の被験者が k 個のテスト項目に対しての正答確率 $p_i\,(i=1,\cdots,k)$ が等しいか検定したい場合を考える．この場合仮説は以下のように表され，

$$\begin{cases} H_0 : p_1 = p_2 \cdots = p_k \\ H_1 : \text{いずれかの } p_i \text{が他の } p_j \text{と異なる} \end{cases}$$

$$(10.117) \qquad Q = \frac{k(k-1) \sum_{j=1}^{k} \big(x_{\cdot j} - \bar{x}\big)^2}{k \sum_{i=1}^{n} x_{i\cdot} - \sum_{i=1}^{n} x_{i\cdot}^2} = \frac{(k-1)\Big\{ k \sum_{j=1}^{k} x_{\cdot j}^2 - \big(\sum_{j=1}^{k} x_{\cdot j}\big)^2 \Big\}}{k \sum_{i=1}^{n} x_{i\cdot} - \sum_{i=1}^{n} x_{i\cdot}^2}$$

は帰無仮説 H_0 のもと自由度 $k-1$ の χ^2 分布に従う．これから以下のような検定法式が採用される．

検定方式

　母比率の均一性の検定

$$\begin{cases} H_0 : p_1 = p_2 \cdots = p_k \\ H_1 : \text{いずれかの } p_i \text{が他の } p_j \text{と異なる} \end{cases}$$

について，大標本 $(k \geqq 3, n \times p_i \geqq 5)$ の場合，$\chi_0^2 = Q = \dfrac{(k-1)\Big\{ k \sum_{j=1}^{k} x_{\cdot j}^2 - \big(\sum_{j=1}^{k} x_{\cdot j}\big)^2 \Big\}}{k \sum_{i=1}^{k} x_{i\cdot} - \sum_{i=1}^{n} x_{i\cdot}^2}$

とおくとき，有意水準 α に対し，

$$\chi_0^2 \geqq \chi(k-1, \alpha) \quad \Longrightarrow \quad H_0 \text{を棄却する．}$$

---

220   10. ノンパラメトリック法

> **例題 10.18**
>
> 　3 人の先生（A, B, C）が同じ 15 人の生徒について数学ができるかどうか評価し，表 10.36 の
> データを得た．ただし 1 ができる評価，0 ができないという評価を表すとする．このとき先生により評価に違いがあるか検定せよ．

<table>
<tr><td colspan="5" align="center">表 10.36 　評価</td></tr>
<tr><td>生徒＼先生</td><td>A</td><td>B</td><td>C</td><td>計</td></tr>
<tr><td>1</td><td>1</td><td>0</td><td>1</td><td>2</td></tr>
<tr><td>2</td><td>1</td><td>1</td><td>1</td><td>3</td></tr>
<tr><td>3</td><td>0</td><td>1</td><td>1</td><td>2</td></tr>
<tr><td>4</td><td>0</td><td>0</td><td>0</td><td>0</td></tr>
<tr><td>5</td><td>0</td><td>0</td><td>1</td><td>1</td></tr>
<tr><td>6</td><td>1</td><td>1</td><td>0</td><td>2</td></tr>
<tr><td>7</td><td>1</td><td>1</td><td>1</td><td>3</td></tr>
<tr><td>8</td><td>0</td><td>0</td><td>0</td><td>0</td></tr>
<tr><td>9</td><td>0</td><td>1</td><td>1</td><td>2</td></tr>
<tr><td>10</td><td>1</td><td>1</td><td>1</td><td>3</td></tr>
<tr><td>11</td><td>0</td><td>1</td><td>0</td><td>1</td></tr>
<tr><td>12</td><td>0</td><td>0</td><td>0</td><td>0</td></tr>
<tr><td>13</td><td>1</td><td>1</td><td>1</td><td>3</td></tr>
<tr><td>14</td><td>0</td><td>0</td><td>1</td><td>1</td></tr>
<tr><td>15</td><td>0</td><td>1</td><td>0</td><td>1</td></tr>
<tr><td>計</td><td>6</td><td>9</td><td>9</td><td></td></tr>
</table>

表 10.37 　補助表

生徒＼先生	A	B	C	$x_{i\cdot}$	$x_{i\cdot}^2$
1	1	0	1	2	4
2	1	1	1	3	9
3	0	1	1	2	4
4	0	0	0	0	0
5	0	0	1	1	1
6	1	1	0	2	4
7	1	1	1	3	9
8	0	0	0	0	0
9	0	1	1	2	4
10	1	1	1	3	9
11	0	1	0	1	1
12	0	0	0	0	0
13	1	1	1	3	9
14	0	0	1	1	1
15	0	1	0	1	1
計	6	9	9	24	56
	$x_{\cdot 1}$	$x_{\cdot 2}$	$x_{\cdot 3}$	$\sum x_{i\cdot}$	$\sum x_{i\cdot}^2$

解

手順 1　前提条件のチェック

　同じ人に対し，A, B, C の先生が評価するのでデータに対応がある．

手順 2　仮説と有意水準の設定

$$\begin{cases} H_0: p_1 = p_2 = p_3 \\ H_1: \text{いずれかの } p_i \text{ が他の } p_j \text{ と異なる}, \alpha = 0.05 \end{cases}$$

手順 3　棄却域の設定（検定統計量の決定）

$$R: \chi_0^2 = Q = \frac{(k-1)\left\{ k \sum_{j=1}^{k} x_{\cdot j}^2 - \left(\sum_{j=1}^{k} x_{\cdot j} \right)^2 \right\}}{k \sum_{i=1}^{n} x_{i\cdot} - \sum_{i=1}^{n} x_{i\cdot}^2} > \chi^2(2, 0.05) = 5.99$$

手順 4　検定統計量の計算

　計算のための補助表である表 10.37 を作成する．

$$\chi_0^2 = Q = \frac{(3-1)\{3(6^2 + 9^2 + 9^2) - 24^2\}}{3 \times 24 - 56} = 2.25$$

手順 5　判定と結論

　$\chi_0^2 = 2.25 < 5.99 = \chi^2(2, 0.05)$ だから，帰無仮説は棄却されない．つまり，先生により評価が異なるとはいえない． □

● 対応のある母比率の違いの検定関数 CochrannoQ

```
# コクランの Q 検定
CochrannoQ=function(x)
{  p <- ncol(x)     # 変数の個数（列数）
    x.j <- apply(x, 2, sum) # x の列に関する合計を x.j に代入する
    xi. <- apply(x, 1, sum) # x の行に関する合計を xi. に代入する
  Q <- ((p-1)*(p*sum(x.j^2)-sum(x.j)^2))/(p*sum(xi.)-sum(xi.^2))
    pti <- pchisq(Q, p-1, lower=F)
```

```
    kai <- c(Q, p-1, pti)
    names(kai) <- c("コクランのQ", "自由度", "p値")
    kai
}
```

（関数の適用）

```
> rei1018 <- read.table("rei1018.csv", header=TRUE, sep=",", na.strings="NA",
 dec=".",strip.white=TRUE)
> rei1018
    A B C
1  1 0 1
2  1 1 1
    ⋮
14 0 0 1
15 0 1 0
> attach(rei1018)
> CochrannoQ(rei1018)
コクランのQ        自由度          p値
  2.2500000    2.0000000    0.3246525
```

演習 10.26 10 人の人に 4 政党 A, B, C, D について支持するかどうかを尋ねたところ以下のようであった. 政党間で支持率に違いがあるか検定せよ.   ◁

表 10.38 支持の可否のデータ

人 ＼ 政党	A	B	C	D
1	1	0	1	0
2	1	1	1	1
3	0	1	1	0
4	0	0	0	0
5	0	0	1	1
6	1	1	0	1
7	1	1	1	0
8	0	0	0	0
9	0	1	1	0
10	1	1	1	1

補 10.20 対応がない場合の母比率の差の検定は普通の分割表における χ^2 検定による.   ◁

10.5 母 数 の 推 定

分布関数 G をもつデータ $X_1, \cdots, X_n \sim G(x) = F(x - \theta)$ とする. このとき, 位置母数（ロケーションパラメータ）θ の推定を考えよう. このとき,

$$(10.118) \qquad\qquad P(\theta_L < \theta < \theta_U) = 1 - \alpha$$

が成立するとき, 区間 (θ_L, θ_U) を信頼係数 $1 - \alpha$ の θ の信頼区間という. もし, 任意の分布関数 F に関して式 (10.84) が成立するなら, 区間 (θ_L, θ_U) を分布によらない（distribution free）信頼区間と呼ぶ.

検定では, 位置母数については帰無仮説と対立仮説で, ある値と等しいかどうかなどを判定する. 一般に検定統計量は仮説間の違いを測る量になっているため, この位置母数に関しての検定は母数の位置についての値を調べる量を与える. そこでこの検定統計量に基づいた推定量を構成することができる. 以下で具体的に考えよう.

10.5.1 1標本における位置母数の推定

データ $X_1, \cdots, X_n \sim G(x) = F(x - \theta)$ とする．このとき，位置母数（ロケーションパラメータ）θ を推定することを考えよう．このとき，$X_1 - \theta, \cdots, X_n - \theta \sim F(x)$ である．そして，分布形について情報がある場合として，ここでは対称性がない場合とある場合について考えてみよう．

① 対称とは限らない分布のとき

$X_1, \cdots, X_n$ を昇順に並べたものを $X_{(1)} < X_{(2)} < \cdots < X_{(n)}$ とする．

このとき，$H_0 : \theta = 0$ vs $H_1 : \theta \neq 0$ を検定する符号を用いた検定統計量 $S = \sum_{i=1}^{n} I(X_i > 0)$ を考える．このとき，

$$\theta_L = X_{(n+1-c_\alpha)}, \quad \theta_U = X_{(c_\alpha)}$$

とする．なお，c_α は以下で定める．

- 小標本のとき，$(1/2)^n \sum_{i=c_\alpha}^{n} \binom{n}{i} \leqq \alpha/2$ を満たす最小の整数を c_α とする．ただし，$\binom{n}{i} = {}_nC_i$
- 大標本 $(n : 大)$ のときには，ここで $E(S) = n/2$, $V(S) = n/4$ で，$(WS - E(WS))/\sqrt{V(WS)} \longrightarrow N(0, 1^2)$ なる正規近似から

$$c_\alpha = \frac{n}{2} + \frac{1}{2} + u(\alpha)\sqrt{\frac{n}{4}}$$

とする．また，$G(\theta) = F(0) = 1/2$ である場合を考えよう．

推定方式

点推定量：

(10.119)
$$\widehat{\theta} = \widetilde{X}$$

$$= \underset{i}{\operatorname{median}} X_i = \begin{cases} X_{((n+1)/2)} & n : 奇数 \\[2mm] \dfrac{X_{(n/2)} + X_{(n/2+1)}}{2} & n : 偶数 \end{cases}$$

信頼係数 $1 - \alpha$ の θ の区間推定量：(θ_L, θ_U)

---

② 対称な分布のとき $(F(-x) + F(x) = 1$ for $\forall x > 0)$

$\{X_i + X_j/2 \ (1 \leqq i \leqq j \leqq n)\}$（ウォルシュ（Walsh）の平均）を昇順に並べたものを $W_{(1)} < W_{(2)} < \cdots < W_{(N)}$ とする．ただし，$N = \dfrac{n(n+1)}{2}$．

このとき，絶対値に関する順位を用いた検定統計量（ウィルコクソンの符号付順位検定統計量）

$$WS = \sum_{i=1}^{N} R(|X_i|)I(X_i > 0) = \#\{(i, j) : X_i + X_j > 0\}$$

を考える．そして

$$\theta_L = W_{(N+1-c_\alpha)}, \quad \theta_U = W_{(c_\alpha)}$$

とおく．なお，c_α は以下で定める．

- 小標本のとき，$\mathrm{P}(WS \leqq c_\alpha) \leqq \alpha/2$ を満たす最大の c_α とする．
- 大標本のとき，

(10.120)
$$E(WS) = np_1 + \frac{n(n-1)}{2}p_2$$

$$V(WS) = n(p_1 - p_1^2) + \frac{n(n-1)}{2}(3(p_2 - p_2^2) + 2(p_1 - p_2)^2)$$

$$+ n(n-1)(n-2)(p_3 - p_2^2)$$

$$（ただし，p_1 = P(X > 0), p_2 = P(X_1 + X_2 > 0), p_3 = P(X_1 + X_2 > 0, X_1 + X_3 > 0))$$

である．また，$\dfrac{WS - E(WS)}{\sqrt{V(WS)}} \to N(0, 1^2)$ より，

$$c_\alpha = \frac{n(n+1)}{4} + \frac{1}{2} + u(\alpha)\sqrt{\frac{n(n+1)(2n+1)}{24}}$$

なお，$u(\alpha)$ は標準正規分布の両側 α 分位点である．このとき，区間推定量として以下を考える．

推定方式

点推定量：$\widehat{\theta} = \underset{i,j}{\mathrm{median}}\ \dfrac{X_i + X_j}{2}$（ホッジス・レーマン推定量）

信頼係数 $1-\alpha$ の θ の区間推定量：(θ_L, θ_U)

例題 10.19 1 標本でのロケーション推定

以下の例題 10.3 の中学生の 1 ヶ月の小遣いのデータについて平均の中央値とホッジス・レーマン推定量を求めよ．

1500, 2300, 1800, 3000, 1600, 2500, 1000, 5000 　　（円）

解

中央値は，$(1800+2300)/2 = 2050$ である．

ホッジス・レーマン推定量は，

$(1500+2300)/2, (1500+1800)/2, (1500+3000)/2, (1500+1600)/2, (1500+2500)/2, (1500+1000)/2,$
$(2300+1800)/2, (2300+3000)/2, (2300+1600)/2, (2300+2500)/2, (2300+1000)/2, (2300+5000)/2,$
$(1800+3000)/2, (1800+1600)/2, (1800+2500)/2, (1800+1000)/2, (1800+5000)/2, (3000+1600)/2,$
$(3000+2500)/2, (3000+1000)/2, (3000+5000)/2, (1600+2500)/2, (1600+1000)/2, (1600+5000)/2,$
$(2500+1000)/2, (2500+5000)/2, (1000+5000)/2$

の中央値である．つまり，

1900 1650 2250 1550 2000 1250 3250 2050 2650 1950 2400 1650 3650 2400 1700 2150 1400 3400 2300
2750 2000 2650 2050 1300 3300 1750 3750 3000

の中央値である．これを昇順に並べ替えて

1250 1300 1400 1550 1650 1650 1700 1750 1900 1950 2000 2000 2050 2050 2150 2250 2300 2400 2400
2650 2650 2750 3000 3250 3300 3400 3650 3750

より，28 個（偶数個）のデータの中央値は 14 番目と 15 番目のデータ 2050 と 2150 の平均 2100 である．　□

● ホッジス・レーマン推定量 HL.est

```
# ホッジス・レーマン推定量（中央値の推定）
HL.est=function(x){
 n=length(x);y=c()
 for( i in 1:n-1){k=i+1
  for(j in k:n){
    y<-append(y,(x[i]+x[j])/2)
 }
}
 hle=median(y)
c("ホッジス-レーマン推定値=",hle)
}
```

以下に，ホッジス・レーマン推定量を求めてみよう．

```
> y<-c((1500+2300)/2,(1500+1800)/2,(1500+3000)/2,(1500+1600)/2,
(1500+2500)/2,(1500+1000)/2,(1500+5000)/2,(2300+1800)/2,
(2300+3000)/2,(2300+1600)/2,(2300+2500)/2,(2300+1000)/2,
(2300+5000)/2,(1800+3000)/2,(1800+1600)/2,(1800+2500)/2,
(1800+1000)/2,(1800+5000)/2,(3000+1600)/2,(3000+2500)/2,
(3000+1000)/2,(3000+5000)/2,(1600+2500)/2,(1600+1000)/2,
(1600+5000)/2,(2500+1000)/2,(2500+5000)/2,(1000+5000)/2)
```

```
> y
 [1] 1900 1650 2250 1550 2000 1250 3250 2050 2650 1950 2400
1650 3650  2400 1700
[16] 2150 1400 3400 2300 2750 2000 2650 2050 1300 3300 1750
 3750 3000> sort(y)
 [1] 1250 1300 1400 1550 1650 1650 1700 1750 1900 1950 2000
 2000 2050  2050 2150
[16] 2250 2300 2400 2400 2650 2650 2750 3000 3250 3300 3400
3650 3750
> median(y)
[1] 2100
> x<-c(1500,2300,1800,3000,1600,2500,1000,5000)
> HL.est(x)
[1] "ホッジス・レーマン推定値=" "2100"
> median(x)   #中央値を求める.
[1] 2050
```

10.5.2 2標本における位置母数の差の推定

データ $X_1, \cdots, X_n \sim G_1(x) = F(x)$ の $G_1(x)$ は分布関数 かつ $Y_1, \cdots, Y_m \sim G_2(x) = F(x - \delta)$ であるとする. このとき, $X_1, \cdots, X_n, Y_1 - \delta, \cdots, Y_m - \delta \sim F(x)$ である. そして, F は対称であるとは限らない場合について考えてみよう. $N = m + n$ である.

$Y_j - X_i (i = 1, \cdots, n; j = 1, \cdots, m)$ を昇順に並べたものを $Z_{(1)} < Z_{(2)} < \cdots < Z_{(M)}$ とする. $M = nm$ である. このとき, $H_0 : \delta = 0$ vs $H_1 : \delta \neq 0$ を検定するウィルコクソン統計量を考えよう.

なおウィルコクソン検定による統計量 W は全体での順位を付けて第1標本のデータのみの順位和である. これとマン・ホイットニーの統計量 MW は X_i が Y_j より大きい場合の組の個数であるが, W と MW の間には

$$MW = \#\{Z_{(i)} > \delta\}, \quad W = MW + m(m + 1)/2$$

の関係が成立する. このとき,

$$\delta_L = Z_{(M-d+1)}, \quad \delta_U = Z_{(M-c)}$$

とおく. なお, c, d は以下で定まる.

● 小標本のとき, $P(W \geqq d^*) \leqq \alpha/2$, $P(W \leqq c^*) \leqq \alpha/2$ を満たす c^*, d^* を用いると
$P(c^* < W < d^*) \geqq 1 - \alpha \iff (c = c^* - m(m + 1)/2 < MW < d = d^* - m(m + 1)/2)$
$\delta_L = Z_{(M-d+1)} < \delta < \delta_U = Z_{(M-c)}$

● 大標本 (m, n が大) のとき,

$$E(W) = \frac{m(N + 1)}{2}, \quad V(W) = \frac{mn(N + 1)}{12}$$

より,

$$d^* = \frac{m(N + 1)}{2} + \frac{1}{2} + u(\alpha)\sqrt{\frac{mn(N + 1)}{12}},$$
$$c^* = m(N + 1) - d = c^* - (m(m + 1))/2, \quad d = d^* - (m(m + 1))/2$$

を定める. なお, $u(\alpha)$ は標準正規分布の両側 α 分位点である. このとき, δ の点推定量 $\widehat{\delta}$ は, $\widehat{\delta} = \text{median}_i Z_i$ で与えられる.

推定方式

点推定量は, $\widehat{\delta} = \underset{i}{\text{median}} Z_{(i)}$

信頼係数 $1 - \alpha$ の θ の区間推定量は, (δ_L, δ_U)

10.5　母数の推定　　225

┌─　**例題 10.20**　────────────────────────────────
│
│　演習 10.11 の 50 m 走の男子と女子のタイムに関して，
│
│　男子：　8.4，7.8，8.6，9.2，8.8，8.2，9.1
│
│　女子：　9.6，8.3，9.4，8.1，8.6，9.5
│
│　平均の差のホッジス・レーマン推定量を求めよ.
└──

解

　差のデータは，

-1.2 0.1 -1.0 0.3 -0.2 -1.1 -1.8 -0.5 -1.6 -0.3 -0.8 -1.7 -1.0 0.3 -0.8 0.5 0.0 -0.9 -0.4 0.9 -0.2 1.1 0.6 -0.3 -0.8 0.5 -0.6 0.7 0.2 -0.7 -1.4 -0.1 -1.2 0.1 -0.4 -1.3 -0.5 0.8 -0.3 1.0 0.5 -0.4

で昇順に並べ替えて

-1.8 -1.7 -1.6 -1.4 -1.3 -1.2 -1.2 -1.1 -1.0 -1.0 -0.9 -0.8 -0.8 -0.8 -0.7 -0.6 -0.5 -0.5 -0.4 -0.4 -0.4 -0.3 -0.3 -0.3 -0.2 -0.2 -0.1 0.0 0.1 0.1 0.2 0.3 0.3 0.5 0.5 0.5 0.6 0.7 0.8 0.9 1.0 1.1

より，中央値は -0.35 である.

　また，ホッジス・レーマン推定量は，-0.35

$$(-1.8 - 1.7)/2, (-1.8 - 1.6)/2, \cdots, (1.0 + 1.1)/2$$

の中央値である. つまり，

$$-1.75 \cdots 1.05$$

並べ替えて，中央値は -0.35 である.　　　　　　　　　　　　　　　　□

● 差のデータ作成 sakumi

```
# 差のデータの作成
sakumi<-function(x,y){
  n=length(x);m=length(y);z=c()
  for (i in 1:n){
    for (j in 1:m) {
      z=append(z,x[i]-y[j])
    }
  }
  return(z)
}
```

（関数の適用）

```
> x<-c(8.4,7.8,8.6,9.2,8.8,8.2,9.1)
> y<-c(9.6,8.3,9.4,8.1,8.6,9.5)
> z<-sakumi(x,y)
> z
 [1] -1.2  0.1 -1.0  0.3 -0.2 -1.1 -1.8 -0.5 -1.6 -0.3 -0.8
 -1.7 -1.0  0.3 -0.8
[16]  0.5  0.0 -0.9 -0.4  0.9 -0.2  1.1  0.6 -0.3 -0.8  0.5
 -0.6  0.7  0.2 -0.7
[31] -1.4 -0.1 -1.2  0.1 -0.4 -1.3 -0.5  0.8 -0.3  1.0  0.5
-0.4
> sort(z)
 [1] -1.8 -1.7 -1.6 -1.4 -1.3 -1.2 -1.2 -1.1 -1.0 -1.0 -0.9
-0.8 -0.8  -0.8 -0.7
[16] -0.6 -0.5 -0.5 -0.4 -0.4 -0.4 -0.3 -0.3 -0.3 -0.2 -0.2
 -0.1  0.0  0.1  0.1
[31]  0.2  0.3  0.3  0.5  0.5  0.5  0.6  0.7  0.8  0.9  1.0
  1.1
> median(z)
```

```
[1] -0.35
> HL.est(z)
[1] "ホッジス-レーマン推定値=" "-0.350"
> median(sakumi(x,y))    #中央値を求める
[1] -0.35
```

10.6　補　　　　　足

10.6.1　順位に関係した分布

a.　順位の分布

$X_1, \cdots, X_n$ が互いに独立で同一の連続分布に従うとする．このとき，$X_1, \cdots, X_n$ を昇順（小さい方から大きい方へ）に並べ替えたときの X_i の順位を R_i で表す．つまり，X_i 以下のサンプルの個数であるので，

$$(10.121) \qquad R_i = \sum_{j=1}^{n} I[X_j \leqq X_i],$$

と表される．なお，$I()$ は定義関数で，次のように定義される．

$$I(X \leqq x) = \begin{cases} 1 & \text{if} \quad X \leqq x \\ 0 & \text{if} \quad X > x \end{cases}$$

である．また，順位を表す変数を組にしたベクトルを $\boldsymbol{R} = (R_1, \cdots, R_n)$ で表し，その実現値を小文字のベクトルとして $\boldsymbol{r} = (r_1, \cdots, r_n)$ で表すと

$$(10.122) \qquad P(\boldsymbol{R} = \boldsymbol{r}) = P((R_1, \cdots, R_n) = (r_1, \cdots, r_n)) = \frac{1}{n!}$$

である．そこで，1 個の順位が r_i である確率は，1 個の順位が r_i で，残りの $n-1$ 個がその他の順位である場合なので，その確率は $(n-1)!/n!$ である．また，2 個の順位が r_i と $r_j(i \neq j)$ である確率は，2 個の順位が r_i と r_j で，残りの $n-2$ 個がその他の順位である場合なので，その確率は $(n-2)!/n!$ である．つまり，

$$(10.123) \qquad P(R_i = r_i) = \frac{1}{n}$$

$$(10.124) \qquad P(R_i = r_i, R_j = r_j) = \frac{1}{n(n-1)} \qquad (i \neq j \text{ かつ } r_i \neq r_j)$$

である．なお，$P(R_i = r_i, R_j = r_i) = 0$ である．

b.　順序統計量の分布

$X_1, \cdots, X_n$ を昇順に並べ替えたときの統計量 $X_{(1)} \leqq X_{(2)} \leqq \cdots \leqq X_{(n)}$ を順序統計量（order statistics）という．$G(x)$ をとられる母集団の分布関数，$g(x)$ を密度関数とすると $X_{(r)}$ の分布関数 $G_{(r)}(x)$ は

$$(10.125) \qquad G_{(r)}(x) = P(X_{(r)} \leqq x) \ (= \text{少なくとも } r \text{ 個の } X_i \text{ が } x \text{ 以下である確率})$$

$$= \sum_{i=r}^{n} \binom{n}{i} G(x)^i (1 - G(x))^{n-i}$$

$X_{(r)}$ の周辺密度関数は

$$(10.126) \qquad g_{(r)}(x) = \frac{n!}{(r-1)!(n-r)!} G(x)^{r-1} (1 - G(x))^{n-r} g(x)$$

である．$X_{(r)}$ と $X_{(s)}(r < s)$ の結合分布関数 $G_{(r,s)}(x, y)$ は

$$(10.127) \qquad G_{(r,s)}(x, y) = P(X_{(r)} \leqq x, X_{(s)} \leqq y)$$

$$(= \text{少なくとも } r \text{ 個の } X_i \text{ が } x \text{ 以下で，少なくとも } s \text{ 個の } X_i \text{ が } y \text{ 以下である確率})$$

$$= \sum_{j=s}^{n} \sum_{i=r}^{n} P(i \text{ 個の } X_i \leqq x, j \text{ 個の } X_j \leqq y)$$

$$= \sum_{j=s}^{n} \sum_{i=r}^{n} \frac{n!}{(i-1)!(j-i-1)!(n-j)!} G(x)^{i-1} (G(y) - G(x))^{j-i-1} (1 - G(y))^{n-j}$$

$X_{(r)}$ と $X_{(s)}(r < s)$ の同時周辺密度関数は

(10.128)
$$g_{(r,s)}(x,y)$$
$$= \frac{n!}{(r-1)!(s-r-1)!(n-s)!} G(x)^{r-1}(G(y)-G(x))^{s-r-1}(1-G(y))^{n-s}g(x)g(y) \quad (x < y)$$

である. 一般に $X_{(n_1)} \leqq X_{(n_2)} \leqq \cdots \leqq X_{(n_k)}$ の同時密度関数は

(10.129)
$$g_{(n_1,\cdots,n_k)}(x_1, x_2, \cdots, x_k)$$
$$= \frac{n!}{(n_1-1)!(n_2-n_1-1)!\cdots(n-n_k)!} G(x_1)^{n_1-1}g(x_1)$$
$$\times (G(x_2)-G(x_1))^{n_2-n_1-1}g(x_2)\cdots g(x_k)(1-G(x_k))^{n-n_k}$$
$$(x_1 < \cdots < x_k)$$

で与えられる. そこで特に, $X_{(1)} \leqq X_{(2)} \leqq \cdots \leqq X_{(n)}$ の同時密度関数は

(10.130)
$$g_{1,\cdots,k}(x_{(1)}, x_{(2)}, \cdots, x_{(n)})$$
$$= \begin{cases} n!g(x_{(1)})g(x_{(2)})\cdots g(x_{(n)}) & (x_{(1)} < x_{(2)} < \cdots < x_{(n)}) \\ 0 & \text{その他} \end{cases}$$

で与えられる.

順位とデータの関係

そして, $R_i = r$ のもとでの X_i の条件付密度関数は X_i と $R_i = r$ の同時密度関数が

(10.131)
$$g(x,r) = g_{X_i|R_i=r}(x|r)P(R_i = r) = \frac{1}{n}g_{(r)}(x)$$

である. ただし, $g_{(r)}(x)$ は $X_{(r)}$ の密度関数で,

(10.132)
$$g_{(r)}(x) = \frac{n!}{(r-1)!(n-r)!} G(x)^{r-1}(1-G(x))^{n-r}g(x)$$

である.

c. 並べ替えの分布

順序統計量の値 $(X_{(1)}, X_{(2)}, \cdots, X_{(n)}) = (x_{(1)}, x_{(2)}, \cdots, x_{(n)})$ を与えたもとでの $\boldsymbol{X}$ が $\boldsymbol{x}$ をとる条件付き確率は

(10.133)
$$P(\boldsymbol{X} = \boldsymbol{x}|(X_{(1)}, X_{(2)}, \cdots, X_{(n)}) = (x_{(1)}, x_{(2)}, \cdots, x_{(n)})) = \frac{1}{n!}$$

である. また,

(10.134)
$$P(X_i = x_t|(X_{(1)}, X_{(2)}, \cdots, X_{(n)}) = (x_{(1)}, x_{(2)}, \cdots, x_{(n)})) = \frac{1}{n}$$

(10.135)
$$P(X_i = x_s, X_j = x_t|(X_{(1)}, X_{(2)}, \cdots, X_{(n)}) = (x_{(1)}, x_{(2)}, \cdots, x_{(n)})) = \frac{1}{n(n-1)}$$

並べ替えとデータの関係

並べ替えた $X_i = X_{(r)}$ のもとでの $X_i = x$ の条件付密度関数は, X_i と $R_i = r$ の同時密度関数が

(10.136)
$$g(x,r) = g_{X_i=x|X_i=X_{(r)}}(x|r)P(X_i = X_{(r)}) = \frac{1}{n}g_{(r)}(x)$$

である. ただし, $g_{(r)}(x)$ は $X_{(r)}$ の密度関数で,

(10.137)
$$g_{(r)}(x) = \frac{n!}{(r-1)!(n-r)!} G(x)^{r-1}(1-G(x))^{n-r}g(x)$$

である.

d. カテゴリーデータへ変換

X を $(-\infty, +\infty)$ の値をとる分布関数 $G(x)$ に従う確率変数とする. このとき, $(-\infty, +\infty)$ が排反な区間に分割されているとする. つまり, $(-\infty, +\infty) = \sum_{i=1}^{k} C_i(C_1 < \cdots < C_k)$ とする. そして, $X \in C_j \to Y = d_j \ (j = 1, \cdots, k)$ によって, 変数 Y を定義する.

e. 順序統計量の期待値

$U_{(i)} = G(X_{(i)})$ とおくとき,

(10.138)
$$E(U_{(i)}) = \frac{i}{n+1}, \quad V(U_{(i)}) = \frac{i(n-i+1)}{(n+2)(n+1)^2},$$

(10.139)
$$Cov(U_{(i)}, U_{(j)}) = \frac{i(n-j+1)}{(n+1)^2(n+2)} \quad (i < j)$$

が成り立つ.

10.6.2 そ の 他

a. 分 位 点

分布の分位点:$G(\xi_p) = p$ を満足するような ξ_p を下側 **p**(上側 **$1-p$**)分位点という. そして,標本分布関数の **α 分位点**(sample α quantile)または**標本 100α パーセント点**(percentile)は

(10.140)
$$\xi_\alpha = G_n^{-1}(\alpha) = \inf\{x : G_n(x) \geqq \alpha\}$$

と定義される. このとき,漸近的な結果として以下のことが成立する.

(10.141)
$$\frac{k_n}{n} = p + \frac{k}{\sqrt{n}} + o(\frac{1}{\sqrt{n}}), \quad \text{as} \quad n \to \infty$$

のとき,

(10.142)
$$\sqrt{n}(X_{(k_n)} - \xi_p) \quad \xrightarrow{L} \quad N\left(\frac{k}{g(\xi_p)}, \frac{p(1-p)}{g^2(\xi_p)}\right)$$

である.

分布 G の p 分位点 ξ_p について,以下の式が成立する.

(10.143)
$$P(X_{(i)} \leqq \xi_p \leqq X_{(j)}) = I_{1-p}(n-j+1, j) - I_{1-p}(n-i+1, i)$$

なお,

(10.144)
$$I_{1-p}(n-i+1, i) = \frac{B_{1-p}(n-i-1, i)}{B_1(n-i-1, i)} = \sum_{j=0}^{i-1} \binom{n}{j} p^j (1-p)^{n-j}$$

であり,

(10.145)
$$B_p(s, t) = \int_0^p u^{s-1}(1-u)^{t-1} du$$

である. そこで特に

(10.146)
$$P(X_{(i)} \leqq \xi_{0.5} \leqq X_{(n-i+1)}) = \sum_{j=i}^{n-i} \binom{n}{j} p^j \left(\frac{1}{2}\right)^n$$

が成立する.

b. 線形統計量の漸近正規性

$u,\ v$:定数,c_i:関数,h:スコア関数とするとき,

(10.147)
$$S = \sum_{i=1}^{N} c_i \left[u + vh\left(\frac{R_i}{N+1}\right)\right]$$

とおく. このとき,任意の $\varepsilon > 0$ に対し以下が成立する.

(10.148)
$$\sup_s \left| P(S \leqq s) - \Phi\left(\frac{s - E(S)}{\sqrt{V(S)}}\right) \right| < \varepsilon$$

c. 漸近的な検出力の比較

2つの検定統計量を比較するための物差しとしてピットマン(Pitman)の漸近的相対効率がある. それは,2つの検定統計量が漸近的に有意水準が同じで,局所対立仮説(サンプル数の増加に対して帰無仮説に収束するような仮説の列)に対して漸近的に同一の検出力を達成するためのサンプルサイズの比である. 詳しくは柳川他 [A61] を参照されたい.

d. 頑健な推定・検定

もしデータが望む分布に従わないときは,データ変換による修正によって推定量を得る方法がある. また異常なデータである場合にもデータ変換か推定方式において工夫する方法が考えられる.

A

数 値 表

付表1 標準正規分布表

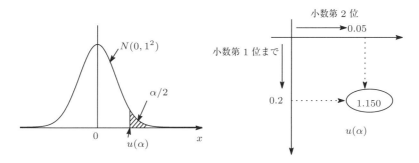

両側確率 (面積) α に対して正の x 座標 $u(\alpha)$ を与える

α	0.00	0.01	0.02	0.03	0.04	0.05	0.06	0.07	0.08	0.09
0.0	∞	2.576	2.326	2.170	2.054	1.960	1.881	1.812	1.751	1.695
0.1	1.645	1.598	1.555	1.514	1.476	1.440	1.405	1.372	1.341	1.311
0.2	1.282	1.254	1.227	1.200	1.175	1.150	1.126	1.103	1.080	1.058
0.3	1.036	1.015	0.994	0.974	0.954	0.935	0.915	0.896	0.878	0.860
0.4	0.842	0.824	0.806	0.789	0.772	0.755	0.739	0.722	0.706	0.690
0.5	0.674	0.659	0.643	0.628	0.613	0.598	0.583	0.568	0.553	0.539
0.6	0.524	0.510	0.496	0.482	0.468	0.454	0.440	0.426	0.412	0.399
0.7	0.385	0.372	0.358	0.345	0.332	0.319	0.305	0.292	0.279	0.266
0.8	0.253	0.240	0.228	0.215	0.202	0.189	0.176	0.164	0.151	0.138
0.9	0.126	0.113	0.100	0.088	0.075	0.063	0.050	0.038	0.025	0.013

係 数 表

標準偏差, 範囲等に関する係数表

群の大きさ n	m_3	d_2	d_3	c_2^*	c_3^*
2	1.000	1.128	0.853	0.7979	0.6028
3	1.160	1.693	0.888	0.8862	0.4632
4	1.092	2.059	0.880	0.9213	0.3888
5	1.198	2.326	0.864	0.9400	0.3412
6	1.135	2.534	0.848	0.9515	0.3076
7	1.214	2.704	0.833	0.9594	0.2822
8	1.160	2.847	0.820	0.9650	0.2458
9	1.223	2.970	0.808	0.9693	0.2458
10	1.177	3.078	0.797	0.9727	0.2322
⋮					
20 以上				$1-\dfrac{1}{4n}$	$\dfrac{1}{\sqrt{2n}}$

付表2 χ^2 分布表

$$\alpha \to \chi^2(n, \alpha)$$

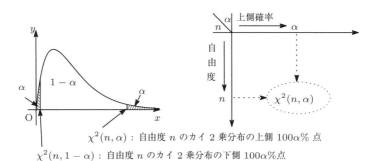

$\chi^2(n, \alpha)$：自由度 n のカイ2乗分布の上側 $100\alpha\%$ 点

$\chi^2(n, 1-\alpha)$：自由度 n のカイ2乗分布の下側 $100\alpha\%$ 点

各自由度 n について，上側確率(面積) α に対して x 座標 $\chi^2(n, \alpha)$ を与える

$n \backslash \alpha$	0.995	0.99	0.975	0.95	0.90	0.10	0.05	0.025	0.01	0.005
1	1*	2*	3*	4*	0.0158	2.71	3.84	5.02	6.63	7.88
2	0.0100	0.0201	0.0506	0.103	0.211	4.61	5.99	7.38	9.21	10.60
3	0.0717	0.115	0.216	0.352	0.584	6.25	7.81	9.35	11.34	12.84
4	0.207	0.297	0.484	0.711	1.06	7.78	9.49	11.14	13.28	14.86
5	0.412	0.554	0.831	1.15	1.61	9.24	11.07	12.83	15.09	16.75
6	0.676	0.872	1.24	1.64	2.20	10.64	12.59	14.45	16.81	18.55
7	0.989	1.24	1.69	2.17	2.83	12.02	14.07	16.01	18.48	20.28
8	1.34	1.65	2.18	2.73	3.49	13.36	15.51	17.53	20.09	21.95
9	1.73	2.09	2.70	3.33	4.17	14.68	16.92	19.02	21.67	23.59
10	2.16	2.56	3.25	3.94	4.87	15.99	18.31	20.48	23.21	25.19
11	2.60	3.05	3.82	4.57	5.58	17.28	19.68	21.92	24.73	26.76
12	3.07	3.57	4.40	5.23	6.30	18.55	21.03	23.34	26.22	28.30
13	3.57	4.11	5.01	5.89	7.04	19.81	22.36	24.74	27.69	29.82
14	4.07	4.66	5.63	6.57	7.79	21.06	23.68	26.12	29.14	31.32
15	4.60	5.23	6.26	7.26	8.55	22.31	25.00	27.49	30.58	32.80
16	5.14	5.81	6.91	7.96	9.31	23.54	26.30	28.85	32.00	34.27
17	5.70	6.41	7.56	8.67	10.09	24.77	27.59	30.19	33.41	35.72
18	6.26	7.01	8.23	9.39	10.86	25.99	28.87	31.53	34.81	37.16
19	6.84	7.63	8.91	10.12	11.65	27.20	30.14	32.85	36.19	38.58
20	7.43	8.26	9.59	10.85	12.44	28.41	31.41	34.17	37.57	40.00
21	8.03	8.90	10.28	11.59	13.24	29.62	32.67	35.48	38.93	41.40
22	8.64	9.54	10.98	12.34	14.04	30.81	33.92	36.78	40.29	42.80
23	9.26	10.20	11.69	13.09	14.85	32.01	35.17	38.08	41.64	44.18
24	9.89	10.86	12.40	13.85	15.66	33.20	36.42	39.36	42.98	45.56
25	10.52	11.52	13.12	14.61	16.47	34.38	37.65	40.65	44.31	46.93
26	11.16	12.20	13.84	15.38	17.29	35.56	38.89	41.92	45.64	48.29
27	11.81	12.88	14.57	16.15	18.11	36.74	40.11	43.19	46.96	49.65
28	12.46	13.56	15.31	16.93	18.94	37.92	41.34	44.46	48.28	50.99
29	13.12	14.26	16.05	17.71	19.77	39.09	42.56	45.72	49.59	52.34
30	13.79	14.95	16.79	18.49	20.60	40.26	43.77	46.98	50.89	53.67
40	20.71	22.16	24.43	26.51	29.05	51.81	55.76	59.34	63.69	66.77
50	27.99	29.71	32.36	34.76	37.69	63.17	67.50	71.42	76.15	79.49
60	35.53	37.48	40.48	43.19	46.46	74.40	79.08	83.30	88.38	91.95
70	43.28	45.44	48.76	51.74	55.33	85.53	90.53	95.02	100.43	104.21
80	51.17	53.54	57.15	60.39	64.28	96.58	101.88	106.63	112.33	116.32
90	59.20	61.75	65.65	69.13	73.29	107.57	113.15	118.14	124.12	128.30
100	67.33	70.06	74.22	77.93	82.36	118.50	124.34	129.56	135.81	140.17

なお，$1^* = 0.0^4 393$, $2^* = 0.0^3 157$, $3^* = 0.0^3 982$, $4^* = 0.00393$ である.

ウィルコクソン検定，ムッド検定，コロモゴロフ・スミルノフ検定などを用いる際の数値表については，荒木・米虫 [A4], 統計数値表編集委員会 [A27], ハエック [A43], 柳川 [A62], Gibbons, J.D. and Chakraborti, S.[B5] などを参照されたい.

参 考 文 献

　本書を著すにあたっては，多くの書籍・事典などを参考にさせていただきました．また，一部を引用させていただきました．引用にあたっては本文中に明記させていただいております．ここに心から感謝いたします．以下に，その中の R に関連した文献を中心にいくつかの文献をあげさせていただきます．なお，統計学全般について知りたい方は [A53] を，統計学の数学的面について知りたい方は [A7]，[A17]，[A60] を参照してください．多変量解析の数理的基礎については [A23] を参照してください．

◆和書

[A1] 青木繁伸（2009）『R による統計解析』オーム社（http://aoki2.si.gunma-u.ac.jp/R/）

[A2] 荒木孝治編著（2007）『R と R コマンダーではじめる多変量解析』日科技連出版社

[A3] 荒木孝治編著（2009）『フリーソフトウェア R による統計的品質管理入門　第 2 版』日科技連出版社

[A4] 荒木孝治・米虫節夫著（1992）『第 9 章　ノンパラメトリック法』（品質管理セミナー・ベーシック・コーステキスト）日科技連出版社

[A5] 石村貞夫・石村光資郎（2016）『SPSS による多変量データ解析の手順 第 5 版』東京図書

[A6] 市田崇・鈴木和幸著（1984）『信頼性の分布と統計』日科技連出版社

[A7] 稲垣宣生（2003）『数理統計学 改訂版』裳華房

[A8] 上田太一郎・苅田正雄・本田和恵（2003）『実践ワークショップ Excel 徹底活用 多変量解析（EXCEL WORK SHOP）』技術評論社

[A9] 圓川隆夫（1988）『多変量のデータ解析』朝倉書店

[A10] 奥野忠一・芳賀敏郎・久米均・吉澤正（1971）『多変量解析法』日科技連出版社

[A11] 大森崇・阪田真己子・宿久洋（2014）『R Commander によるデータ解析 第 2 版』共立出版

[A12] 丘本正（1986）『因子分析の基礎』日科技連出版社

[A13] 兼子毅（2011）『R で学ぶ多変量解析』日科技連出版社

[A14] 金明哲（2017）『R によるデータサイエンス—データ解析の基礎から最新手法まで 第 2 版』森北出版

[A15] 熊谷悦生・舟尾暢男（2007）『R で学ぶデータマイニング 1 データ解析の視点から』九天社

[A16] 金明哲編，里村卓也著（2015）『マーケティング・モデル 第 2 版』共立出版

[A17] 白石高章（2012）『統計科学の基礎』日本評論社

[A18] 白旗慎吾（1987）『パソコン統計解析ハンドブック 4 ノンパラメトリック編』共立出版

[A19] 菅民郎（2013）『Excel で学ぶ多変量解析入門—Excel2013/2010 対応版』オーム社

[A20] 加藤健太郎・山田剛史・川端一光（2014）『R による項目反応理論』オーム社

[A21] 杉山高一・藤越康祝編著（2009）『統計データ解析入門』みみずく舎

[A22] 竹内光悦・酒折文武（2006）『Excel で学ぶ理論と技術 多変量解析入門（Excel 技術実践ゼミ）』ソフトバンククリエイティブ

[A23] 竹村彰通（1991）『多変量推測統計の基礎』共立出版

[A24] 田中孝文（2008）『R による時系列分析入門』シーエーピー出版

[A25] 田中豊・垂水共之編（1995）『統計解析ハンドブック 多変量解析』共立出版

[A26] 田中豊・脇本和昌（1983）『多変量統計解析法』現代数学社

[A27] 統計数値表編集委員会（1977）『簡約統計数値表』日本規格協会

[A28] 豊田秀樹（2002）『項目反応理論入門 [入門編]』朝倉書店

[A29] 豊田秀樹（2008）『データマイニング入門』東京図書

[A30] 中澤港（2003）『R による統計解析の基礎』ピアソンエデュケーション

[A31] 中村剛（2001）『Cox 比例ハザードモデル』朝倉書店

[A32] 金明哲編，中村永友著（2009）『多次元データ解析法』共立出版

[A33] 中山厚穂著，長沢伸也監修（2009）『Excel ソルバー多変量解析―因果関係分析・予測手法編』日科技連出版社

[A34] 中山厚穂著，長沢伸也監修（2009）『Excel ソルバー多変量解析―ポジショニング編』日科技連出版社

[A35] 永田靖・棟近雅彦（2001）『多変量解析法入門』サイエンス社

[A36] 長畑秀和（2001）『多変量解析へのステップ』共立出版

[A37] 長畑秀和（2009）『R で学ぶ統計学』共立出版

[A38] 長畑秀和・中川豊隆・國米充之（2013）『R コマンダーで学ぶ統計学』共立出版

[A39] 長畑秀和（2016）『R で学ぶ実験計画法』朝倉書店

[A40] 長畑秀和（2017）『R で学ぶ多変量解析』朝倉書店

[A41] 野澤昌弘著，棟近雅彦監修（2012）『JUSE–StatWorks による多変量解析入門』日科技連出版社

[A42] Michael J. Crawley 著，野間口謙太郎・菊池泰樹訳（2016）『統計学：R を用いた入門書 第 2 版』共立出版

[A43] J. ハエック著，丘本正・宮本良雄・古後楠徳訳（1974）『ノンパラメトリック統計学』日科技連出版社

[A44] 服部環著（2011）『心理・教育のための R によるデータ解析』福村出版

[A45] 廣松毅・浪花貞夫（1990）『経済時系列分析』朝倉書店

[A46] 伏見正則・逆瀬川浩孝（2012）『R で学ぶ統計解析』朝倉書店

[A47] 舟尾暢男・高浪洋平（2008）『データ解析環境「R」』工学社

[A48] 舟尾暢男（2007）『R Commander ハンドブック』九天社

[A49] 舟尾暢男（2016）『The R Tips 第 3 版―データ解析環境 R の基本技・グラフィックス活用集』オーム社

[A50] 山本義郎・藤野友和・久保田貴文（2015）『R によるデータマイニング入門』オーム社

[A51] 間瀬茂・神保雅一・鎌倉稔成・金藤浩司（2004）『工学のためのデータサイエンス入門』数理工学社

[A52] 真壁肇・宮村鐵夫・鈴木和幸（1989）『信頼性モデルの統計解析』共立出版

[A53] 松原望（2000）『統計の考え方（改訂版）』放送大学教育振興会

[A54] 村上秀俊（2015）『ノンパラメトリック法』朝倉書店

[A55] 村瀬洋一・高田洋・廣瀬毅士編（2007）『SPSS による多変量解析』東京図書

[A56] 森田浩（2014）『多変量解析の基本と実践がよ〜くわかる本』秀和システム

[A57] 横内大介・青木義充（2014）『現場ですぐ使える時系列データ分析』技術評論社

[A58] 外山信夫・辻谷将明（2015）『実践 R 統計分析』オーム社

[A59] 柳井晴夫・高木廣文編著（1986）『多変量解析ハンドブック』現代数学社

[A60] 柳川堯（1990）『統計数学』近代科学社

[A61] 柳川堯他（2011）『看護・リハビリ・福祉のための統計学』近代科学社

[A62] 柳川堯（1982）『ノンパラメトリック法』培風館

[A63] 涌井良幸・涌井貞美（2011）『多変量解析がわかる』技術評論社

◆洋書

[B1] Crawley, M. J. (2005) *Statistics: An Introduction using R.* John Wiley & Sons, England

参　考　文　献

[B2] Dalgaard, P. (2002) *Introductory Statistics with R.* Springer-Verlag, New York

[B3] Fox, J. (2006) Getting Started With the R Commander, パッケージ Rcmdr に付属

[B4] fullrefman (2016) R: A Language and Environment for Statistical Computing

[B5] Gibbons, J.D. and Chakraborti, S. (2011) *Nonparametric Statistical Inference*, 5th edn., Chapman and Hall/CRC Press

[B6] Maindonald, J. and Braun, J. (2003) *Data Analysis and Graphics Using R–An Example-Based Approach, 3rd edn.*, Cambridge University Press, United Kingdom

◆ウェブページ

[C1] CRAN (The Comprehensive R Archive Network) http://www.R-project.org/

[C2] RjpWiki http://www.okada.jp.org/RWiki/

[C3] 青木繁伸 http://aoki2.si.gunma-u.ac.jp/R/ (数量化 III，IV 類のプログラムもある.)

索　引

欧　文

α 分位点　228
AR(p)　153
ARFIMA モデル　159
ARIMA(p, d, q)　153
ARMA(p, q)　153

cmdscale　1
corresp　19

EM アルゴリズム　124
EM アルゴリズムによる方法　117

GARCH モデル　159

isoMOD　6

MA(q)　153
mca()　23

nnet　67

p 次の自己回帰モデル　153

q 次の移動平均モデル　153

rpart　55

survdiff　110
survfit　100, 103
survreg　99, 102

あ　行

アソシエーション分析　73
当て推量　127
アンサリ・ブラッドレイ検定　166, 202
アンダーソン・ダーリングタイプ　167

1 変量時系列モデル　152
位置母数　166
一般化線形モデル　41
移動平均法　134
移動平均モデル　153

ウィルコクソン　165

——の順位和検定　192
——の符号付順位検定　166, 174, 204
ウィルコクソン検定　199

か　行

回帰木分析　54
確信度　74
確率過程　152
確率紙による推定法　92
確率紙を利用する方法　91
確率的に大きい　170
カテゴリー　26
カテゴリースコア　27
カプラン・マイアー法　105
加法モデル　134
頑健性　164
ガンマ分布　89

季節変動　133
強定常過程　152
行列解法　116
局所独立性　115

クラスカル・ウォリス（ワリス）検定　166, 210
クラスタ分析　79
クラーメル・フォンミゼスタイプ　167
クロッツ検定　166, 203

経験分布関数　167
傾向変動　133
計量 MDS　1
系列相関による検定　179
決定木分析　54
ケンドール　165
——の一致係数　166, 187, 219
——の順位相関係数　184

項目応答理論　115
項目特性曲線　126
項目母数　127
コクランの Q 検定　166, 219
故障発生率　87
故障分布関数　87
故障率　87
故障率曲線　88
コックスの比例ハザードモデル　111

固定季節値法　143
コルモゴロフ・スミルノフ検定　165, 167
混合モデル　134
ゴンペルツモデル　37

さ　行

（一般化）最小 2 乗法　117
最小 2 乗法　125
最尤推定量　111
最尤法　91, 116, 128
サベッジ検定　165, 199, 201
サンプル　26
サンプルスコア　27

時系列分析　133
シーゲル・トゥーキー検定　165, 201
自己回帰移動平均モデル　153
自己回帰モデル　152
自己回帰和分移動平均モデル　153
自己相関係数　145, 153
支持度　74
指数分布　89
指数平滑化法　134, 142
指数モデル　37
下側 p（上側 $1 - p$）分位点　228
ジニ係数　60
弱定常過程　152
尺度母数　166
周辺尤度関数　128
周辺尤度最大化　128
順位　171
循環変動　133
順序統計量　90, 226
乗法モデル　134
信頼区間　221
信頼係数　221
信頼度関数　87

数量化 III 類　18
数量化 IV 類　10
スコア関数　199
ストレス　6
スピアマン　165
——の順位相関係数　182

正規分布　89
生存関数　87
セミパラメトリック法　87, 164

漸近指数モデル　37
線形推定法　91, 92
潜在クラス分析　115
潜在構造分析　115
潜在パラメータ　116
潜在変量　115

た　行

対応分析　19
対数正規分布　89
タイプ I の打ち切りデータ　88
タイプ II の打ち切りデータ　88
多項式モデル　36
多項ロジットモデル　50
多重対応分析　19, 23
多重ロジスティックモデル　42
多変量時系列モデル　152
多変量正規分布　89
単位根検定　158
単純対応分析　19

中間順位　171

定時（タイプ I）打ち切りデータ　88
定常的　152
定数（タイプ II）打ち切りデータ　88

同順位　216
独立性　165
独立性の検定　181
トランザクション形式　73

な　行

並べ替え検定　197

二重指数分布　89
ニューラルネットワーク　67

能力母数　127

ノンパラメトリック法　87, 164

は　行

パーシェ指数　143
バスケット分析　73
バスタブ曲線　88
パラメトリック法　87
パラメトリックモデル　95, 164

非計量 MDS　6
非線形回帰モデル　35
ピットマンの漸近的相対効率　228
比例モデル　134

ファンデアベルデン検定　199
フィッシャー・イェーツ検定　199
不規則変動　134, 147
複雑度パラメータ　55
符号検定　166, 173, 205
不信頼度関数　87
フリグナー・キリーン検定　166, 213
フリードマン検定　166
フリードマン検定統計量　215
プロビット型　126
プロビットモデル　37
分布によらない　221
分類木　54

平均故障順位法　105
平均順位　171
平均ランク法　105
ベイズ推定法　128
偏自己相関係数　153

ホッジス・レーマン推定量　223

ま　行

マクネマー検定　166, 207
マン・ホイットニー検定　165, 195

マン・ホイットニーの統計量　224

ムッド検定　165, 200

メディアン検定　165, 195, 199
メディアンランク法　105

モーメント法　91, 92

ら　行

ラスパイレス指数　143
ラッシュモデル　127
ランダムウォーク　158
ランダム打ち切りデータ　88
ランダム性　165
　　——の検定　177

リフト値　74

累乗モデル　37
累積ハザード関数　111
累積ハザード法　105
ルページ検定　166

連環比指数法　143
連による検定　177

ロジスティック型　127
ロジスティック曲線　39
ロジスティックモデル　38, 127
ロジット変換　38

わ　行

ワイブル確率紙　93, 97
ワイブル型累積ハザード紙　93, 98
ワイブル分布　89

著者略歴

長畑秀和
<ruby>長<rt>なが</rt></ruby><ruby>畑<rt>はた</rt></ruby><ruby>秀<rt>ひで</rt></ruby><ruby>和<rt>かず</rt></ruby>

1954 年　岡山県に生まれる
1979 年　九州大学大学院理学研究科数学専攻博士前期課程修了
1980 年　九州大学大学院理学研究科数学専攻博士後期課程中退
　　　　　大阪大学，作陽短期大学，姫路短期大学，岡山大学教育学部を経て
現　在　岡山大学大学院社会文化科学研究科（経済学系）教授
　　　　　博士（理学）

R で学ぶデータサイエンス　　　　　　　　定価はカバーに表示

2018 年 3 月 25 日　初版第 1 刷

著　者	長　畑　秀　和
発行者	朝　倉　誠　造
発行所	株式会社 朝　倉　書　店

東京都新宿区新小川町 6-29
郵 便 番 号　162-8707
電　話　03（3260）0141
ＦＡＸ　03（3260）0180
http://www.asakura.co.jp

〈検印省略〉

Ⓒ 2018 〈無断複写・転載を禁ず〉　　　　　　中央印刷・渡辺製本

ISBN 978-4-254-12227-5　C 3041　　　　Printed in Japan

|JCOPY| ＜（社）出版者著作権管理機構 委託出版物＞

本書の無断複写は著作権法上での例外を除き禁じられています．複写される場合は，
そのつど事前に，（社）出版者著作権管理機構（電話 03-3513-6969，FAX 03-3513-
6979，e-mail: info@jcopy.or.jp）の許諾を得てください．

前広大 前川功一編著　広経大 得津康義・
別府大 河合研一著
経済・経営系のための よくわかる統計学

12197-1　C3041　　　　　A 5 判 176頁 本体2400円

経済系向けに書かれた統計学の入門書。数式だけでは納得しにくい統計理論を模擬実験による具体例でわかりやすく解説。〔内容〕データの整理／確率／正規分布／推定と検定／相関係数と回帰係数／時系列分析／確率・統計の応用

早大 豊田秀樹著
はじめての 統計データ分析
—ベイズ的〈ポストp値時代〉の統計学—

12214-5　C3041　　　　　A 5 判 212頁 本体2600円

統計学への入門の最初からベイズ流で講義する画期的な初級テキスト。有意性検定によらない統計的推測法を高校文系程度の数学で理解。〔内容〕データの記述／MCMCと正規分布／2群の差（独立・対応あり）／実験計画／比率とクロス表／他

早大 豊田秀樹編著
基礎からのベイズ統計学
—ハミルトニアンモンテカルロ法による実践的入門—

12212-1　C3041　　　　　A 5 判 248頁 本体3200円

高次積分にハミルトニアンモンテカルロ法（HMC）を利用した画期的初級向けテキスト。ギブズサンプリング等を用いる従来の方法より非専門家に扱いやすく、かつ従来は求められなかった確率計算も可能とする方法論による実践的入門。

早大 豊田秀樹編著
実践ベイズモデリング
—解析技法と認知モデル—

12220-6　C3014　　　　　A 5 判 224頁 本体3200円

姉妹書『基礎からのベイズ統計学』からの展開。正規分布以外の確率分布やリンク関数等の解析手法を紹介、モデルを簡明に視覚化するプレート表現を導入し、より実践的なベイズモデリングへ。分析例多数。特に心理統計への応用が充実。

前首都大 朝野熙彦編著
ビジネスマンがはじめて学ぶ ベイズ統計学
—ExcelからRへステップアップ—

12221-3　C3041　　　　　A 5 判 228頁 本体3200円

ビジネス的な題材、初学者視点の解説、ExcelからR(Rstan)への自然な展開を特長とする待望の実践的入門書。〔内容〕確率分布早わかり／ベイズの定理／ナイーブベイズ／事前分布／ノームの更新／MCMC／階層ベイズ／空間統計モデル／他

◈ シリーズ〈多変量データの統計科学〉◈

藤越康祝・杉山髙一・狩野　裕　編集

前中大 杉山髙一・前広大 藤越康祝・
三重大 小椋　透著
シリーズ〈多変量データの統計科学〉1
多 変 量 デ ー タ 解 析

12801-7　C3341　　　　　A 5 判 240頁 本体3800円

「シグマ記号さえ使わずに平易に多変量解析を解説する」という方針で書かれた'83年刊のロングセラー入門書に、因子分析、正準相関分析の2章および数理的補足を加えて全面的に改訂。主成分分析、判別分析、重回帰分析を含め基礎を確立。

前北大 佐藤義治著
シリーズ〈多変量データの統計科学〉2
多 変 量 デ ー タ の 分 類
—判別分析・クラスター分析—

12802-4　C3341　　　　　A 5 判 192頁 本体3400円

代表的なデータ分類手法である判別分析とクラスター分析の数理を詳説、具体例へ適用。〔内容〕判別分析（判別規則、多変量正規母集団、質的データ、非線形判別）／クラスター分析（階層的・非階層的、ファジィ、多変量正規混合モデル）／他

前広大 藤越康祝・前中大 杉山髙一著
シリーズ〈多変量データの統計科学〉4
多 変 量 モ デ ル の 選 択

12804-8　C3341　　　　　A 5 判 224頁 本体3800円

各種の多変量解析における変数選択・モデル選択の方法論について適用例を示しながら丁寧に解説。〔内容〕線形回帰モデル／モデル選択規準／多変量回帰モデル／主成分分析／線形判別分析／正準相関分析／グラフィカルモデリング／他

前広大 藤越康祝著
シリーズ〈多変量データの統計科学〉6
経 時 デ ー タ 解 析 の 数 理

12806-2　C3341　　　　　A 5 判 224頁 本体3800円

臨床試験データや成長データなどの経時データ(repeated measures data)を解析する各種モデルとその推測理論を詳説。〔内容〕概論／線形回帰／混合効果分散分析／多重比較／成長曲線／ランダム係数／線形混合／離散経時／付録／他

統数研 福水健次著
シリーズ〈多変量データの統計科学〉8
カ ー ネ ル 法 入 門
—正定値カーネルによるデータ解析—

12808-6　C3341　　　　　A 5 判 248頁 本体3800円

急速に発展し、高次のデータ解析に不可欠の方法論となったカーネル法の基本原理から出発し、代表的な方法、最近の展開までを紹介。ヒルベルト空間や凸最適化の基本事項をはじめ、本論の理解に必要な数理的内容も丁寧に補う本格的入門書。

明大 国友直人著
シリーズ〈多変量データの統計科学〉10
構造方程式モデルと計量経済学

12810-9　C3341　　　　　A 5 判 232頁 本体3900円

構造方程式モデルの基礎、適用と最近の展開。統一的視座に立つ計量分析。〔内容〕分析例／基礎／セミパラメトリック推定(GMM他)／検定問題／推定量の小標本特性／多操作変数・弱操作変数の漸近理論／単位根・共和分・構造変化／他

◈ 統計解析スタンダード ◈

国友直人・竹村彰通・岩崎 学／編集

明大 国友直人著
統計解析スタンダード
応用をめざす 数 理 統 計 学
12851-2 C3341　　　　A5判 232頁 本体3500円

数理統計学の基礎を体系的に解説。理論と応用の橋渡しをめざす。「確率空間と確率分布」「数理統計の基礎」「数理統計の展開」の三部構成のもと、確率論、統計理論、応用局面での理論的・手法的トピックを丁寧に講じる。演習問題付。

理科大 村上秀俊著
統計解析スタンダード
ノ ン パ ラ メ ト リ ッ ク 法
12852-9 C3341　　　　A5判 192頁 本体3400円

ウィルコクソンの順位和検定をはじめとする種々の基礎的手法を、例示を交えつつ、ポイントを押さえて体系的に解説する。〔内容〕順序統計量の基礎／適合度検定／1標本検定／2標本問題／多標本検定問題／漸近相対効率／2変量検定／付表

筑波大 佐藤忠彦著
統計解析スタンダード
マーケティングの統計モデル
12853-6 C3341　　　　A5判 192頁 本体3200円

効果的なマーケティングのための統計的モデリングとその活用法を解説。理論と実践をつなぐ書。分析例はRスクリプトで実行可能。〔内容〕統計モデルの基本／消費者の市場反応／消費者の選択行動／新商品の生存期間／消費者態度の形成／他

農業・食品産総研 三輪哲久著
統計解析スタンダード
実 験 計 画 法 と 分 散 分 析
12854-3 C3341　　　　A5判 228頁 本体3600円

有効な研究開発に必須の手法である実験計画法を体系的に解説。現実的な例題、理論的な解説、解析の実行から構成。学習・実務の両面に役立つ決定版。〔内容〕実験計画法／実験の配置／一元(二元)配置実験／分割法実験／直交表実験／他

統数研 船渡川伊久子・中外製薬 船渡川隆著
統計解析スタンダード
経 時 デ ー タ 解 析
12855-0 C3341　　　　A5判 192頁 本体3400円

医学分野、とくに臨床試験や疫学研究への適用を念頭に経時データ解析を解説。〔内容〕基本統計モデル／線形混合・非線形混合・自己回帰線形混合効果モデル／介入前後の2時点データ／無作為抽出と繰り返し横断調査／離散型反応の解析／他

関学大 古澄英男著
統計解析スタンダード
ベ イ ズ 計 算 統 計 学
12856-7 C3341　　　　A5判 208頁 本体3400円

マルコフ連鎖モンテカルロ法の解説を中心にベイズ統計の基礎から応用まで標準的内容を丁寧に解説。〔内容〕ベイズ統計学基礎／モンテカルロ法／MCMC／ベイズモデルへの応用(線形回帰、プロビット、分位点回帰、一般化線形ほか)／他

横市大 岩崎 学著
統計解析スタンダード
統 計 的 因 果 推 論
12857-4 C3341　　　　A5判 216頁 本体3600円

医学, 工学をはじめあらゆる科学研究や意思決定の基盤となる因果推論の基礎を解説。〔内容〕統計的因果推論とは／群間比較の統計数理／統計的因果推論の枠組み／傾向スコア／マッチング／層別／操作変数法／ケースコントロール研究／他

琉球大 高岡 慎著
統計解析スタンダード
経 済 時 系 列 と 季 節 調 整 法
12858-1 C3341　　　　A5判 192頁 本体3400円

官庁統計など経済時系列データで問題となる季節変動の調整法を変動の要因・性質等の基礎から解説。〔内容〕季節性の要因／定常過程の性質／周期性／時系列の分解と季節調節／X-12-ARIMA／TRAMO-SEATS／状態空間モデル／事例／他

慶大 阿部貴行著
統計解析スタンダード
欠 測 デ ー タ の 統 計 解 析
12859-8 C3341　　　　A5判 200頁 本体3400円

あらゆる分野の統計解析で直面する欠測データへの対処法を欠測のメカニズムも含めて基礎から解説。〔内容〕欠測データと解析の枠組み／CC解析とAC解析／尤度に基づく統計解析／多重補完法／反復測定データの統計解析／MNARの統計手法

千葉大 汪 金芳著
統計解析スタンダード
一 般 化 線 形 モ デ ル
12860-4 C3341　　　　A5判 224頁 本体3600円

標準的理論からベイズ的拡張, 応用までコンパクトに解説する入門的テキスト。多様な実データのRによる詳しい解析例を示す実践志向の書。〔内容〕概要／線形モデル／ロジスティック回帰モデル／対数線形モデル／ベイズ的拡張／事例／他

慶大 中妻照雄著
実践Pythonライブラリー
Pythonによる ファイナンス入門
12894-9 C3341　　　　A5判 176頁 本体2800円

初学者向けにファイナンスの基本事項を確実に押さえた上で, Pythonによる実装をプログラミングの基礎から丁寧に解説。〔内容〕金利・現在価値・内部収益率・債権分析／ポートフォリオ選択／資産運用における最適化問題／オプション価格

岡山大 長畑秀和著

Rで学ぶ 実 験 計 画 法

12216-9 C3041　　　　B5判 224頁 本体3800円

実験条件の変え方や，結果の解析手法を，R(Rコマンダー)を用いた実践を通して身につける。独習にも対応。〔内容〕実験計画法への導入／分散分析／直交表による方法／乱塊法／分割法／付録：R入門

岡山大 長畑秀和著

Rで学ぶ 多 変 量 解 析

12226-8 C3041　　　　B5判 224頁 本体3800円

多変量(多次元)かつ大量のデータ処理手法を，R(Rコマンダー)を用いた実践を通して身につける。独習にも対応。〔内容〕相関分析・単回帰分析／重回帰分析／判別分析／主成分分析／因子分析／正準相関分析／クラスター分析

G.ペトリス・S.ペトローネ・P.カンパニョーリ著
元京大 和合 肇監訳　NTTドコモ 萩原淳一郎訳
統計ライブラリー

Rによる ベイジアン動的線型モデル

12796-6 C3341　　　　A5判 272頁 本体4400円

ベイズの方法と統計ソフトRを利用して，動的線型モデル(状態空間モデル)による統計的時系列分析を実践的に解説する。〔内容〕ベイズ推論の基礎／動的線型モデル／モデル特定化／パラメータが未知のモデル／逐次モンテカルロ法／他

◈ シリーズ〈統計科学のプラクティス〉 ◈

Rとベイズをキーワードとした統計科学の実践シリーズ

前慶大 小暮厚之著
シリーズ〈統計科学のプラクティス〉1

Rによる 統計データ分析入門

12811-6 C3341　　　　A5判 180頁 本体2900円

データ科学に必要な確率と統計の基本的な考え方をRを用いながら学ぶ教科書。〔内容〕データ／2変数のデータ／確率／確率変数と確率分布／確率分布モデル／ランダムサンプリング／仮説検定／回帰分析／重回帰分析／ロジット回帰モデル

東北大 照井伸彦著
シリーズ〈統計科学のプラクティス〉2

Rによる ベ イ ズ 統 計 分 析

12812-3 C3341　　　　A5判 180頁 本体2900円

事前情報を構造化しながら積極的にモデルへ組み入れる階層ベイズモデルまでを平易に解説〔内容〕確率とベイズの定理／尤度関数，事前分布，事後分布／統計モデルとベイズ推測／確率モデルのベイズ推測／事後分布の評価／線形回帰モデル／他

東北大 照井伸彦・阪大 ウィラワン・ドニ・ダハナ・
筑波大 伴 正隆著
シリーズ〈統計科学のプラクティス〉3

マーケティングの統計分析

12813-0 C3341　　　　A5判 200頁 本体3200円

実際に使われる統計モデルを包括的に紹介，かつRによる分析例を掲げた教科書。〔内容〕マネジメントと意思決定モデル／市場機会と市場の分析／競争ポジショニング戦略／基本マーケティング戦略／消費者行動モデル／製品の採用と普及／他

日大 田中周二著
シリーズ〈統計科学のプラクティス〉4

Rによる アクチュアリーの統計分析

12814-7 C3341　　　　A5判 208頁 本体3200円

実務のなかにある課題に対し，統計学と数理を学びつつRを使って実践的に解決できるよう解説。〔内容〕生命保険数理／年金数理／損害保険数理／確率的シナリオ生成モデル／発生率の統計学／リスク細分型保険／第三分野保険／変額年金／等

慶大 古谷知之著
シリーズ〈統計科学のプラクティス〉5

Rによる 空間データの統計分析

12815-4 C3341　　　　A5判 184頁 本体2900円

空間データの基本的な考え方・可視化手法を紹介したのち，空間統計学の手法を解説し，空間経済計量学の手法まで言及。〔内容〕空間データの構造と操作／地域間の比較／分類と可視化／空間的自己相関／空間集積性／空間点過程／空間補間／他

学習院大 福地純一郎・横国大 伊藤有希著
シリーズ〈統計科学のプラクティス〉6

Rによる 計 量 経 済 分 析

12816-1 C3341　　　　A5判 200頁 本体2900円

各手法が適用できるために必要な仮定はすべて正確に記述，手法の多くにはRのコードを明記する，学部学生向けの教科書。〔内容〕回帰分析／重回帰分析／不均一分析／定常時系列分析／ARCHとGARCH／非定常時系列／多変量時系列／パネル

統数研 吉本 敦・札幌医大 加茂憲一・広大 柳原宏和著
シリーズ〈統計科学のプラクティス〉7

Rによる 環境データの統計分析
―森林分野での応用―

12817-8 C3341　　　　A5判 216頁 本体3500円

地球温暖化問題の森林資源をベースに，収集したデータを用いた統計分析，統計モデルの構築，応用までを詳説〔内容〕成長現象と成長モデル／一般化非線形混合効果モデル／ベイズ統計を用いた成長モデル推定／リスク評価のための統計分析／他

統計センター 椿 広計・前電通大 岩崎正和著
シリーズ〈統計科学のプラクティス〉8

Rによる 健康科学データの統計分析

12818-5 C3340　　　　A5判 224頁 本体3400円

臨床試験に必要な統計手法を実践的に解説〔内容〕健康科学の研究様式／統計科学の研究／臨床試験・観察研究のデザインとデータの特徴／統計的推論の特徴／一般化線形モデル／持続時間・生存時間データ分析／経時データの解析法／他

上記価格(税別)は 2018 年 2 月現在